TRAITÉ,

SUR LES TERRES NOYÉES DE LA GUIANE, appellées communément *TERRES-BASSES*, fur leur deſſéchement, leur défrichement, leur culture & l'exploitation de leurs productions; avec des réflexions fur la régie des Eſclaves & autres objets. PAR Mr. GUISAN, CAPITAINE D'INFANTERIE, Ingénieur en chef pour la partie Agraire & Hydraulique.

A CAYENNE,

DE L'IMPRIMERIE DU ROI.

MDCCLXXXVIII.

On prie le Lecteur, de se donner la peine de consulter l'ERRATA; cela est nécessaire pour bien entendre plusieurs endroits importants.

OBSERVATIONS

PRÉLIMINAIRES.

CE petit ouvrage commencé depuis long-temps, avoit été abandonné à caufe de la difficulté de lui donner affez de clarté fans le fecours des planches dont il doit être accompagné , & defquelles on n'a pû s'occuper jufqu'ici : mais ayant réfléchi qu'il peut néantmoins être utile à la Colonie, en attendant qu'il foit poffible de les y joindre , preffé d'ailleurs par plufieurs perfonnes de donner du moins quelque précis qui renferme les pratiques les plus utiles fur les defféchements & l'exploitation des terres-baffes, on s'eft déterminé à donner, quoi qu'à la hâte, le petit traité précédement entrepris.

Dans les divers objets dont on a à parler, il y en a qui font plus ou moins inconnus à cette Colonie ; ils demandent par conféquent d'être traités avec plus ou moins de détail, & c'êft à quoi l'on a eu égard, en développant autant qu'il eft poffible les uns , & paffant légérement fur d'autres : furtout on ne parle pour ainfi dire qu'en paffant de la fabrication du fucre, parce

A

2

que cette partie dépend de l'art du raffineur, lequel eſt étranger au plan propoſé.

Des diverſes pratiques qu'on preſcrit ici pour l'exploitation des terres-baſſes en général, la pluſpart ne ſont pas nouvelles ſans doute : ce ſont celles dont on ſe ſert à Surinam, où elles ont étés apportées de Hollande. Perſonne ne peut donc ſur le fond ſe donner le mérite de l'invention. Néantmoins ſans chercher ici à ſe faire valoir, on peut obſerver qu'on trouvera dans ce petit traité diverſes méthodes nouvelles, & l'application de ce grand nombre de principes inconnus & non obſervés juſqu'ici. Quoiqu'une ancienne & floriſſante Colonie voiſine ſemble pouvoir donner ſur ce genre de culture des préceptes aſſez plauſibles pour n'avoir pas beſoin d'être examinés, on ſe convaincra que ces cultivateurs, tout éclairés qu'ils ſont, commettent encore bien des fautes & ſont trop aſſervis à des routines & à une eſpèce de reſpeƈt pour les pratiques anciennes.

On ne prétend pas dire ici qu'on ne puiſſe s'inſtruire par leur commerce, & l'on regrette infiniment au contraire qu'il y ait ſi peu de communication entre ces riches voiſins, & Cayenne qui y eût infiniment gagné : leur franchiſe, leurs manieres obligeantes, & leur exceſſive honnêteté envers les étrangers auroient dû nous y inviter davantage.

L'on doit auſſi obſerver qu'en général dans tout ce qu'on traite ici, on a taché d'être le plus ſuccinƈt poſſible; ce qui n'a pu ſe faire qu'en élaguant bien des objets, qui auroient peut-être eû leur utilité; ſur cela, ceux qui remarqueroient qu'on a laiſſé quelque choſe à déſirer, peuvent être perſuadés qu'on recevra avec reconnoiſſance les avis qu'on les invite à donner. L'on ne cherche qu'à être utile , mais à être utile ſans prétention; c'eſt l'unique but qu'on ſe propoſe, & le ſeul plan de conduite auquel on s'eſt déterminé.

TRAITÉ

SUR les terres noyées de la Guiane, appellées communément Terres-Basses, sur leur desséchement & défrichement, leur culture & l'exploitation de leurs productions.

CHAPITRE I^r.

DE LA NATURE DES TERRES,

LA Mer, par des alluvions successives, a élevé le long du continent de la Guiane, un nouveau sol, des étendues immenses de vase, qui, après avoir acquis une certaine consistance, ont été couvertes par des forêts d'une grande diversité d'espèces analogues à son humidité, dont le prompt & continuel dépérissement a enrichi, par les débris de leur décompofition, ces terres auxquelles on a donné la dénomination de terres-baffes, des principes fécondants qu'on leur reconnoît généralement aujourd'hui.

En beaucoup d'endroits de la Guiane, on trouve fous ces terres, à quelques pieds de profondeur, les veftiges d'anciennes forêts couvertes par ces alluvions. Cet accident fans doute n'eft pas l'effet d'une mer plus élevée que celle qui avoit formé le premier fol ; mais il annonce une de ces deftructions, atteintes fi fréquentes de l'Océan fur fes propres ouvrages, dont les ruines fe trouvent ainfi enfevelies fous d'antiques amoncelements. En général, ces rapports de vafe n'ont point été faits régulierement, ni à des époques égales, tout le long de ce continent : dans plufieurs endroits, des plages confidérables ont été formées par une fuite de ces lentes révolutions, tandis que dans quelques autres, ce n'étoit que des bancs étroits, tantôt de fable, tantôt de vafe, ajoutés alternativement les uns aux autres, en fens parallele à la côte : ailleurs, la mer n'a fait par ces alluvions, que remplir de petits baffins entre des Caps & des Ifles, pendant qu'elle ajoutoit des étendues confidérables aux grandes déja formées; ce qu'on reconnoît aifément par les bancs, foit de fable, foit de coquillage, qui les traverfent en divers lieux, parallelement au continent, lefquels, entre les époques de ces rapports, ont fervi de bornes à la mer.

Ceux que l'on rencontre dans les terres-baffes de cette Colonie, ne font que de fable; on n'en a point encore trouvé de coquillages; mais à Surinam, ces bancs font la plufpart compofés de cette derniere fubftance. Ils y font tous généralement regardés comme un accident facheux : on trouve que les foffés, dans l'alignement defquels ils fe rencontrent, font plus difficiles à faire & à entretenir; & que d'ailleurs ils font des efpèces de taches dans les plantations. Cette opinion eft une véritable erreur; & cette maniere de les envifager m'a toujours beaucoup étonné : je crois, au coutraire, ces bancs d'un très grand prix pour une Habitation, par la grande utilité qu'on en peut retirer, même lorfqu'ils ne font que de fable : ils donnent la facilité de couvrir à difcrétion le fol de ces matieres, à l'entour des manufactures, & de l'établiffement principal, dans les chemins & les allées des environs; ce qui procure l'agrément de pratiquer un fol uni, & fec dans tous les temps; avantage inappréciable, dont on ne fent pas affez la valeur : un grand nombre d'Habitations ainfi arrangées à Surinam, auroient dû être pour cette Colonie un exemple plus genéralement fuivi. Le coquillage de ces bancs, cette efpèce de fallum, étant une matiere calcaire, eft auffi très-utile pour ameublir les terres des jardins.

Quant au niveau de ce nouveau fol des terres-baffes, relativement aux marées, les fituations locales, le giffement & le cours des rivieres, occafionnent des différences remarquables ; il y en a dont l'élévation ne furpaffe pas celles de haute-mer dans les petites marées; d'autres ne peuvent être couvertes que par la marée-haute des nouvelles & pleines lunes. On a cependant obfervé que, généralement la hauteur des terres-baffes eft moyenne entre le niveau de la haute-mer, dans les petites marées ordinaires, & le plein des grandes, aux temps des équinoxes.

Sans entrer dans des détails qui fortiroient du plan qu'on fe propofe, on fe bornera à dire, pour s'en être affuré, que l'effet des alluvions tend tonjours à donner & faire préfenter aux plages des terres-baffes, un plan incliné ver la mer, & les rivieres, ainfi qu'à relever un peu les bords de ce plan, le long des côtes, & de ces rivieres vers leur embouchure; & c'eft cette petite élévation, qui occafionne l'inondation de ces plaines par les eaux pluviales. A mefure qu'on remonte ces rivieres, ces élévations augmentent, & forment alors, avec les bords, une autre pente contraire, allant vers l'intérieur ; inconvénient qui rend les defféchements plus couteux & plus difficultueux. Il eft encore utile de remarquer que ce n'eft que dans les grandes éten-dues, dans les grandes plages élevées uniformement, qu'on trouve les meilleurs & les plus riches terres-baffes; & plutôt vers la mer, & les embouchures des rivieres, jufqu'à une certaine diftance, qu'en les remontant vers le haut.

S'il eft aifé de juger de la qualité des terres, de leur dégré de bonté ou de fertilité, lorfquelles font defféchées, furtout dans le temps que l'on y creufe les foffés, parce qu'on en peut aifément diftinguer & obferver les différentes couches, il en eft tout autrement, lors qu'il s'agit de les examiner dans le temps qu'elles font encore boifées, & couvertes par les eaux : la couche de terreau, & celle de vafe s'offrant alors fous une apparence à l'œil tout autre que dans la fituation précédente, il n'appartient qu'à l'expérience de les apprécier. Dans l'état où l'on fuppofe ici ces terres, enfevelies fous les eaux, on ne peut fe procurer des échantillons de leurs différentes couches avec exactitude, qu'à l'aide d'une fonde d'environ 10 pieds de longueur, terminée à fon extrémité par une cuiller en forme de groffe tarriere.

Le fol des terres-baffes préfente ordinairement une diverfité de trois couches, qu'il convient d'examiner féparément : la premiere, compofée de débris de végétaux, & de beaucoup de parties du regne animal, forme ce qu'on appelle le terreau : la marque indicative de fa meilleure qualité eft qu'il foit, lors du temps des défrichements & auparavant, d'un brun noirâtre, de la confiftance d'un bon engrais, onctueux & liant. Lorfque, au moyen des defféchements & de la culture, il a reçu l'impreffion de l'air pendant quelque temps, il prend plus de confiftance, & reffemble à une terre légere, & toujours onctueufe.

Le terreau s'affaiffe confidérablement, après les defféchements faits : fon poids n'étant plus foutenu par les eaux, la culture, l'action du foleil, des vents, des pluyes, font tout autant de caufes d'une telle diminution de fon épaiffeur, qu'une couche d'environ 15 pouces, eft ordinairement réduite à 6 ou 7 au plus, après 18 mois ou 2 ans.

Cependant, quelque dégré de bonté qu'ait d'ailleurs la terre, l'épaiffeur la plus avantageufe, pour la couche de terreau, lors du commencement des défrichés & des defféchements, eft d'environ 15 à 16 pouces : elle eft fuffifante pour la plus grande richeffe du fol. A une plus grande épaiffeur, elle deviendroit abfolument défavorable, & au-delà de 20 pouces, l'excédent en feroit trèsnuifible ; d'autant plus même qu'il s'éloigneroit davantage de cette proportion.

On se convaincra aifément de cette vérité, en faifant attention que, fi cette couche eft trop confidérable, d'abord, elle occafionne une trop grande hauteur, une quantité exceffive de chevelu aux plantes & aux arbres, dont la végétation ainfi forcée leur donne un poids, une grandeur, tellement difproportionnés, relativement à leurs racines dans la vafe, à leur âge & à la confiftance qu'ils ont pu acquérir, que, non-feulement les vents ont un plus grand avantage pour les renverfer, mais encore que l'époque des productions en eft retardée. Enfuite, une fi grande couche de terreau s'affaiffant dans une plus grande proportion que celle ci-deffus énoncée, le chevelu par-là fucceffivement découvert, meurt à mefure, & la tige en fouffre infiniment ; néanmoins l'arbre fe foutenant encore quelque tems avec vigueur, on eft étonné que la fructification en foit retardée : peu après, il perd de fa beauté, & finit par devenir très médiocre, fouvent même par laiffer le cultivateur dans l'incertitude fur ce qu'il doit en attendre. L'on fe tromperoit donc abfolument, fi l'on croyait que, plus la couche de terreau eft épaiffe, plus ces terres devroient être riches.

Au deffous de la couche de terreau, on en trouve une qu'on ne diftingue bien au premier coup d'œil, qu'après que les terres font defféchées : elle a environ un pied d'épaiffeur, plus ou moins, d'une vafe colorée d'un brun foncé, qui dans la fuite devient plus noire, & dont les nuances fe confondent en partie avec celles du terreau. Cette couche eſt formée par la gravitation & l'infiltra-tion des parties les plus déliées du terreau dans les pores de la vaſe; ce qui la diviſe, & la rend légere, & infiniment végétative.

Quoique la bonne vaſe le ſoit elle-même beaucoup, à une grande profondeur, après qu'elle a reçu les impreſſions de l'air; l'on doit néantmoins conſidérer cette couche, & celle de terreau, comme la baſe de la grande richeſſe de ces terres. La propriété qu'ont ces deux couches de filtrer promptement la ſurabondance des eaux, l'abondance des ſels qu'elles contiennent, la facilité qu'a l'air d'y circuler, pour y en porter ſucceſſivement de nou-veaux, & favoriſer infiniment la germination des plantes, ainſi que l'expanſion de ces ſels dans leurs racines, ſont des avantages qu'on ne peut trouver dans aucune autre eſpèce de terres, & qui produiſent un dégré de fertilité au-deſſus de l'expreſſion.

Il y a des terres-baſſes, qui n'ont que peu de terreau à leur ſurface; ce qui les rend inférieures : quelques-unes même n'en ont point du tout, telles que celles de palétuviers à divers endroits au bord de la mer. Cependant, lorſque ces dernieres ſont deſſéchés, & cultivées, on y remarque, vers la ſurface, une couche plus ou moins épaiſſe, diſtincte des autres par ſa cou-leur, & ſa poroſité, laquelle contient, en plus ou moins grande quantité, des parties de terreau ou de débris de végétaux : c'eſt auſſi à cette couche, qn'on doit attribuer principalement la meſure de fertilité qui leur eſt propre.

Après la couche de terreau & celle de vaſe mêlée, on trouve la vaſe franche, qui dans certaines plages n'offre qu'une ſeule couche homogéne, tandis qu'ailleurs il s'en rrouve pluſieurs, au-deſſous les unes des autres ; ce qui annonce leur infériorité. Nous allons indiquer ici les qualités que doit avoir la vaſe, pour concourir à former la richeſſe du ſol.

La bonne vaſe doit être homogêne & diſſoluble ; ce qu'on peut aiſément reconnoître, en faiſant ſécher une petite boule, & la jetant enſuite dans nn gobelet d'eau, où elle doit ſe diſſoudre totalement, comme un morceau de ſucre : elle doit être très-graſſe, onĉtueuſe, ſavoneuſe, très douce au toucher : il faut qu'en la coupant avec la pelle, les morceaux ou tranches, ſans ſe déſunir, ni ſe rompre, offrent une ſurface unie, comme feroit un couteau dans des corps gras, tels que du ſuif, ou du beurre: lorſqu'elle eſt dans cet état, elle filtre toujours bien les eaux, & a, d'ailleurs, très certainement toutes les propriétés déſirables pour qu'elle ſoit réputée de premiere qualité.

Il ſe trouve des cantons, où la vaſe contient quelques parties de ſable : lorſqu'il y eſt répandu en petite quantité, qu'il eſt bien mélangé & incorporé avec la vaſe, & non diſpoſé par couche, c'eſt un avantage qui favoriſe la filtration des eaux, rend la terre plus meuble & plus légere, & donne un plus haut dégré de ri-cheſſe au ſol : mais s'il étoit excédent en quantité, ou diſpoſé par couches, il feroit très nuiſible, parce qu'il occaſionneroit une extrême filtration au paſſage des ſels végétatifs, que les pluyes pourroient entraîner alors avec une très grande facilité.

Quant aux indications générales, qui peuvent faire juger du dégré de fertilité des terres, l'expérience, & de longues obſerva-tions, apprennent que les meilleures, les plus riches, celles enfin qu'on peut regarder comme la premiere qualité, ſont celles qui, au deffous de fuffifantes couches de l'efpèce de terreau, & de vafe mêlée, dont on a parlé plus haut, en ont une, de plufieurs pieds de profondeur, d'une vafe bleue très-onctueufe. Ces fimples indications font prefque toujours fuffifantes, pour s'affurer de l'excellente qualité, & de la richeffe du fol. Telles font les terres-baffes à Oyapoc, fur les bords de l'intéreffante rivierre d'Ouanary, dans celle de Couripi, & ailleurs : telles font auffi, à Surinam, celles du quattier qu'on appelle Commewyne, les plus riches de cette Colonie hollandaife.

Les terres que l'on peut confidérer, comme formant la feconde qualité, quoi qu'auffi fertiles que les premieres, ou du moins à bien peu près, font celles dans lefquelles, avec les mêmes indices d'ailleurs, la vafe cependant n'a pas cette belle couleur bleue, mais fe montre d'un bleu maure, plus ou moins noirâtre, ou d'un gris foncé tirant fur le bleu, & autres pareilles couleurs : telles font, en général, celles des bords de l'Aprouague, ainfi qu'une grande partie de celles de Surinam.

Il convient de remarquer que les vafes ne confervent les couleurs qu'on énonce ici, que lorfquelles font nouvellement tranchées, & jetées hors des foffés : expofées quelques jours aux impreffions de l'air, elles changent totalement; & leurs couleurs font alors diverfifiées, felon que les principes dont elles font imprégnées y dominent, tels que divers fels, des parties fulphureufes, vitrioliques, bitumineufes, ferrugineufes, &c, &c, &c.

Les terres de la troifieme qualité n'offrent qu'en partie les indications précédentes : elles font moins homogênes, & moins onctueufes. Leur diverfité empêche de les pouvoir décrire : il y en a beaucoup dans cette Colonie, ainsi qu'à Surinam. Les meilleures d'entre celles qu'on appelle terres de palétuviers, ont un dégré de de fertilité pour la production du coton, qui peut les faire classer avec ces terres-basses de la troisieme qualité.

Quatrieme qualité. L'on doit comprendre dans la quatrieme toutes celles qui sont inférieures aux trois premieres : les indications qu'elles peuvent offrir, sont si variées, qu'il est impossible d'entrer sur cela dans aucun détail. On se contentera de dire que les terres-basses reçoivent une infinité de modifications de leur gissement, du dégré de leur élévation relativement au niveau de la mer, & de divers autres accidents ; que de cette derniere classe & qualité, celles qu'on doit regarder comme les moins bonnes, sont les tourbeuses, & les ferrugineuses. Ces dernieres, dont la vase est très veinée de rouge, sont promptement épuisées, & deviennent d'ailleurs si compactes, que les racines des plantes ont trop de peine à y pénétrer, pour pouvoir y prospérer. Les premieres, contenant, sans être de la tourbe, beaucoup de parties qui brulent comme cette matiere, abondent dans leur composition en corps hétérogènes, & sont très-peu onctueuses. Leur terreau, quoique toujours très noir, n'a pas absolument mauvaise apparence avant le dessléchement ; mais après cette époque, il devient sec, léger, percé de grands pores, lorsqu'il forme des mottes, & à peu près de nul effet enfin pour la végétation. Il y a peu de terres-basses ferrugineuses dans cette Colonie ; mais il y en a de tourbeuses. Il s'en trouve beaucoup de l'une & de l'autre espèce à Surinam, où l'on connoît même de grandes sucreries, dont le sol tourbeux est si mol, & si mobile, que l'on y enfonce aisément de longues perches, seulement avec là main, & que les inconvénients qui en réfultent, faute de gens affez inftruits pour favoir les vaincre, ont empêché de conftruire des éclufes affez folides, pour ne pas tomber en ruine en très-peu de temps.

Beaucoup de gens, ici comme ailleurs font perfuadés qu'on peut connoître la qualité des terres-baffes, à l'infpection des bois & des plantes dont elles font couvertes; ce qui eft une erreur. Aux Colonies hollandoifes, on eft perfuadé que plus il y a de pinots, appellés paliffades à Surinam, & magnicoles à Démérari, meilleures font les terres. Jugeant cette indicaton fuffifante, ils ne cherchent même pas à s'affurer de leur valeur, autrement que par ce fimple examen, & par le procédé d'enfoncer quelquefois un bâton dans la vafe, pour voir fi elle eft molle. On n'a jamais vû jufqu'ici dans ce pays-là, aucune perfonne capable, s'occuper à analifer les différentes efpèces de terre, ni s'inftruire en aucune façon fur cet objet; quoiqu'on doive le regarder comme le premier, fur lequel le Cultivateur doive être éclairé, & comme la première opération de la culture : auffi, voit-on que le plus beau quartier de cette fuperbe Colonie, celui où les terres font les plus riches, le bas de Comewyne, qu'on auroit dû cultiver le premier, ne l'a été qu'après tous les autres.

Le feul préjugé favorable que peuvent offrir les différentes plantes qui couvrent le fol, c'eft lorfque les arbres font généralement des efpèces de bois les plus poreux & les plus mous, mêlés d'une grande quantité de pinots : mais il faut remarquer que ceci n'eft qu'un léger préjugé, auquel on ne doit point du tout s'arrêter. On rencontre affez fréquemment des terres qui préfentent parfaitement ces indications, d'autres qui font même entièrement couvertes de pinots fans aucun mélange d'autres arbres, & dont le fol eft fi mauvais, qu'il feroit infenfé d'en vouloir entreprendre la culture.

Lorfqu'on s'eft affuré de la richeffe de la terre, par l'examen de fes différentes couches, fi le hazard fait qu'elle fe trouve prefqu'entierement chargée de pinots, fans qu'il y ait que très peu d'autres arbres, comme font les terres d'Aprouague, on peut lui attribuer une plus grande valeur intrinfeque, par l'avantage inappréciable qui en réfulte, pour la facilité des défrichements & deffechements.

Lorfque les terres font reconnues pour être de l'une des deux premieres qualités ci-devant décrites, on peut avec une entiere confiance, les livrer à tel genre de culture qu'on voudra préférer : elles produiront toutes les denrées coloniales, dans une proportion la plus fatisfaifante pour le cultivateur. Les terres-baffes dont on parle ici, appellées pinotieres à Cayenne, font connues à Surinam fous la dénomination générale de bonnes terres, ou d'autres fois de terres à pinots.

Vers la fin de l'été, fur-tout s'il a été long, la plufpart de ces terres, n'étant plus couvertes par les eaux, le terreau étant fec vers fa furface, ainfi qu'une infinité de débris de toutes efpéces, des arbres renverfés par les vents, tout cela peut faciliter l'incendie de ces pinotieres, comme il eft arrivé en divers cantons, où l'on a tenté inutilement de les éteindre, & où ils avoient été occa-fionnés par l'imprudence de quelques négres des habitations voi-

Ânes, ou de quelques maronneurs. (a)

Le même défastre peut arriver auſſi, lorſqu'on brule des abattis ſi l'on n'y porte toute la prudence convenable : le Gouvernement, & les particuliers, également intéreſſés à la proſpérité publique, ne ſauroient être trop attentifs à prévenir, l'un par ſa ſurveillance, les autres par leurs précautions, de ſi funeſtes accidents. Le brullis des abattis ſurtout, exige abſolument la circonſpection la plus entiere, & la plus aſſiduc.

CHAPITRE II.

DES DÉFRICHÉS.

LE travail des defrichés eſt ſi connu de tous les habitants, qu'il ſeroît ſuperflu d'en parler dans tous les détails minutieux de

---

(a) Les pinotieres incendiées ne reprodniſent d'abord que des joncs de diverſes eſ-pèces analogues aux qualités du ſol; alors on les appelle communément pripris. Il y en a qui ſe reboiſent peu à peu au bout d'un très grand nombre d'années, d'autres par-raiſſent devoir reſter dans cet état; au-moins voit-on qu'elles y ſont reſtées de toute mémoire d'homme; & qu'on trouve néantmoins en les parcourant, des preuves non équivoques, que ce ſont des incendies qui les ont déboiſées.

Quelques bonnes qualités que préſentent d'ailleurs des terres déboiſées, cela ſeul eſt toujours une indice trés défavorable.

Je dois avertir qu'en tout ceci comme ſur tout ce qui concerne les terres-baſſes & leur culture, pluſieurs perſonnes m'ont toujours attribué différentes opinions que je n'ai jamais eues : elles m'ont fait parler ſelon leurs paſſions ou leurs interêts.

C

fa pratique. On fe bornera donc à propofer pour cet objet une méthode avantageufe , & à tracer pour ceux qui ne voudroient pas s'y affujettir , quelques obfervations fur la négligence des efclaves à ce fujet , auxquelles on ne fait pas affez d'attention.

négligence que l'on sommet.

Par exemple , on ne voit prefque jamais que l'on coupe les arbres & les brouffailles affez près de terre; on n'examine pas affez fi les arbres font entierement coupés , & s'ils ne tiennent pas au tronc par quelques parties qui leur faffent conf.rver de la féve ; on laiffe debout fans les couper du tout, ceux qui ont été en partie dépouillés ou caffés par la chûte des autres. On néglige fouvent, lorfque l'abattis eft fait, d'y faire repaffer l'attelier, pour couper & tronçonner les branches & les arbres qui fe font croifés dans leur chûte , & demeurent ainfi foutenus en l'air; on ne confidere pas toujours affez la direction des vents, pour y difpofer les travailleurs, attention qui accelere le travail : il arrive auffi qu'on ne calcule pas avec affez de réflexion & de précifion les forces de fon attelier, avec l'étendue de l'entreprife , & que , furpris enfuite par les pluyes, on fe trouve ainfi en retard pour le travail des foffés ; d'où il réfulte une perte de temps , & l'imperfection des travaux.

Ces petites négligences confidérées féparément , paroîtront peutêtre de médiocre importance ; mais au moins eft-il très vrai que , réunies, comme elles le font trop fouvent, elles portent un préjudice qui peut devenir irréparable par les circonftances dont il eft quelquefois accompagné.

La nouvelle méthode dont on a parlé, qui n'exige aucune pré

caution, & au moyen de laquélle tous les obſtacles & inconvénients attachés aux anciennes diſparoiſſent, conſiſte à ne livrer les terres à la culture, que deux ou trois ans après avoir fait les abattis; il faut au moins ce temps d'intervalle; & il n'y auroît aucun inconvénient, à ce qu'il fût encore plus long. Il faut abandonner alors ces abattis, ſans y mettre le feu, & ſans aucun deſſéchement, juſqu'au moment de l'exploitation en culture. Il réſulte de cette méthode les avantages ſuivants qu'on invite les obſervateurs à péſer avec réflexion & impartialité.

Nouvelle méthode pour faire les abattis.

1o. Tous les arbres, les troncs, & les chicots étant pourris, lorſqu'on veut mettre en culture ces terres ainſi préparées à l'avance, on n'a plus beſoin que de paſſer au ſabre un petit bois taillis de recroît, qui pourra être brulé dans l'eſpace d'environ trois ſemaines, & dont le feu léger eſt ſuffiſant pour néttoyer totalement la ſurface du ſol, ſans aucunement endommager la couche de terreau; au lieu que, par l'ancienne méthode, le feu des abattis le détériore toujours beaucoup, plus ou moins, & ſouvent même en brule une grande portion. D'un autre côté, quantité de troncs d'arbres, en brulant juſqu'à l'extrémité des racines, cuiſent en une eſpèce de brique la vaſe des environs; & le feu étant une fois parvenu ſous terre, il eſt très rare qu'on puiſſe l'éteindre par l'expanſion de l'eau : enfin, il arrive ſouvent qu'une terre très riche devient par là de la plus grande médiocrité.

Ses avantages.

2o. La ſurface du ſol devenue abſolument nette de ces bois non brulés, mais pourris, de tant de chicots, & d'inégalités, dont elle étoit hériſſée, même de cette foule d'inſectes que recélent

les bois couchés à terre, se trouve applanie ainsi d'elle-même.
Quelle économie de temps, quels avantages, n'en résultent-tils pas
pour les travaux des fossés, & la préparation de la terre, & pour
faire de suite les plantations auxquelles on la destine, sans être
obligé, comme il arrive, de se borner à n'y mettre que des ban-
niers dans les premiers temps, afin de laisser pourrir les bois qu'un
feu si trouvent destructif, n'a cependant fait bruler qu'en partie.

Enfin, la méthode qu'on propose ici, réunit tant d'avantages, &
de si importants pour les cultivateurs des terres-basses, qu'un zéle
patriotique ne peut s'abstenir d'en solliciter ici la pratique, avec
les plus vives instances.

Il seroît inutile d'y objecter que ces abattis découvriront le sol,
& qu'alors l'action du soleil pourroît enlever une partie des sels
du terreau : l'on voit toujours que, dès que les abattis sont faits,
de nouvelles lianes, & une infinité d'autres plantes, viennent
les couvrir de nouveau, & que, peu de temps après, ils sont au-
moins autant à l'abri du soleil, que s'ils fussent restés boisés. Au
contraire, cette immense quantité de bois qu'on laisse pourrir,
au lieu de les bruler, ne peut qu'augmenter la richesse du sol, bien
loin de la diminuer.

Ce seroît également une objection déplacée, que de dire qu'en
étendant ainsi les défrichés d'avance, en anticipant sur la partie
boisée, on éloigne de soi la ressource de se procurer facilement les
bois nécessaires ou utiles à l'établissement : on verra plus bas, à l'article du desséchement, qu'il n'en résulte aucun inconvénient.

A Surinam, une méthode de laquelle on croyoit retirer de l'u-
tilité, qui cependant, sans avoir été jamais généralement suivie,

a feulement été pratiquée de temps à autre par quelques particuliers, eft celle d'entourer à l'avance, par des digues, une certaine étendue de terre, & de faire au refte les abattis comme à l'ordinaire, & feulement dans le temps qu'on vouloit les cultiver : alors, l'agrément & l'avantage de n'avoir point à fonger à des digues, qui fe trouvoient toutes faites, opéroient une illufion qui devenoit la caufe de l'erreur : on croyoit avoir beaucoup gagné, parce que content d'avoir à fe féliciter de ce prétendu avantage, on oubliait conftamment de calculer qu'en fomme totale, il y avoît beaucoup plus de journées dépenfées, que par la méthode ordinaire, & fans éviter aucun des inconvénients qui y font attachés.

J'ai vu fouvent, dans ce pays là, refpecter ainfi de vieilles maximes générales fur la culture, uniquement parce qu'elles étoient proclamées par d'anciens cultivateurs ; titre qui n'eft pas toujours fuffifant pour avoir mieux vû que les autres.

CHAPITRE III.

Des defféchements, & de la diftribution intérieure du terrein des Habitations.

Dans les terres-baffes, fans defféchements parfaits & fuffifants, il n'eft point de fuccès à attendre pour le cultivateur : on doit donc regarder cette partie des travaux, comme la plus intéreffante, comme celle qu'il importe le plus de connoître completement.

Comme l'on forme actuellement plufieurs nouvelles habitations dans la Colonie, on croit qu'il pourra être utile d'appliquer à ces nouveaux défrichés une partie de ce qu'on a à dire fur les defféchements en général. En fuivant ce plan, on doit fuppofer qu'on n'aura point fait les abattis à l'avance, pour en laiffer pourrir les bois, que par conféquent ils en font couverts, & tout hérif-fés de troncs d'arbres & de chicots : au refte, ceux qui voudront fuivre les confeils qu'on peut leur donner fur cet objet intéreffant, verront avec plaifir les détails auxquels on eft entraîné, par les difficultés que préfentent les défrichés faits felon l'ancienne méthode.

L'on doit commencer, au milieu de la conceffion & tout à fait au bord de la riviere, par abattre & déblayer un petit efpace, dans lequel on confiruit un bon carbet pou foi, & les blancs qu'on a à fon fervice, & enfuite un autre de grandeur convenable, pour loger tous les efclaves : on demeure dans ces efpèces de loge-ments, jufqu'à ce qu'on ait eû le temps de s'en procurer de plus folides & plus commodes. Cette maniere de s'établir vaut mieux que de loger chez un voifin; vû les pertes de temps confidérables qui en réfultent, dans un temps où tous les moments font fi précieux.

Cette premiere opération faite, lorfqu'on a défigné la grandeur de l'abattis, par des lignes bien ouvertes, & dirigées avec la bouffole, en ayant attention d'embraffer d'abord toute la face de la conceffion, & obfervant que la ligne de derriere foit perpendicu-laire à celle de chaffe ou de profondeur, il faut travailler vive-ment à faire l'abattis, qui doit être fini à l'époque du commence-ment de la belle faifon.

L'abattis fini, on plante quatre perches garnies d'efpèce de pavillon pour les faire diftinguer, aux endroits qui doivent former les quatre angles des foſſés d'entourage; & dans cette opération, il faut obſerver:

1°. Que, quoique les conceſſions duſſent toujours être diſtribuées dans une direction perpendiculaire au cours des rivieres, comme elles le ſont ſouvent dans une fort oblique, faute de cette attention primitive, il ne faut toutefois dans ce cas, jamais chercher à établir la digue du devant perpendiculairement aux lignes de chaſſe, ni à lui donner les inflexions qui pourſuivent les ſinuoſités d'une riviere; mais bien plutôt tirer une ligne droite, parallellement à ſon cours, quelqu'oblique qu'elle pût être, parce qu'il ne faut jamais dès le commencement, laiſſer de rideau de bois devant ſoi; & il importe fort peu que cette ligne du premier défriché forme une figure irréguliere, puiſqu'on ſe redreſſe bientôt ſur la ſeconde.

Ce qu'on doit obſerver.

2°. Que ſur les lignes de chaſſe ou de profondeur, les foſſés qui doivent par la ſuite devenir les grands & principaux canaux d'écoulement, ſoient mis d'abord à une aſſez grande diſtance des bornes communes entre les voiſins, pour qu'on puiſſe les agrandir, leur donner une berme dans de juſtes proportions, & avoir un eſpace ſuffiſant pour recevoir toutes les terres qui doivent en provenir. Pour ſe conformer ſur ce point à ce qu'exigent des canaux d'écoulement, tels qu'ils conviennent à un grand établiſſement, il faudroit laiſſer environ 100 pieds au moins, entre ces bornes & les premiers foſſés.

Les quatre ſignaux ou perches dont on vient de parler, étant poſées, on met tout l'attelier à déblayer & néttoyer ces quatre lignes droites, à la largeur d'environ 50 pieds plus ou moins, ſelon que le ſol eſt ferme ou mol, & que ſes digues doivent être fortes.

Ce travail pour nettoyer l'emplacement des foſſés & des digues, ſuppoſe des exceptions : il y a entr'autre à Oyapoc certains endroits au bord de la mer , & d'autres ſur les bords de l'Aprouague ſi remplis de cambrouſes, à la profondeur des premiers abattis, qu'il vaut mieux attendre pour le faire, que l'abattis ait été brulé.

Ces lignes étant néttoyées & débarraſſées, on jalonne d'une perche à l'autre, & l'on met un ſecond rang de piquets ou demi jalons, pour marquer la largeur du foſſé. En ſuppoſant qne, dans la ſaiſon la plus pluvieuſe, les eaux s'élévent à la hauteur de deux pieds derriere les digues, les foſſés devront avoir 12 pieds de largeur, ſur la profondeur requiſe : ils donneront aſſez de terre pour former une digue proportionnée à leur poids; & ils ſeront ſuffiſants pour l'écoulement de ce premier abattis, qui ne doit reſter en cet état, que juſqu'au temps où l'on y en ajoute d'autres.

Le foſſé étant tracé, on portera à l'extérieur, pour la diſtance du noyau, qui doit être parallele au foſſé, une meſure d'environ 13 ou 14 pieds, ſelon que le ſol ſera ferme ou mol, & exigera une berme plus ou moins large : cette meſure ſert pour la digue de derriere, car celle ſur les lignes de chaſſe doit être d'abord éloignée de quelques pieds de plus, par la raiſon qu'on doit ſuppoſer que l'élargiſſement de ces foſſés ou canaux doit être fait par augmentations ſucceſſives, & proportionelles aux nouveaux défrichés qu'on entreprendra.

On donnera à ce noyau, appellé à Surinam Blinds-trentz, 2 pieds de largeur ; on lui donne quelquefois 3 pieds au plus, ſelon la grandeur & l'importance de la digue. On doit faire nettoyer, dans toute ſa longueur, à 3 ou 4 pieds de chaque côté, les bois

…nurris, & autres obftacles de cette efpèce, qui empêcheroient la digue de fe lier avec le fol : il faut auffi enfoncer folidement une perche ou un fort piquet au milieu de chaque angle du noyau, afin de le retrouver.

Après cette préparation, ou pendant qu'on y travaille, on fait placer tout au bord de la riviere, dans l'alignement des foffés ou canaux d'écoulement à la profondeur de quelques pouces au-deffus du niveau de la baffe-mer dans les petites marées, un petit coffre, ou kookers, fait de quatre planches, avec une porte à clapet, qui ferme bien exactement : au moyen de cette petite machine, que j'ai imaginée parce qu'elle remplit mieux fon objet qu'un grand coffre, on empêche la marée d'entrer dans les travaux, de même qu'elle vide, au juzant ou perdant, toutes les eaux qui filtrent des terres ; de maniere que les trancheurs travaillent fans être incommodés, & à leur aife.

Dès que ce petit coffre eft placé, on tranche le noyau à deux pelles de profondeur, ou plutôt jufqu'à ce qu'on trouve la vafe franche, & qu'il n'y ait plus de terreau ; & l'on fait paffer, après les travailleurs, quelques négres intelligents, qui fondent tout du long avec une pelle à long manche, pour découvrir les bois qui pourroient fe rencontrer fous terre en travers de la digue : cette opération doit fe faire avec la plus grande exactitude, & de maniere à s'affurer que, dans toute l'étendue de ce noyau, il n'y a pas le plus petit endroit qui n'aît été fondé. Si l'on rencontre quelque bois, on fouille une foffe à cet endroit, pour les tronçonner, & les enlever : avec cette précaution, on parvient à faire des digues qui n'ont jamais ni filtration, ni rupture.

D

On doit faire observer à ce sujet, que souvent les digues qu'on a à exécuter, ne doivent servir que peu de temps, quelquefois qu'une année, parce qu'on est dans le cas de faire successivement de nouveaux défrichés, qui les enveloppent dans l'intérieur du desséchement : l'on sent bien que, dans ce cas, il est inutile de s'asservir à toutes les précautions qu'on vient d'indiquer, & qu'on peut ainsi abréger le travail ; mais il n'en étoit pas moins nécessaire d'entrer dans tous ces détails, pour développer les moyens de faire les digues parfaitement solides. (b) C'est pour les avoir

---

(b) En creusant un fossé dans un terrain neuf, où les troncs des arbres ne sont pas encore consumés, la digue formée des terres qui en proviendront, n'aura qu'une grandeur moindre que la moitié du vide de ce fossé.

Un fossé fait dans un terrain où tous les bois sont consumés, tant en terre que dehors, fournira des terres, pour former une digue un peu plus grande que la moitié de sa capacité.

Il faut distinguer trois sortes de digues. 1º Celles qu'aux bords de rivieres on oppose aux marées, dont l'effet n'est que momentané. 2. Celles qu'on n'élève derriere un défriché, que pour un court espace de temps ; & seulement en attendant un nouveau desséchement. 3. Les digues d'entourage qui doivent exister toujours, ou pendant très-long-temps. Voici les proportions qu'on peut leur donner.

Pour les premieres, trois fois la hauteur des eaux pour la base, c'est-à-dire, que la marée montant de 2 pieds sur le sol, cette base sera de 6 pieds.

Pour les secondes, que la base d'une digue soit égale à trois fois & demie la hauteur des eaux des pinotieres, qu'elle aura à soutenir.

Pour les troisiemes, on fera la base égale à quatre fois la hauteur des eaux, c'est-à-dire, que pour 2 pieds d'élevation, cette base sera de 8 pieds ; & de 12 pieds pour trois pieds d'eau ; ainsi du reste.

Les bermes doivent toujours avoir plus de largeur que la digue n'a de base ; & en

négligées, & pour n'avoir pas sû donner aux digues une force d'oppofition proportionnelle au volume & au poids des eaux, qu'il n'eft pas rare de voir, à Surinam, de riches habitations dévaftées & ruinées par des inondations.

Après le travail du noyau, on paffe à celui des foffés : on les commence au bord de la mer, en les fouillant d'abord à leur profondeur; afin de donner de la pente & un efpèce de réfervoir aux eaux qui filtrent des terres. Il faut ici avoir le plus grand foin d'obliger les trancheurs à jeter, du premier coup, les terres à l'endroit où elles doivent être dépofées pour former la digue : les premieres pelles, tout autant qu'on ne trouve pas la vafe franche, doivent être jetées entre le foffé & le noyau, à trois ou quatre pieds de ce dernier ; enfuite, la vafe doit être jetée dans le noyau, & deffus l'emplacement de la digue. Il n'eft pas permis de fe relâcher du tout à cet égard ; autrement, il faudroît faire deux fois le même travail; & les digues feroient imparfaites, même infuffifantes; au lieu qu'en les exécutant comme on vient de le pref-

Travail des foffés

---

général, on fera bien de leur donner une fois & demie cette bafe : il y a des cas où un fol mou & boüeux en exigera beaucoup plus.

Ces proportions donnent aux digues, une force excédente à celle qu'il leur faudroît, pour être en équilibre avec les eaux : d'abord, cela eft néceffaire, & de plus, il faut avoir égard aux filtrations, qu'une épaiffeur moindre pourroit occafionner.

Il faut encore obferver, qu'on ne doit pas compter la hauteur des eaux, depuis la furface du terreau, mais du milieu de l'épaiffeur de la couche. D'ailleurs, le local & les accidents d'un fol, font toujours des exceptions aux méthodes générales qu'on vient d'indiquer.

crire, cette vafe molle, pétrie par fon propre poids, forme une digue impénétrable aux eaux; & il n'y a point de perte de temps, objet toujours précieux dans tous les travaux de culture, & fur-tout infiniment dans ceux-ci.

On doit avertir que les foffés qui fe rencontrent, en formant un angle, ne fourniffent aucune terre pour former la digue en cet endroit : on n'a d'autre reffource pour y fuppléer, que de faire fouiller de la vafe, à l'extérieur des digues, dans le bois, en fai-fant foit des trous, foit des bouts de foffés qui faffent un angle faillant, felon qu'il conviendra le mieux pour les travaux fubféquens.

Il faut fe fouvenir de donner la plus grande folidité à ces digues aux angles, parce que les brèches, ou les filtrations y font bien plus difficiles à réparer.

Les foffés finis, il convient, pour ne pas s'expofer à la nécef-fité d'un nouveau travail, de donner la derniere façon aux digues, avant que la vafe foit trop féche, tandis qu'elle peut encore fe pétrir, fe lier, & faire corps. Pour cela, au moyen des perches on piquets qu'on aura laiffés aux quatre angles du noyau, on por-tera vers l'intérieur, du côté du defféchement, une mefure de trois pieds & demi, où l'on plantera de nouveaux piquets, defquels on jalonnera des lignes droites, fur le bord de la digue; après quoi on en coupera le talus, obfervant de le coucher beaucoup plus que celui des foffés, & d'en ramaffer & relever toutes les terres, ainfi que celles qui auroient été répandues fur la berme, plus loin que le pied de ce talus, toutes ces terres devant être jetées fur la digue : on n'a plus alors qu'à faire paffer l'attelier des négreffes, pour la rabattre, la niveler, & l'égalifer. On néglige de dreffer le côté extérieur des digues; ce qui feroit un travail fuperflu.

Lorfque les digues font finies, que l'entourage de l'abattis eft ainfi fait, on travaille à faire des tas des bois qui reftent; (on fuppofe que l'attelier des négreffes y a travaillé pendant la façon des foffés;) on fait la divifion intérieure, par d'autres foffés; ainfi que les petites tranches. Comme c'eft toujours dans le premier deffléchement celui du bord de la riviere, que doivent être placés les bâtîments, & tout l'établiffement, afin de jouir de l'avantage du meilleur air, & de toute la vue que le local permet; cette divifion intérieure ne doit être faite, que d'après les plus mûres réflexions, & le choix adopté d'un plan d'établiffement auquel on foit déterminé à ne rien changer: on renvoie plus loin à parler de cet objet, afin de terminer fans interruption ce qu'on a à dire de ces premiers deffléchements.

Si la largeur du défriché, exception faite de la partie deftinée pour l'établiffement, n'excéde pas environ cent toifes, il fuffira de faire de petites tranches, en travers, de trois pieds de largeur; mais fi le défriché étoit plus large, il conviendroît de faire, d'abord un foffé de fix ou huit pieds, qui le coupe en deux parties égales, dans toute fa longueur; & dans ce cas, les petites tranches pourront n'avoir que la largeur de deux pieds à deux pieds & demi: la profondeur d'une pelle fuffira, au milieu de la longueur; mais elle doit être plus confidérable, en allant vers les extrémités, & là, environ du double. (c)

(c) Ces petites tranches ne font pas toujours tracées à diftance de mêmes intervalles, parce que les planches doivent être plus ou moins larges, felon les plantations auxquelles elles font deftinées: on en parlera à l'endroit où l'on traitera des cultures.

Si l'on fouille des petites tranches dans un endroit où il y ait peu ou point de terreau, comme il arrive, par exemple, presque toujours sur les bords des rivieres, par conséquent dans les premiers défrichés, les terres de ces petites tranches, jetées sur les planches, n'étant alors que de vase franche, qui est toujours froide lorsqu'elle est exposée à l'air, elles nuiroient à des plantes délicates, telles que le maïs, l'indigo, & autres de cette espèce : il vaut mieux alors, pour le succès de ces plantations, arranger ces terres en tas réservés, au milieu des planches ; précaution inutile pour toutes les autres plantes, & qui le seroit pour celles-ci même, s'il y avoit une couche de terreau à la surface du sol.

En faisant ces petites tranches, il faut veiller à ce que les trancheurs en jetent les terres, d'un seul coup, au milieu des planches, afin d'éviter encore ici un double travail : on ne sauroit trop recommander ce soin dans la façon de tous les fossés, parce que les négres, qui cherchent sans cesse à se dispenser d'un peu de peine de plus, parviennent souvent, par mille petits moyens ou prétextes, à ne faire qu'imparfaitement l'ouvrage de leur tâche. Tout relâchement sur ce point peut devenir préjudiciable, jusqu'à doubler le travail ; ce qui, par des circonstances telles que d'être surpris par les pluyes, peut occasionner des pertes immenses, soit en n'ayant ainsi le temps d'exécuter qu'une partie d'une entreprise qu'il eût été aisé de conduire à sa perfection en totalité, soit en ne l'exécutant que d'une maniere incomplete, conséquemment insuffisante ; ce qui fait toujours manquer le but proposé.

Les petites tranches une fois faites, on travaille à niveler les planches, & à les égaliser ; & l'on soigne cet ouvrage en raison

des plants dont on a deffein de garnir le terrein : fi c'eft de bananniers feulement, on fe contente d'en abattre les élévations, pour
remplir les creux, faifant enforte que le milieu des planches devienne, au moyen de la terre des tranches, plus élevé que les
bords : fi l'on fe propofe d'y planter des cafeyers, des cannes à
fucre, & autres plants, il faut étendre fes foins jufqu'à rendre
la furface très unie, & proprement arrangée, avec l'attention
qu'elle foit plus bombée à mefure que les plants font plus délicats, & fe plaifent plus ou moins dans l'humidité.

Pour ne rien laiffer à défirer fur la proportion dans laquelle ces
planches doivent être bombées, en leur travers, & de quelle maniere, il faut que, fur 30 pieds de largeur, l'élévation du milieu foit à peu près de fix pouces au-deffus des bords, & que
par ces trois points la furface forme une ligne courbe, un peu
rehauffée au milieu de la planche, attendu que cette partie s'a-
faiffe plus que les autres par la fuite.

L'on ne fauroît donner trop de foin à tous ces travaux, afin
qu'ils foient bien exécutés ; confidérant fur tout qu'ils n'en exigent
pas pour cela plus de temps, & qu'il n'en coûte feulement qu'un
peu plus de peine à celui qui les dirige, mais qu'il en eft toujours amplement dédommagé par un plus grand fuccès. Si au
refte ils paroiffent minutieux par le détail qu'on vient d'en faire,
il faut fe bien perfuader qu'ils ne le font pas dans la pratique,
ou que du moins ils ne doivent pas l'être, parce qu'il faut s'habituer à les faire méthodiquement, leftement, & fans tâtonner.

Avant de clorre cet article, pour ne rien négliger de tout ce
qui tient à quelque partie de cette pratique, & pour la fatisfac-

tion des ſpéculateurs qui combinent, je vais expoſer quelle étendue de travail l'on peut attendre d'un négre, dans les diverſes fouilles de ces terres.

Un négre de pelle, autrement dit négre trancheur, lorſque le terrain n'eſt point, ou que très peu embarraſſé de bois ou de troncs d'arbres, doit trancher dans un jour, pour ſa tâche, une ſurface de 500 pieds quarrés, de la profondeur d'une pelle; de ſorte que, dans un foſſé de 10 pieds de large, il aura 50 pieds de longueur pour ſa tâche : il eſt aiſé, d'après cette donnée, de calculer les longueurs de tâche pour toutes les largeurs quelconques. On la diminue de moitié en étendue, ſi l'on eſt forcé, par quelque circonſtance, de faire faire la fouille de deux pelles de profondeur; mais il ne faut jamais pratiquer cette maniere de travailler, ſi l'on n'y eſt contraint, parce que ces travaux ſe font alors moins uniformément, moins bien, & que l'on y perd toujours pour la quantité. (d)

(d) A l'occaſion de ces tâches, il eſt eſſentiel de remarquer que, moins un foſſé a de largeur, s'il doit être d'une certaine profondeur, plus la tâche diminue à meſure qu'on le fouille, non-ſeulement à cauſe du rétréciſſement produit par les talus, mais encore en raiſon de ſon peu de largeur, par exemple: dans un foſſé de 10 pieds, la tâche donne à la premiere pelle 375 pieds cubes, à la ſeconde 343, à la 3e. 312, à la 4e. 277, à la 5e. 250, à la 6e. 219, à la 7e. 187, à la 8e. 150; de ſorte que, à la huitieme pelle la tâche moyenne n'eſt plus que de 262 pieds cubes. Au lieu que dans un foſſé ou canal de 20 pieds de largeur, la tâche étant de 375 pieds cubes à la premiere pelle, elle ſera à la ſeconde de 358, à la 3e. de 343, à la 4e. de 327, à la 5e. de 304, à la 6e. de 296, à la 7e. de 280, & à la 8e. de 265. Ainſi l'on voit qu'à la huitieme pelle, la tâche eſt preſque le double dans le canal de 20 pieds, que dans le foſſé de dix; & la moyenne entre les extrêmes eſt de 320 pieds cubes.

Chaque trancheur doit être muni d'un fabre, & de deux pelles, l'une de fer, l'autre de bois garnie de fer au bout; celle-ci pour ramaffer les terres égrainées aprés qu'on a fouillé avec l'autre; celle de fer a environ un pied de long; mais comme il faut les paffer fur la meule, pour les entretenir tranchantes, elles s'ufent affez promptement : dès qu'elles font ufées, au point de n'avoir plus qu'une longueur au-deffous de neuf pouces, on doit les rebuter.

On ordonne aux trancheurs d'enfoncer la pelle de fa longueur, & l'on tient la main à ce qu'ils ne fe relâchent pas fur ce point; ce qui fait croire à beaucoup de gens inattentifs que chaque jour on fouille d'un pied de profondeur; mais lorfque d'une pelle il réfulte neuf pouces bien francs, & que les tâches dans le fond font bien proprement curées avec la pelle de bois, & nettes de toutes terres émincées, on doit être fatisfait. (e)

Quoique la tâche diminue de largeur dès la feconde pelle, & fucceffivement davantage, à caufe du talus des foffés, on ne doit point l'augmenter en longueur, pour retrouver la furface de 500 pieds quarrés, parce que le trancheur n'y gagne rien, ou au moins très-peu

---

Il réfulteroît de ces détails que pour tous les foffés au-deffous de 12 pieds de largeur l'on pourroit augmenter la tâche à la premiere pelle de 50 ou 100 pieds quarrés, car on le répéte encore, il ne faut jamais augmenter les tâches lorfque l'ouvrage eft entrepris.

A Surinam on donne jufqu'à 700 pieds de furface à la premiere pelle, mais ce n'eft pas, pour obferver les proportions qu'on recherche ici; c'eft uniquement pour que le négre faffe une plus grande tâche : mais un négre qu'on oblige à trancher 700 pieds dans un large canal, eft furchargé de travail, s'il n'eft d'une forte complexion.

(e) On peut compter qu'une pelle vaut 10 pouces à Surinam; tout cela fait de grandes différences pour les réfultats, que nous ne pouvons efpérer d'atteindre,

E

de chofe : à mefure qu'il fe trouve placé plus bas, fon travail à jeter la terre, non-feulement hors du foffé, mais dans le même éloignement, s'accroît à proportion; de forte que tout eft compenfé. On ne doit donc point augmenter leur tâche, mais feulement redoubler de vigilance, pour les obliger à la faire avec la même propreté.

Réfultat des tâches.

Il réfulte de ce que deffus, qu'un négre trancheur, à fa tâche, ne tranche par jour, à la premiere pelle, que 375 pieds cubes; qu'en fuppofant un foffé de 10 pieds de large, comme on l'a dit, fait à la profondeur de 5 pieds, qui ouvrira de chaque côté un talus d'un angle de trente dégrés avec la perpendiculaire, la derniere pelle ne donnera que 186 pieds cubes par tâche; & que la tâche moyenne entre ces extrêmes, eft de 282 pieds cubes.

Une grande partie de ce qui a été dit dans ce chapitre, concerne principalement les défrichés & defféchements des nouvelles habitations, telles qu'on en forme actuellement dans cette Colonie, furtout à Aprouague. Il convient maintenant d'examiner plus généralement cette partie; c'eft-à-dire de traiter des defféchements en grand.

Dans les grands travaux de tous les genres, un bon plan eft le feul guide qui peut les faire conduire à une fin défirable : cette vérité doit être encore plus vivement faifie, à l'occafion d'un établiffement de culture, par ceux qui favent apprécier ce que coûtent les tranfports de terres, les faux fraix, les retards, les préjudices immenfes enfin qui peuvent réfulter d'un faux travail, qu'on eft obligé de changer & de refaire ainfi plufieurs fois qui, en rendant le plan defectueux par une complication de foffés, occafionne des vices fouvent irréparables aux defféchements. Il importe donc tous jours pour fes propres intérêts, furtout dans les lieux ifolés, de les bien connoître, & de s'affujettir à un plan fixe, avant que de rien entamer.

Lorfque l'on s'établit dans de grandes & uniformes plages, que les habitations fe joignent, toutes celles deftinées à la même culture doivent être faites fur un même plan, dès qu'il fera le meilleur poffible : il faut feulement excepter d'une méthode générale tout le local qui tient à l'établiffement & à fes difpofitions, dont la diftribution peut varier felon le goût de chacun.

Pour faciliter ce qu'on a encore à dire fur cet objet, on parlera féparément, & de la diftribution des defféchements propre aux fucreries, & de celle propre aux cafeyeries : cette derniere convient à tous les genres de manufactures, excepté à la la premiere.

Le défrichement le plus parfait fera toujours celui qui remplira le mieux fon objet, avec un moindre nombre de foffés ; parce que, alors il aura été exécuté fur le plan le plus fimple & le mieux calculé : c'eft d'après cette maxime générale, que je me fuis appliqué à étudier tout ce qui peut leur donner le dégré de perfection qu'il eft poffible d'y défirer.

La diftribution du plan d'une fucrerie peut être faite fur un terrein de 300 toifes de face, comme fur un de 600, à quelques fuppreffions près, qui ne changent rien à la méthode générale qu'on doit fuivre. Soit fuppofée une conceffion de 600 toifes de face : après y avoir tracé un canal d'écoulement, comme à l'ordinaire, à chaque extrémité, on place au milieu de cette face le principal & grand canal navigable du moulin, fur lequel ce bâtiment eft toujours conftruit.

Après avoir diftribué les emplacements de chaque bâtiment, &
dépendances, des jardins, en un mot de tout ce qui doit compofer l'établiffement, on trace ce qu'on appelle les canaux navigables, ou petits canaux navigables, pour les diftinguer du grand
canal du moulin : ces canaux font difpofés en travers du terrein,
en coupant toujours celui du moulin à angle droit, à moins que
le local ne s'y refufe : le premier doit être placé le plus près
poffible du moulin & des établiffements : après la pofition de celui là, on entrace d'autres de 100 en 100 toifes qui lui font
paralleles ; & l'on en ajoute ainfi autant que le défriché en peut
comporter, & à mefure qu'on défriche de nouveau.

Ils ne doivent point aboutir ni communiquer avec les canaux
d'écoulement ; ils doivent feulement en approcher, jufqu'à environ
20 toifes.

Cette diftribution faite, on voit qu'alors le terrein de chaque
côté du grand canal du moulin fe trouve divifé pour la culture,
en autant de parallelogrammes d'environ 100 toifes de large, &
270 de longueur, que ces canaux ont été répétés.

Ces pieces doivent être defféchées par les grands canaux d'é-
coulement, à quoi feulemeut ils font deftinés ; pour cela, l'on fait
fur les deux longs côtés, parallelement aux canaux navigables,
à 40 pieds de diftance, un bon foffé d'écoulement d'environ 12
pieds de largeur, & un autre moins large derriere le long du
grand canal du moulin. Ces foffés vident leurs eaux dans le grand
canal d'écoulement ; & c'eft de l'un à l'autre, en travers de la
piece, qu'on fait les petites tranches. Souvent, fur la longueur
de la piece, on fait un troifieme foffé dans le milieu ; ce qu'on

ne doit toutefois jamais pratiquer, à moins d'une néceſſité abſolue : telle eſt la diſpoſition d'un terrein pour une ſucrerie.

S'il n'y avoît que 300 toiſes de face, il n'y auroît d'autres changements à faire, que de ſupprimer à peu près la moitié du plan ;
c'eſt-à-dire, que le grand canal du moulin, & tous les établiſſements, devroîent être à une des lignes, tout-à-fait ſur un des côtés,
& un ſeul canal d'écoulement ſeroît ſur l'autre.

Ce dernier plan offre un avantage de plus que l'autre, en ce
qu'on peut faire venir par derriere la digue, un petit canal d'eau
douce, depuis le fond du bois juſqu'à proximité de l'établiſſement, qui en retireroît une grande utilité, ainſi que la rumerie &
la ſucrerie, leſquelles, dans le premier plan, ne peuvent avoir la
plûpart du temps que les eaux de la riviere, à moins d'en aller
chercher au loin ; car les plus grandes citernes mêmes ne ſauroîent
fournir à tous les beſoins.

Maintenant que l'on doit ſuppoſer que ces plans ont été bien
entendus, il eſt eſſentiel de les reprendre en détail ; afin de montrer les avantages qu'on doit rechercher, en les exécutant, & les
fautes qu'il importe d'y éviter.

Lorſqu'on forme une habitation, les canaux d'écoulement ne
peuvent être que très imparfaits pendant les premieres années : dans
ces premiers temps, on ne doit leur donner que la capacité néceſſaire à un écoulement ſeulement paſſable ; parce qu'ayant tout à
faire à la fois, il faut économiſer le temps avec ſageſſe, ne
rien faire de ſuperflu : mais il faut les agrandir le plutôt poſſible,
& tâcher de leur donner les proportions convenables, à meſure
qu'on augmente les défrichés.

Autre plan ſur
300 toiſes de face.

Imperfection des
écoulements les pre-
mieres années.

En fuppofant qu'un defféchement renferme 150 quarrés de terrein, qu'il ait deux canaux d'écoulement, un à chaque extrémité de la face, ils devront avoir auprès de l'éclufe, dans l'étendue d'environ 200 toifes, au moins 20 pieds de largeur, dans le fond, avec des talus fuffifants de chaque côté, des banquettes & des bermes à peu près dans cette proportion : depuis le fond du canal, à la hauteur de deux pieds, une banquette de fix pieds ; à quatre pieds, une de cinq ; & à fix pieds, une de quatre ; après quoi, à la ligne du terreplein, qui eft celle de la furface du fol, l'on fera une berme de 14 ou 15 pieds ; ce qui donne un canal de foixante trois piéds de largeur, fans les bermes. [f]

Dans le refte de l'étendue, jufqu'au fond de l'habitation, il fuffira qu'il ait la moitié de cette largeur ou capacité ; c'eft-à-dire qu'il faut le tracer de plus en plus étroits par hachûres, à mefure qu'on avance vers l'extrémité, à laquelle cependant ils devront avoir douze pieds de largeur dans le haut ; obfervant de les augmenter en raifon de ces proportions. A mefure que l'on augmente l'éten-

---

[f] Ce canal d'écoulement a trois banquettes de chaque côté, qui enfemble font 15 pieds ; il y a quatre talus, dont la bafe eft de 19 à 20 pouces, qui font fix pieds fix pouces ajoutés à 15 font 21 pieds 6 pouces pour un côté du canal : vingt pieds pour la largeur qu'il a au fonds, produifent les 63 pieds pour la largeur totale, d'une berme à l'autre.

Les talus font fuppofés être de 30 dégrés avec la perpendiculaire.

Il eft utile d'obferver ici que, dans tous les grands canaux, & dans les foffés qui font deftinés à garder les mêmes dimenfions ou à avoir beaucoup de profondeur, leur talus doivent néceffairement faire une angle de 30 dégrés : ceux qui doivent être fucceffivement élargis, ou qui font d'une grandeur moyenne, & ont peut de profondeur, n'ont befoin que d'un talus d'environ 25 dégrés.

due des terreins cultivés. Leur profondeur auprès de l'écluse doit être égale au niveau de la baffe-mer des petites marées : les courans d'eau, qui ravinent, les approfondiffent encore un peu, & autant qu'il le faut, dans la fuite. C'eft auprès de l'écluse qu'on doit premierement achever la fouille dans fa totalité, à cette profondeur, tant pour que les travailleurs ne foient pas incommodés par les eaux, que pour régler la pente du fond du canal : il eft inutile de la chercher par le moyen d'un inftrument ; on n'aura qu'à fuivre la pratique qui va être indiquée : il faut feulement, depuis l'écluse, faire fouiller en avançant, de la même maniere, & tout comme fi l'on avoit le deffein de mettre le fond du canal parfaitement de niveau ; il arrivera alors qu'étant parvenu à l'autre extrémité, quelque foit d'ailleurs fon étendue, fon fond aura exactement la pente naturelle requife pour faire couler les eaux.

L'on n'a d'autre précaution que celle là ; mais il faut y veiller, & avoir attention qu'en raclant & ramaffant les terres de la derniere pelle, les travailleurs ayent toujours de l'eau à la cheville du pied. La même chofe doit être pratiquée pour les foffés en général : en l'obfervant, ils feront finis du coup ; au-lieu qu'en la négligeant, il faudra ramener fréquemment les travailleurs fur leur pas, pour creufer de nouveau ce qui eût pu l'être completement d'abor, fans qu'il en eût coûté une heure de plus : ce qui eft d'autant plus facheux, qu'un furcroit de travail qu'on eût pu épargner, eft une perte de temps qui ne fe retrouve jamais, & qu'on doit foigneufement éviter dans tous les travaux en général, fi l'on défire obtenir de grands fuccès.

On vient de voir les proportions des foffés, ou canaux, pour un deffechement de douze quatrés, & celle de cent cinquante ;

on peut aifément, d'après cela, trouver toutes celles qu'on pourroît défirer. On prévient feulement ici qu'on ne fauroît jamais
leur donner trop de grandeur & de capacité ; les foffés d'écoulement pratiqués à l'entour des pieces de terrein, comme on l'a vû,
doivent être à peu-près auffi profonds que les canaux , à l'endroit
où ils s'y dégorgent.

Dans les commencements d'une habitation , ces canaux ayant
peu de capacité , les petites tranches devront avoir environ trois
pieds de large , & être proprement faites, pour leur donner
toute la capacité que leur dimenfion peut comporter ; mais lors qu'un
defféchement eft agrandi , on ne leur donne plus qu'une largeur
de deux pieds , avec une profondeur & des talus convenables ;
parce qu'elles s'agrandiffent toujours dans la fuite par les farclages :
il ne faut les confidérer que comme des dalles, qui doivent feulement conduire les eaux dans les grands réfervoirs , à mefure
qu'elles font tombées.

Principes généraux
fur les defféche-
ments.

Il faut fe rappeller fans ceffe ces principes , que ce ne font ni les
petites tranches, ni la grande quantité d'autres foffés, comme j'ai
vû ici & ailleurs bien des gens le croire, qui peut conftituer la
qualité d'un bon defféchement; mais bien les grands ou fuffifants
canaux d'écoulement, qui font feuls la bafe de tous les fuccès &
de la profpérité qu'on a droit d'attendre de la fécondité des terres-
baff s.

Comme ces canaux font fujets à être comblés, à la longue ,
par les vafes & les boues, furtout en allant vers le fond de l'habitation , je défire qu'on veuille placer à cette extrémité un coffre
de trois pieds d'ouverture , pour faire écouler fes eaux des bois ,
& le laver lorfqu'il fait beau temps, & qu'on n'a prefque point

d'eau des foſſés à écouler par l'éclufe : combien ce moyen ſimple n'épargneroît-il pas de journées de négres , & de travail !

Lorſqu'on fouille les canaux navigables , les terres qu'ils fourniſſent , ſont jetées également ſur les deux bords, pour ſervir à former des digues toût à l'entour , propres à réprimer les eaux des marées, & à les empêcher de ſe répandre dans les plantages ; ce qui oblige de faire ces digues avec des noyaux, & d'y porter la plus grande attention ; ne devant pas y avoir la moindre filtration abſolument.

On doit obſerver qu'elles ſoient aſſez élevées, ſur le devant, le long des canaux, pour réſiſter aux grandes marées de l'équinoxe ; & , ſuppoſant toujours, lorſqu'on les fait, qu'elles s'affaiſſent dans la ſuite, il faut y avoir le plus grand égard, afin de les faire d'abord de maniere à n'avoir pas beſoin d'être ſucceſſivement exhauſſées.

Digues des canaux navigables.

On en rabat les terres ſur le derriere , en leur donnant une pente, en forme de glacis, juſqu'au bord du foſſé d'écoulement ; auquel arrangement, ainſi qu'au nivellement , les terres de ce foſſé ſont également employées. Toutes ces digues doivent de même être plantées eu cannes, excepté dans les eſpaces qu'on veut conſerver pour des chemins.

Leur forme.

On doit ſuivre, pour la fouille ou le creuſage de ces canaux, tout ce qu'on a dit plus haut en parlant des autres : on prévient ſeulement, quant aux dimenſions, qu'il faut les entendre pour le haut, à la ſurface du ſol, & non pour le fond des canaux.

A l'égard de ces canaux, perſonne ne s'eſt encore appliqué à exécuter cette partie des travaux, d'après quelques principes fondés ſur leur uſage : l'un a fait un canal d'une grande beauté , dans un endroit éloigné ; l'autre s'eſt obſtinément attaché à faire, de

Fauſſes vues ſur les canaux navigables.

F

même largeur jufqu'au fond de l'habitation , le canal du moulin ; afin d'offrir aux yeux ce genre de luxe ; celui - là penfe qu'il fuffit qu'ils ayent en fomme une capacité vafte ; chacun enfin , ne cherche qu'à faire un bel ouvrage , fans réflexion fur fon utilité.

Proportion des canaux navigables. Les proportions & les dimenfions les plus convenables pour ces canaux font d'abord , pour celui du moulin, qu'auprès de ce terme, & dans l'étendue d'environ 200 toifes , il ait pour le moins 90 pieds de large , & jufqu'à 120 même, s'il eft poffible. Ce vafte & beau réfervoir eft néceffaire pour que la furface de l'eau conferve , devant le courfier , le même niveau qu'ailleurs , lorfque le moulin marche ; fi ce grand canal n'avoit , à cet endroit , qu'une largeur médiocre , les eaux des extrémités des canaux ne pourroient s'y rendre , pour remplacer celle dépenfée par le moulin , qu'après que cette furface y auroit perdu beaucoup de fon niveau, pour leur donner une pente fuffifante ; ce qui peut aller jufqu'à 7 ou 8 pouces, même plus , & donne pour l'effet de la machine le même réfultat , que fi la marée avoit été moins haute d'autant : ces grands réfervoirs facilitent d'ailleurs le déchargement des cannes & la manœuvre des acons. (g)

(g) Toutes les fois qu'on doit fouiller des canaux, dont la largeur eft telle, qu'un négre placé au milieu , ne peut pas jeter les terres dehors, & affez en arriere des bords , pour qu'elles ne les furchargent pas, on doit alors commencer par faire fouiller, d'abord à la profondeur qu'il doit avoir , dans le milieu de fa longueur un canal de vingt pieds , en faifant jeter les terres auffi loin qu'il eft poffible : cela étant fait, ces terres font reprifes & jetées plus loin avec la pelle, après quoi on élargit le canal fucceffivement en tranchant des largeurs de cinq ou de dix pieds , jufqu'à ce qu'on foit parvenu à celle qui a été déterminée.

On doit fe contenter de donner 36 à 40 pieds de largeur, au refte de l'étendue de ce grand canal, jufqu'à la digue de derriere qu'on doit lui faire traverfer en avançant dans le bois de quelques centaines de toifes, mais feulement avec une largeur de douze pieds.

On doit le fermer, à l'endroit de cette digue, par un coffre d'environ quatre pieds d'ouverture & vingt-fix de long, garni d'une double porte, afin de retenir, lorfqu'on le veut, les eaux des bois, en fermant la porte de derriere, & ouvrant celle de devant, & de contenir également celles de la marée, pour qu'elle ne fe répandent pas dans le bois, en fermant au contraire celle de devant, & ouvrant l'autre.

Lorfqu'on ne roule pas, au moyen de ce coffre, en hiver, dans le temps des fortes pluies, en fe difpofant pour faire entrer les eaux du bois, & faifant ouvrir régulierement, à tous les juzants, la grande éclufe, les eaux ravineront tellement, elles laveront ce grand canal, au point que cela feul l'entretiendra à fa profondeur, & fans boue; au lieu que, fans cette précaution, les marées y dépoferoient tant de vafe, qu'il en feroît comblé dans quatre ou cinq ans; & cet objet exige un entretien fi confidérable, que les fucreries médiocrement montées en négres trancheurs, échouent infailliblement contre cet obftacle, par l'immenfité de temps que néceffairement il dérobe à la manipulation des revenus.

L'on ne doit donner aux petits canaux navigables que 24 pieds au plus; ceft-à-dire, feulement la largeur néceffaire à la navigation des açons; attendû que l'entretien de ces canaux devient progrefſivement diſpendieux, & difficiles à proportion qu'ils ont plus de largeur. L'on doit d'autant plus avoir égard à cette obſervation, que ces canaux-ci ne peuvent être entretenus qu'à la pelle, parce qu'on ne ſauroît y faire paſſer un courant d'eau qui y ſupplée, à moins de machines à très gros frais & d'un local qui y fut propre; pourquoi l'on s'eſt diſpenſé d'en parler.

Lors qu'aucun obſtacle ne s'oppoſe à la prolongation des plantations dans la profondeur du terrein, une face de 300 toiſes eſt très ſuffiſante pour une conceſſion qu'on deſtine à une cafeyerie : c'eſt celle qu'on ſuppoſera pour le plan dont on va expoſer les détails:

Cafeyerie, 300 toiſes de face.

Il faut à chaque extrémité de ce terrein, un canal d'écoulement tel que ceux qui ont été décrits ci-devant : on peut placer une écluſe ſur chacun, ou bien les réunir par un troiſieme canal, le long de la riviere; & dans ce cas une ſeule écluſe ſuffiroît, en la plaçant vers le milieu de la face du terrein; ce qui eſt un avantage aſſez conſidérable, pour faire préférer ce dernier parti : c'en eſt encore un bien important que cette écluſe, fût ainſi placée à la vue de l'établiſſement, ſous les yeux.

Diſpoſition du terrein.

Ces trois canaux étant placés, on doit faire un large chemin dans le milieu de la face du terrein, qui conduiſe à l'établiſſement; mais depuis cet endroit juſqu'au fond, il faut en place de ce chemin, y faire un canal navigable, d'environ 20 ou 24 pieds de largeur, qui, paſſant à travers la digue, ſe prolonge à 200 ou 300 toiſes dans le bois, où il ſera d'une moindre largeur, & ſans digue.

Dans l'étendue des défrichés de chaque côté de ce canal, à 40 pieds de diſtance, l'on fera un bon foſſé d'écoulement; &

de 100 en 100 toifes des chemins de traverfe de 36 pieds de large, qui le coupent à angle droit, de chaque côté defquels il doit y avoir auffi un foffé d'environ 10 pieds, aboutiffant tous aux grands canaux d'écoulement : on voit que le terrein fe trouve alors divifé en pieces régulieres, de même qu'il a été dit pour les fucreries. Chemins de traverfe

Comme le canal navigable ne reçoit que les eaux limpides des pinotieres, il ne fe comble point, & ne coûte d'autre entretien que le foin de n'y pas laiffer croître de ces efpèces de plantes qui prennent racine au fond de l'eau, telles que l'herbe d'écoffe, & autres.

Pour prévenir l'envie que cette facilité pourroit infpirer de faire auffi de petits canaux à la place des chemins de traverfe, il convient d'avertir ici que ce feroît une faute dans le plan, une augmentation de travail dont on ne retireroit aucun fruit, enfin, que les chemins feront plus utiles à ces endroits là, & plus commodes pour les travaux : c'eft fur ces chemins que l'on jete la fouille des foffés. Il ne faut pas y fub-ftituer des canaux.

Les canaux & les foffés d'écoulement pour une cafeyerie, fe font de la même maniere qu'on l'a indiqué pour les fucreries : les inventions, les méthodes utiles, & les réflexions, qu'on a déja recommandées, doivent y être également appliquées. Canaux, foffés.

Il en eft de même du canal navigable : l'on ne peut rien ajouter, ni pour fes digues, ni pour les autres détails, à ce qui a été dit à cet égard. L'on remarquera feulement que l'extrémité de ce canal qui pénétre dans le bois, doit y refter ouverte ; que l'autre, qui touche à la manufacture, doit être fermée d'une bonne digue Canal navigable.

qui fe termine en long glacis de 60 pieds, jufqu'au niveau naturel du fol, afin de ne rencontrer qu'une pente douce pour y arriver; & que ce canal doit être moins profond d'un pied & demi environ, que le niveau de la baffe-mer des petites marées.

On doit laiffer de chaque côté des bords de la digue, dans toute fa longueur, un chemin de 15 pieds de largeur; & le refte de l'efpace jufqu'au foffé, doit être planté de cafeyers, comme les pieces. En avant de ce chemin, fur la berme, à une diftance convenable du bord du canal, il faut planter près à près à fe toucher, de chaque côté, un rang d'arbres qu'on choifira dans le bois, parce que les arbres fruitiers n'y réfifteroient pas, parmi ceux dont le pied & les racines fe plaifent dans l'eau, & qui, fans s'élever fort haut, peuvent donner beaucoup d'ombrage. Il convient fans-doute de donner la préférence à ceux qui produifent des fruits utiles. Cette plantation eft néceffaire pour empêcher les eaux de fe corrompre, & pour prévenir l'éboulement & la dégradation des talus.

Vis-à-vis de chaque chemin de traverfe, il faut faire fur le canal un pont de deux larges bois équarris, pofés l'un à côté de l'autre : il doit être affez élevé dans le milieu, pour laiffer paffer les embarcations, & avoir à chaque bout, une petite rampe qui porte à terre.

Il faut placer à la tête du canal, vers la manufacture, deux petits coffres, dont l'un, plus grand que l'autre, répondra à un foffé qui, en faifant le tour de l'établiffement, fe termine à l'éclufe, afin d'évider de temps en temps les eaux du canal, en tout ou en partie, pour les renouveller; ce qui en même-temps lavera &

entretiendra ces foſſés autour des maiſons : le plus petit, poſé vers la ſurface, ſervira à fournir de l'eau au bac dans lequel on lave le café, à un abreuvoir pour les beſtiaux, au jardin potager, & à tous les autres beſoins de l'établiſſement : on expliquera la conſtruction de ces coffres dans un autre endroit·

Au moyen de ce canal, deux petits acons plats apporteront tout le café, lors des récoltes, à la manufacture : tous les bois à bruler & autres, feront rendus avec économie & ſans peine, ainſi que les autres objets dont les tranſports ne laiſſent pas que d'être très conſidérables.

Quel ſoulagement encore n'en réſultera t-il pas pour les eſclaves & quelle utilité pour leurs petits ménages, ſurtout pour leur ſanté, en ſe trouvant toujours, en quelqu'endroit qu'ils ſoient de l'a-battis, à portée d'une belle nappe d'eau pour ſe raffraîchir, & s'y baigner; ce qui a pour eux, indépendamment de l'attrait, un tel avantage, qu'un état plus robuſte & plus vigoureux en eſt toujours le fruit ?

Enfin ce canal, qu'on peut encore enviſager comme le plus beau vivier, eſt ſi important, ſi eſſentiel pour une habitation; il contribue tant à la bien organiſer, qu'on doit regarder celles qui en ſont dépourvues, comme très imparfaites, & d'une valeur in-trinſéque infiniment moindre.

On n'a omis aucune partie majeure ou intéreſſante de tout ce qui concerne l'art du deſſéchement des terres-baſſes : il y a ſeulement quelques petits détails, dans leſquels on n'a point crû devoir entrer ici, parce qu'on ſera obligé d'en parler ailleurs; ce qui eût fait une répétition ſuperflue.

CHAPITRE IV.

De la culture des cannes à sucre.

Diſtribution de la terre.

Proportions des planches.

Lorſque les pieces dans leſquelles on veut planter des cannes, n'ont pas au-de-là de 100 toiſes, que la terre en eſt de bonne qualité, qu'elle filtre bien les eaux, la largeur la plus convenable pour les planches, & l'éloignement des petites tranches entr'elles, doit être de 30 pieds : mais ſi, par quelques circonſtances, on a été forcé de leur donner une plus grande largeur, ſi elles étoient reconnues pour avoir le défaut de filtrer lentement les eaux, il convient de ne leur donner alors que 24 pieds ſeulement. On a déja dit que les petites tranches ne devoient faire que l'office de dalles, & que ce n'eſt point à elles que doit s'attribuer la conſtitution du deſſéchemeut dans ſa qualité : ſi l'on paroît les multiplier ici, dans certains cas, ce n'eſt d'abord que pour qu'il s'en trouve à peu près la même quantité dans une ſurface donnée quelconque ; enſuite pour empêcher que la terre ſoit froide, & pour aider un peu la filtration des eaux.

Soin qu'elles exigent.

Les planches d'une piece de cannes doivent être parfaitement nivelées : on ſuppoſe ici qu'il ne s'y trouve plus aucun ttonc d'arbres, ni autres bois quelconques : elles doivent être un peu relevées ou bombées par le milieu, comme on l'a déja dit. Les mottes doivent être briſées, & la ſurface parfaitement unie, le tout enfin très proprement applani & rangé. Il faut obſerver qu'on ne doit faire cet ouvrage, que lorſqu'on eſt prêt à planter, &

qu'on a à fa difpofition une quantité fuffifante de plants préparés.

Les plants dont on fe fert, font les têtes des cannes prêtes à être paffées au moulin; c'eft-à-dire, l'extrémité de la canne, depuis l'endroit où elle ceffe d'avoir acquis la maturité convenable, qu'elle n'acquerreroît jamais, jufqu'à fa fommité : ce bout de canne n'eft jamais moindre que 5 à 6 pouces, & va quelquefois jufqu'à 8 ou 10. Les plants.

On tranfporte ces plants de la piece qui fournit actuellement au moulin, à celle qu'on veut planter, par les canaux navigables, au moyen des acons; & l'on fait ce tranfport à mefure qu'on nivelle & qu'on prépare le terrein de la piece : on les décharge en tas, tout le long des deux bords de la piece, fur la digue des deux canaux navigables qui font de chaque côté.

Ceux qui ont un attelier nombreux de négrillons, feront bien, lorfqu'on eft occupé à planter, de leur faire dépouiller ces plants de leur paille : cette préparation facilite la germination & la pouffe des jets.

Pendant qu'on prépare la piece, qu'on fe difpofe à planter, on fe munit de quelques paquets de jalons, & d'une grande quantité de petits piquets de la groffeur du pouce, & de 20 à 25 pouces de long, pour fervir à aligner le terrein pour les rangs de cannes. Mais avant de procéder à ces alignements, il faut bien déterminer le nombre d'efclaves qu'on employera à la plantation : ces petits détails font effentiels pour la régularité, & pour la plus prompte exécution du travail. Plantation.

Il faut compter par planche, fept des plus forts négres pour fouiller les trous ou rigoles; deux négreffes pour y pofer les plants, & deux pour les couvrir de terre; deux pour apporter les plants; Nombre d'efclaves néceffaire à la plantation.

G

& deux négres furnuméraires pour tenir un cordeau tendu ; ce qui fait 15 perfonnes par planche. Ainfi avec un attelier de 60 perfonnes, on planteroît quatre planches à la fois ; avec un de 75 cinq planches ; &c. &c. On en fuppofe ici un de 120 efclaves ; ce fera huit planches plantées : il faut par conféquent placer les alignements de huit en huit, comme il va être prefcrit ici.

D'abord en commençant à la premiere planche, vers le grand canal du moulin, du bout de la planche, au bord du grand foffé d'écoulement, on mefurera trois pieds, & l'on y mettra un petit piquet : enfuite, de ce premier piquet, on en mettra un de quatre en quatre pieds, jufqu'à ce qu'on foit parvenu à l'autre extrémité de la piece, en obfervant qu'à chaque piquet qui forme la centaine, il faut y ajouter un jalon.

Cela fini, on revient au même côté où l'on a commencé, & comptant huit planches, on recommence du bout de la huitieme la même opération, en mettant toujours le premier piquet à trois pieds de diftance, & un jalon à chaque centaine ; ce qu'on répéte de huit en huit planches, jufqu'à ce qu'on foit arrivé à l'autre bout de la piece, au bord du grand canal d'écoulement. On donne alors un coup d'œil à ces jalons *centenaires*, pour voir fi l'on a bien mefuré, ou fi l'on fe feroît trompé : dans le premier cas, ces jalons fe trouvent alignés ; dans le fecond au contraire, ils ne peuvent l'être.

Dès que ces alignements qui doivent être faits avec exactitude, font finis, on commence la plantation. Il faut avoir un cordeau dont la longueur puiffe traverfer les huit planches, c'eft-à-dire, atteindre d'un alignement à l'autre : on en attache chaque bout au milieu d'un fort bâton d'environ quatre pieds de long ;

un négre à chaque extrémité de ce cordeau le tient ferme au moyen de ce bâton, qu'il pose perpendiculairement sur la terre, pour l'assujettir bien tendu.

Tout étant ainsi préparé, les deux négres posent le cordeau sur le premier piquet qui n'est qu'à trois pieds du fossé, ou du bout de la planche; ensuite, tous les négres étant disposés à leurs places, ceux qui doivent fouiller les trous, ont chacun à la main un petit piquet de deux pieds & léger, qu'ils plantent chacun devant soi, le long du cordeau, qui aussi-tôt est promptement retiré, pour qu'on ne le coupe pas avec la houe, & on le porte au piquet qui se trouve plus avant.

A mesure qu'on enléve ce cordeau, les négres se mettent à fouiller les trous qui sont plutôt, comme on l'a dit, des espèces de rigoles; & voici ce qu'il faut faire observer soigneusement à ce sujet : 1°. que ces rigoles soient également profondes de 6 ou 7 pouces, dans toute leur longueur; qu'elles soient continuées jusqu'à un pied du bord de la petite tranche; & qu'elles ayent par tout 8 à 10 pouces de largeur dans le fond; enfin qu'elles soient alignées bien droit, tout comme si le cordeau fût resté en place pour régler les travailleurs, & que les terres qui en proviennent, ne soient pas tirées en arriere, ou jetées çà & là, mais qu'elles soient disposées bien en rang, tout au bord de la rigole.

Conditions que doivent avoir les rigoles,

2°. Que les négres mettent dans ce travail un tel ordre, un tel accord entr'eux, qu'il soit fait avec célérité, qu'eux - mêmes finissent toujours ensemble, & mettent aussi-tôt & avec promptitude, chacun leur piquet à la fois de nouveau, au cordeau, qui est toujours enlevé à l'instant que les piquets sont mis. Ainsi, cette premiere rigole faite ; les négres répofent de nouveau leur piquet au cordeau, qu'on ôte auffi-tôt leftement pour le porter plus en avant, & l'on fouille la feconde rigole : la même opération fe répéte jufqu'à ce qu'on foit parvenu à l'autre extrémité de la piece.

On retourne enfuite fur fes pas pour recommencer du même côté que l'on eft parti d'abord, fans jamais revenir, en opérant, par celui où l'on vient de finir le rang de huit planches.

Pofition des plants.   Auffi-tôt qu'il y a deux rigoles fouillées, les négreffes deftinées à mettre les plants, les y arrangent avec vivacité, de maniere qu'elles fuivent avec ce travail ceux qui fouillent, fans refter du tout en arriere.

Les plants font mis dans les rigoles, fur leur longueur en deux rangs : s'ils font avec toute leur paille, on les fait croifer pour former le rang, en avançant la queue d'un plant de 3 ou 4 pouces au delà de la tête de celui qui le précéde : fi les plants font épaillés, il ne faut que les mettre bout à bout touchant : obfervant en l'un & l'autre cas, que toutes les têtes des plants foient tournées, d'un côté dans un rang, & que dans l'autre elles foient toutes en fens contraire ; que de plus les deux rangs ne doivent pas fe toucher ; mais qu'il faut y avoir entr'eux un efpace ou intervalle de 5 ou 6 pouces au moins ; afin que les cannes qui en proviennent, occupent une certaine étendue, & qu'elles ne fe nuifent point les unes aux autres.

Dès que les plants font arrangés dans les rigoles, les négreffes deftinées pour les couvrir, s'y employent auffi-tôt avec le même empreffement, en fuivant les autres travailleurs à mefure qu'ils avancent, fans refter jamais de l'arriere : il faut obferver de n'employer pour couvrir les plants que la terre émincée, celle qui a été ameublie par la houe en fouillant les rigoles ; l'excédent de ces terres doit être laiffé là, dans la même fituation, jufqu'à un autre temps.

Il faut très foigneufement empêcher que les efclaves ne marchent fur les plants, fur tout lorfqu'ils font recouverts : la porofité de la terre, & la circulation de l'air étant trés effentielles pour faciliter la germination & l'accroiffement des jets & des racines.

Les négreffes deftinées pour le tranfport des plants, d'abord du canal navigable à l'attelier des travailleurs, les apportent dans des paniers, à mefure qu'on les arrange, en obfervant de les dépofer à portée, même fous la main, de celles qui font occupées à cette opération, lefquelles ne doivent pas faire le moindre pas pour les prendre.

Lorfque les travailleurs font parvenus au milieu de la piece, les porteurs vont chercher alors les plants à l'autre bord, qui eft également garni de tas, afin de n'avoir pas à les tranfporter d'un bout des planches à l'autre ; mais feulement des deux bouts au milieu.

On pourfuit ainfi ce travail jufqu'à ce que la piece foit finie, après quoi tous les plants qui reftent, font arrangés fur les bermes des canaux navigables, pour en débaraffer leur digue ou glacis, qu'on plante auffi de fuite, avec l'attention feulement de mettre les rangs des plants en travers, & non en longueur.

Plants fur les digues

Il faut avoir le foin de ne laiffer aucuns plants épars fur le terrein, après avoir fini : on doit même les ramaffer à mefure qu'on plante,

S'il y avoit des plants de refte, il faut auffi-tôt les faire enlever de deffus les bermes, & les tranfporter avec les acons, pour les jeter fur la digue du bout des canaux navigables, où leur fumier ne peut embaraffer les farclages.

Trente efclaves peuvent planter un quarré de cannes en un jour, d'après quoi, en comparant l'étendue d'une piece, & la force de l'attelier, il eft aifé de juger combien de temps exige fa plantation.

Il y a des obfervations effentielles à faire fur les plantations des cannes à fucre : 1°. qu'on ne doit préparer les terres d'une piece pour la planter, que lorfqu'on a la quantité de plants fuffifante, & alors il faut la planter fans délai : cette attention eft d'une grande importance, pour la réuffite des cannes, parce qu'elle leur donne une avance, & conféquemment un avantage fur les herbes qui ne tardent pas à infecter la terre, lefquelles, malgré les farclages qu'on pourroit faire avant & après la plantation, leur nuiroient toujours infiniment.

2°. Si l'on fe trouvoit dans la néceffité de fe fervir de cannes, au lieu de plants, pour la plantation, (ce qu'il ne faut jamais faire à moins que d'y être forcé, attendû que c'eft une perte pour le revenu, & que les plants en font mauvais,) il faut fe garder de les planter entieres, mais bien les couper par morceaux de 12 à 15 pouces : autrement, on courroît les rifques que les fucs fermentent, s'aigriffent, tournent à l'alcalefcence, & que par conféquent la plantation ne réuffiffe point.

3°. L'on doit faire fes efforts pour avoir les meilleurs plants poffibles : les têtes des mauvaifes cannes, de celles qui font gâtées ou trop paffées, ne fauroient jamais produire de belles cannes ; &

la beauté de cette plante dépend toujours en grande partie de la vigueur des plants ; plus elle s'y rencontre, plutôt la germination a lieu ; plus elle a de force, plus les jets en acquerrent, ainfi que les racines qui portent l'ame de toutes les plantes.

4°. Il faut férieufement avoir égard à la faifon, & au temps qu'il fait : en hiver, par exemple, où l'on ne peut s'attendre qu'à de la pluie, il faut, fans couvrir du tout la plantation de terre, en ré- pandre feulement un peu le long & entre les plants : vers la fin de Juin au contraire, il faut les couvrir légerement, & un peu plus en Juillet, & en Novembre.

5°. Le temps, ou la faifon la plus favorable pour ces plantations eft depuis le 1 Novembre, jufqu'au 15 Décembre, que commencent ordinairement les pluies ; ce qui leur donne l'avantage de nouer fa- cilement, & d'avoir tout l'hiver pour croître avec force. Enfuite la plantation eft encore très bonne dans le mois de Mars, après lequel il n'y a plus que le mois de Juin qui y foit convenable. (h)

Temps des plan- tations.

(h) Un des points le plus important pour la culture de la canne à fucre, celui qui annoncera toujours dans un cultivateur, le plus de talens & de connoiffances fur cet objet, c'eft d'avoir une attention extrême, foit par le choix des faifons, par celui des plants, par la bonne préparation de la terre & par la culture, de leur procurer un prompt & rapide accroiffement ; il eft néceffaire à la canne, pour que la végéta- tion, en donnant la plus grande extenfion à la plante, la détermine en même-temps à contenir une plus grande abondance de fucs, par l'action d'une forte circulation qui les y fera occuper un plus grand efpace : celles dont le germe fe développe lentement, qui nouent tard & lentement auffi, ne peuvent jamais devenir belles non-feulement, mais elles ne feront que des cannes mauvaifes qui rendront fort peu, parce que leurs nœuds feront très rapprochés, que la partie de la tige qui fert d'enveloppe aux fucs ;

Il ne faut jamais planter plus tard, à caufe de l'été dont le grand fec qui commence à la fin d'Août, empêcheroît les cannes de nouer, & auroit une influence infiniment nuifible fur leur accroiffement, quelques belles qu'elles puffent être en apparence.

Il ne faut pas non plus planter en Janvier & Février, à caufe des pluies du nord qui font pour toute végétation quelconque un fléau peftilentiel; en Avril & Mai, à caufe de l'excès des pluies; ni enfin en Juillet, Août, Septembre & Octobre, à caufe de celui de la féchereffe.

On ofe affurer qu'on ne pourra qu'être très fatisfait de la réuffite des plantations, fi l'on veut fuivre les principes généraux qu'on vient de pofer.

Après que les cannes ont germé, & font forties de terre, s'il y a quelques taches des endroits où il en manque, on les recourt avec des plants : mais fi l'on ne s'écarte en rien de tout ce qui vient d'être indiqué, l'on ne fera pas expofé à cette nouvelle peine; les rangs feront tous bien garnis, & pleins d'un bord des planches à l'autre, comme ils doivent être; car dans un rang de cannes, toute la largeur d'une planche ne doit préfenter qu'une feule touffe, ou que des touffes entremêlées fans interruption; & d'un bout de la piece à l'autre, cette efpèce de touffe ne doit être interrompue que par les petites tranches.

Les cannes font levées, & forties de terre, la plus grande partie, au bout de trois femaines : il faut avoir alors la plus grande

---

fera plus épaiffe, plus ferrée & compacte : proportionnellement au dégré d'intelligence & de fcit s une même terre peut produire des cannes de 7 à 8 pieds de longueur ou de 4 à 5 feulement; elles peuvent avoir dans les deux cas le même nombre de nœuds, quelle différence!

attention à ne pas laisser salir les pièces par les herbes. Lorsqu'elles ont environ six ou sept semaines, il faut les faire chauffer : on appelle ainsi l'opération de mettre dans le rang, parmi les jets des touffes, & de chaque côté de ce rang, l'excédent des terres des rigoles, qui n'avoient pas été employées à couvrir les plants; de maniere qu'on rétablit par ce travail la surface des planches dans le même état où elle étoit avant la plantation; observant seulement que dans le rang de cannes & le long de chaque côté, elle soit plus élevée qu'ailleurs, pour obvier à l'affaissement qui doit survenir à cet endroit.

Après cet opération, il n'est guere possible de faire encore plus d'un sarclage avec la houe; & ensuite il ne faut plus laisser les négres porter à l'abattis que des sabres.

La circulation de l'air dans les pieces de cannes est indispensable, pour favoriser leur accroissement & l'élaboration de leurs sucs, pour avoir de belles cannes, qui rendent bien au roulage. Il faut donc par des sarclages faits à propos, & en épaillant ces plantes, les entretenir dans une grande propreté, surtout pendant les six premiers mois : après ce temps au plus tard, elles couvrent si fort la terre qu'il ne peut gueres y croître d'haliers ou d'herbes, & le peu qu'il en croît font sarclées, en continuant de les épailler : ce qu'on ne doit pas négliger de faire avec attention, non plus que d'arracher les faux jets ou gourmands qui croissent en abondance & renaissent sans cesse parmi les cannes, & qui, outre qu'ils font aussi obstacle à la circulation de l'air, nuisent prodigieusement à la végétation, en partageant la nourriture des cannes.

Celles de premiere coupe, autrement dites premieres cannes,

H

Chauffage des cannes.

Soins nécessaires pour obtenir de belles cannes.

Sarclages des cannes.

exigent au moins cinq farclages; un à environ deux mois, lorf-qu'on les chauffe : il n'y a que ce premier où l'on ne les épaille pas ; trois autres à quatre mois & demi, à fept, & à neuf & demi; & le dernier à treize mois : obfervant qu'on ne doit jamais entretenir ces premieres cannes moins de douze mois, & plus de treize ; devant, après cette époque, être abandonnées aux foins de la nature.

Epaillage.

Ce travail d'épailler les cannes paroît difficile aux efclaves qui n'y font point faits ; mais ils l'apprennent aifément : il demande fur-tout de l'agilité. De la main droite, il faut avec le dos du fabre fourré entre les cannes, abattre les pailles du fommet, en les tirant à fes pieds, pendant que de la gauche, on arrache ce que le fabre a laiffé.

Obfervations fur ces deux opérations.

Il faut obferver dans le farclage & l'épaillage des cannes :

1o. Qu'on ne leur laiffe aucune paille féche, même à celles qui font couchées, lefquelles demandent le même foin.

2o. Que les fouches des rangs foient parfaitement néttoyées de toutes herbes, pailles féches, & gourmands; & que la terre y foit mife proprement à nud :

3o. Que tous ces débris foient bien rangés dans le milieu entre les rangs, & mis par deffous les cannes qui pourroîent fe trouver tombées ou couchées.

4o. Que ce travail foit fait avec attention pour ne pas rompre les cannes : il peut advenir un grand dégat de la maladreffe ou de la nonchalance.

5o. Que fur les cannes qu'on épaille pour les deux dernieres fois, à neuf & à treize mois, elles ne le foient jamais durant le fort de l'été, parce que l'ardeur du foleil leur nuiroît infiniment, en deſſéchant les ſucs, & les prématurant : on peut aiſément éviter cet inconvénient, en plantant un peu plutôt, ou un peu plus tard.

Les rejettons ſe cultivent de la même maniere ; en obſervant ſeulement qu'étant plutôt mûrs que les premieres cannes, il ne faut jamais les épailler, pour la derniere fois, après le dixieme ou la moitié de l'onzieme mois : ils demandent au reſte les mêmes ſoins. *Des rejettons.*

Le moment de la maturité des cannes dépend beaucoup de la perfection des deſſéchemens, & du ſoin qu'on aura eû de les entretenir plus ou moins bien ; mais dans tous les cas, les premieres cannes ne ſauroient être mûres plutôt qu'à 15 mois, & le ſeront toujours à 17 ; les rejettons peuvent l'être à 13 mois & demi, & le ſeront toujours dans le 15e. *Epoque de la maturité des cannes & des rejettons.*

Les cannes mûriſſent plus uniformément dans les terres-baſſes, que dans les terres hautes, où les différences d'un local à un autre, & la ſéchereſſe de la terre ont une influence marquée. Auſſi voit-on pour les premieres, celles des terres-baſſes, beaucoup de perſonnes les faire rouler ſur leur âge d'après la date de leur journal. Il faut avouer que les habitans qui n'ont pas aſſez d'expérience, ou qui ſont incapables d'en acquérir par d'exactes obſervations, feront mieux de s'en rapporter à l'âge des cannes, qu'à la médiocrité de leurs propres connoiſſances : il en réſultera aſſurément moins de fautes. On ne ſauroit guere pénétrer à cet égard l'opinion d'autrui de ſes propres idées : mais l'habitude éclairée par la réflexion peut-être un guide ſuffiſant : il convient ſeulement de remarquer ici, en paſſant, que ſi les cannes ne ſont pas aſſez mûres, on ſent à la bouche que le ſuc en eſt aqueux, qu'il a peu de conſiſtance & ne prend pas aux lèvres ; au lieu que celui des cannes *Indices de la maturité.*

parvenues à leur vrai point de maturité, a plus de corps; il a plus de sirop, & prend fortement aux lévres, même sur les doigts.

Les cannes passées offrent à peu près les mêmes indications; mais on les trouve moins pleines de sucs; quelquefois il y a plus de consistance, & l'on sent un léger goût désagréable, tirant sur le ferment.

Il est important d'acquérir l'habitude de bien juger de la maturité des cannes : prises avant ou après, elles rendent moins de sucre, & il est de moindre qualité, & plus difficile à faire.

Coupe des cannes.   Lorsqu'on veut couper les cannes, on doit commencer la piece par la partie sous le vent, pour la facilité de bruler les pailles avec moins de danger. (i)

Après avoir coupé dans cette direction les cannes des glacis de la digue des canaux navigables, on dispose les négres en rang , à quatre, ou au plus à cinq, toujours par planche, & trois négresses pour amarrer (attacher) les paquets. Les uns & les autres doivent mettre beaucoup d'agilité à leur travail.

Procédés de cette opération.   Le coupeur abat, en tirant à lui les pailles séches, au moyen du dos du sabre qu'il passe entre les cannes des touffes : il saisit une canne de la main gauche, la coupe d'un coup à raz de terre, se tourne un peu à droite sans remuer le pied gauche, en même-temps qu'il renverse la canne, la tête à terre ; d'un coup de sabre

---

(i) Il seroit bon pour ce travail, d'avoir des sabres un peu courts, pesant du haut, & bien afilés. Ceux surtout qu'on nous apporte ici de Surinam, sont trop longs à proportion de leur largeur; leur forme est défectueuse; leur matiere sans acier, cassante & mauvaise. On auroit besoin de modeles en Europe pour en fabriquer de convenables.

qui eſt déja levé pendant ce temps, il coupe les pailles d'environ deux pouces au-deſſus de la tête de la canne, & d'un troiſieme coup, il la coupe de nouveau, pour ſéparer le plant, à l'endroit où finit la maturité, qui eſt le dernier nœud où les pailles ſont mortes. (k) Un négre naturellement adroit, qui eſt habitué à ce travail, y procéde avec une telle célérité, qu'il ſemble ne faire que ramaſſer les cannes à terre, & les jeter en tas.

On leur fait obſerver, lorſqu'ils coupent les plants, de les faire tomber, en les abattant en petits tas, à meſure qu'ils avancent : ſi l'on ne fait point de plants, chaque canne ne coûte que deux coups de ſabre.

Il eſt inutile de décrire la maniere d'amarrer les paquets de cannes. On a déja dit au reſte que ce travail doit être fait avec la plus grande vivacité, ainſi que tous ceux qui demandent de l'agilité & de l'adreſſe, au lieu de force.

L'après midi, vers les cinq heures, tout l'attelier quitte, pour aller tranſporter les cannes au bord des canaux navigables, où on les arrange avec régularité en tas, comme on fait les bois en corde, en les couvrant avec ſoin ſi c'eſt en été : on vient enſuite les prendre là, avec les acons; mais cette opération ne regarde point l'attelier de l'abattis.

Dès qu'on a fini le travail du moulin, on retourne aux pieces coupées, pour enlever les plants, s'il y en a : on les amarre, &

Enlévement des cannes.

Des plants.

(k) On ne ſe feroit jamais permis tous les divers détails dans leſquels on entre ici, ſi l'on ne s'étoit aſſuré qu'il n'a jamais été publié aucuns principes ni méthode à ce ſujet ſur les grandes cultures.

on les tranfporte par paquets au bord des canaux; & l'on reprend
les travaux auxquels on étoit occupé avant le roulage : mais au
bout de 3, 4, ou 5 jours au plus, on retourne encore aux pieces
coupées pour bruler les pailles, de là maniere fuivante.

Brulis des pailles.

On fait d'abord nettoyer une voie de 20 ou 25 pieds le long
des cannes non coupées, & à l'entour des tas de plants, s'il y
en a : on range prefque tous les négres, avec des gogueligots
pleins d'eau, le long des cannes, pendant que trois ou quatre
avec des torches allumées, mettent le feu, fous le vent, & avancent progreffivement, jufqu'à ce qu'ils ayent parcouru l'enceinte de
trois côtés; le quatrieme, celui au vent, ne devant jamais être
allumé, parce qu'il eft néceffaire qu'il faffe réfiftance à la flamme,
afinqu'elle n'avance pas trop rapidement; fans quoi elle pafferoît
avec une violence qui l'empêcheroit de brûler parfaitement les pailles,
& qui pourroît occafionner l'incendie des cannes.

Si le feu prenoit aux cannes.

Que fi malheureufement cet accident arrivoit, il ne faudroit pas
perdre la tête, mais bien courir fur le champ en avant du feu,
coupant, caffant, arrachant, & enlevant avec promptitude toutes
les matieres combuftibles, & nettoyer ainfi un efpace qui arrête
fon activité faute d'aliment.

Des rejettons.

Les cannes donnent plus ou moins de coupes de rejettons, felon la bonne ou médiocre qualité de la terre, la culture & les
foins qu'on leur donne. En général, il ne faut point replanter les
pieces, tant qu'elles rendront deux milliers trois quarts, environ
trois milliers, par quarré, parce que leurs fucres fe font avec plus
de facilité; qu'il eft plus beau; que les coupes fe répétent plus
fouvent; qu'on en a toujours d'autres qui rendent plus, & que les
firops & le taffia ou rum joints au fucre font encore alors un pro-

fit affez confidérable ; que d'ailleurs la préparation d'une piece, pour la replanter eft très couteufe. Il eft vrai qu'une plantation nouvelle rend prodigieufement, en comparaifon de ce qui vient d'être énoncé (1) ; & comme cette production dépend beaucoup de la maniere dont la terre eft préparée, on va indiquer avec foin ce qu'il convient d'obferver à cet égard.

Lorfqu'on veut labourer une piece pour la replanter, après que les pailles en ont été brulées, il faut faire arracher toutes les fouches, & en combler les petites tranches, en les foulant avec les pieds pour les affaiffer autant qu'il eft poffible. Après cette premiere opé-ration, il faut en prenant vers un des bords de la piece, difpofer l'attelier en rang le long & au bord de la premiere petite tranche, mêlant les négres & les négreffes, de maniere que les forts bras foient partagés. *De la replantation.*

Ils commenceront à labourer à coups de houe le côté oppofé

(L) Il faut même convenir que c'eft peut-être le feul moyen d'aider la fécondité de la terre à développer des germes qui produifent beaucoup de fucre ; & un cultiva-teur éclairé fera toujours en forte d'avoir, dans la quantité de cannes qu'il doit rouler dans l'année, environ un quart qui foient de premiere coupe.

On fuppofe ici des habitations cultivées & deffèchées depuis long-temps : elles rendent 5, 6 & 7 rejettons, fans avoir befoin d'être labourées, on en a vû qui en donnoient jufqu'à 15 ; elles en produifent en général pendant 15, 20, 30, & 40 ans : alors on les met fons l'eau pour déterminer la végétation à ne les peupler que de bois mous & de plantes aquatiques, qui par leur prompt accroiffement, aident l'action de l'eau à foulever de nouveau la croûte du fol & qui l'enrichiffent encore par leur dépériffement. On doit y introduire aufli de temps en temps, les eaux des marées pendant la belle faifon ; furtout lorfque le fol aura été boifé de nouveau.

Tel eft l'avantage que les terres retirent de ces fubmerfions.

de cette petite tranche, en y renverfant la terre, & la foulant des pieds pour la bien enfoncer & qu'il y en ait fort haut par deffus les fouches qui y ont été jetées. Ils continueront ainfi, en avançant, jufqu'à ce qu'ils foient parvenus exactement au milieu de la planche, qu'on a eu foin de partager & marquer auparavant, avec des jalons : alors, ils vont commencer à l'autre bord de la planche, & reviennent, en comblant toujours de même les petites tranches, fe rejoindre au milieu à la première partie de ce travail qu'ils y avoient quitté.

Ils vont en faire autant à la feconde planche, à la troifieme, & fucceffivement jufqu'à ce qu'ils foient parvenus au travers & à l'autre côté de la piece, où ils recommencent de nouveau un autre rang de labour.

Pour ce travail, il faut obferver :

1°. De ne fe fervir que de bonnes & fortes houes, bien emmanchées.

2°. Qu'à chaque coup les négres levent exactement la houe, & frappent leur coup emfemble, comme s'ils faifoient l'exercice : cette uniformité les encourage, & oblige les pareffeux à fuivre les autres : fi un négre eft fatigué, il vaut mieux le laiffer fe repofer un inftant, que de lui permettre de troubler cet ordre.

3°. Qu'on leve la houe fort haut, & qu'on frappe de grands coups ; qu'en la retirant, on renverfe la terre fens deffus deffous, & de même au fecond, qui doit être frappé au même endroit : il faut toujours faire labourer la terre de la profondeur des deux houes, ce qui doit faire un pied.

La néceffité de cette profondeur aux labours exige continuellement l'œil & l'attention des commandeurs blancs & noirs ; parce que les négres, pour avancer leur travail, ne donneroîent fouvent qu'un coup de houe au même endroit, furtout les pareffeux, qui par ce moyen fuivroîent le rang, fans s'inquiéter fi le travail feroit bien ou mal fait.

4°. De prendre bien garde d'endommager les foffés d'écoulement, & d'y faire tomber de la terre. Ce travail eft pénible & long ; mais il produit de grands réfultats : le labour à la charrue, quelque répété qu'il pût être, ne fauroit jamais lui être comparé.

Le labour d'une piece étant fini, on trace de nouvelles petites tranches, au milieu des anciennes planches, qu'on avoit alignées à deffein à l'avance : par la maniere dont on a labouré les deux bords en fens contraires, ces petites tranches fe trouvent alors à moitié faites ; elles n'ont plus befoin que d'une bonne pelle de profondeur : les terres qui en proviennent font jetées fur le milieu des nouvelles planches, pour fervir à les bomber.

Lorfque les petites tranches font finies, qu'on a donné une pelle, ou deux s'il le faut, pour creufer les foffés d'écoulement, & qu'on les a réparés, on difpofe quelques jalons pour marquer toute la longueur des anciennes planches, afin d'élever deffus un efpèce de bourrelet, de boffe de terre, pour que l'affaiffement qui arrive néceffairement à cet endroit des tranches comblées, ne forme pas de creux dans la fuite.

Quant au refte, on nivelle & on arrange la furface des planches, & l'on plante inceffamment, de la même maniere qu'il a été recommandé plus haut, au commencement de ce chapitre.

On vient de parcourir tout le cercle qui comprend la culture

I

de la canne à fucre : on a prefcrit les procédés, indiqué la pratique, que l'on croit la plus propre à en retirer une production meilleure & plus abondante dans la Guiane : les autres parties de l'Amérique demande fans doute d'autres méthodes que la nature de notre climat & de notre fol, ne nous permettent pas d'employer.

Quant aux revenus d'une fucrerie en terres-baffes, comme il n'y en a qu'une encore dans la Colonie, & qu'elle ne fait même que de commencer dès ce moment à entrer en revenus, on ne peut rien établir par expérience faite chez nous ; mais comme les terres-baffes y font parfaitement femblables à celles que cultivent nos voifins de Surinam, on ne fauroît, ce me femble, fe tromper en fondant les calculs pour ce pays-ci, fur le produit de leurs établiffements du même genre : on commencera par établir ici le rapport de l'acre de Surinam avec le quarré de Cayenne.

L'acre de Surinam, en négligeant une fort petite fraction, eft au quarré de notre Colonie, comme 45 à 100, de forte qu'il faut 2 acres, 2 neuviemes de celle-là, pour faire un quarré de celle-ci; ou réciproquement notre quarré contient deux de leurs âcres & un peu moins d'un quart : mais pour la facilité du difcours, on fuppofera ici 2 âcres 1 quart pour 1 quarré.

A Surinam, en comparant les revenus avec la quantité de cannes cultivées, de longues obfervations démontrent que le produit annuel des fucreries bien entretenues, eft fans compter les firops & les taffias, c'eft-à-dire en fucre feulement, de 2500 livres de fucre brut par acre; ce qui feroit pour notre quarré 5555 livres de cette production. Quelques habitations, fans doute, rendent moins; on parle ici en général de celles qui font parfaitement foignées.

Il y a auffi des terres qui rendent plus les unes que les autres : fur quelques habitations les cannes premieres, ou de premiere coupe, d'une piece qui aura été labourée, rendent 2000 à 3000 livres par acre, (6750 livres par quarré); pendant que dans d'autres, elles produifent 3500 à 4000 livres, (9000 par quarré ;) quelquefois 5000 livres, (11250 par quarré :) on en a vu qui ont rendu jufqu'à 6000 par acre, (13500 livres par quarré) ; mais ce dernier produit eft très rare.

Il y a d'ailleurs une telle variation fur ce point, qu'on ne trouvera même pas une habitation à fucre, fur laquelle les pieces de cannes, à foin égal, rendent le même produit : il s'en trouve qui feules offrent toutes les diverfités qu'on vient de voir.

On penfe bien qu'en tout ceci, l'habilité, l'Intelligence, & l'activité du cultivateur y entre pour beaucoup : ce qui fait voir combien ceux qui fe dévouent à cet état, ont intérêt de s'y livrer avec fageffe, zele, & prévoyance, & de s'inftruire à fond de tout ce qui peut en concerner la pratique.

Les cannes ne peuvent croître jufqu'à parfaite maturité dans la Guiane en une année, comme on l'a vu plus haut ; & une habitation qui a 162 quarrés de cannes, ne peut les rouler toutes, dans la même période : on peut en exploiter au moins les deux tiers, & au plus les trois quarts, c'eft-à-dire de 108 à 121 quarrés, par an.

A Surinam, un attelier de 100 négres journellement au travail, ce qui fuppofe une totalité de 300 efclaves, peut entretenir & exploiter avec la plus grande aifance, & fans qu'il en réfulte d'engorgement dans les travaux, une quantité de 360 acres de cannes ; ce qui fait 162 quarrés : dans lequel travail il eft deplus fous-entendu qu'ils laboureront & replanteront, chaque anné, la quantité de pieces qu'il fera néceffaire, & feront les nouveaux abattis & defféchements dont il fera befoin, pour entretenir les plantations dans un état profpere : à quoi il faut encore ajouter que, dans toute habitation fucrerie, outre les cannes, il y a environ un tiers, & jamais moins d'un quart d'autres terres à entretenir, comme vivres, foffés, canaux, favannes, & emplacement des établiffements ; or, ajoutant ce quart feulement, cela fera 454 acres de Surinam, ou 202 quarrés & demi de Cayenne cultivés par 100 efclaves ; ce qui fait 4 acres & demi ou environ 2 quarrés, par efclave.

On doit obferver ici, lorfqu'on a 100 négres journellement aux travaux de l'abattis, abftraction faite des ouvriers, des malades, &c. que fur la quantité d'environ 300 efclaves, dont la totalité eft compofée, il y a auffi journellement un certain nombre de négrillons & de négrittes, qui forment un petit attelier, dont on tire parti. On n'en fait pas mention dans ces calculs, parce qu'étant queftion ici de comparaifon, on doit fuppofer que ce petit moyen eft réciproque.

Réflexion à cet égard.

Je doute que dans cette Colonie on foit parvenu jufqu'ici à tirer un auffi grand produit des noirs : il y a peut-être, encore plus de raifon de douter qu'on y parvienne de long-temps : on pourra s'y eftimer fort heureux que chaque négre entretienne & exploite chaque année un quarré. Tant qu'il n'exifte point à cet égard de régime uniforme, point de méthode générale, on ne fauroit fe flatter d'atteindre aux grands bénéfices d'une culture avantageufe ; & qui pis eft, on n'a pas même fouvent la confolation d'être plus humain qu'ailleurs.

C'eſt l'humidité prodigieuſe du climat de la Guiane, & la qualité de ſes terres, qui occaſionnent les différences qu'on remarque
dans la canne à ſucre, & dans ſa culture, d'avec celles des autres
Colonies. Aux Antilles, aux Iſles du vent, elles ne ſont pas fort
ſenſibles d'une Iſle à une autre, & la culture y eſt bien plus aiſée :
d'ailleurs, le ſol & le climat concourent à accélérer la maturité de
la canne, & à produire de plus beaux ſucres.

Un habitant de la Grenade a fait ſur cet objet un ouvrage qn'on
ne peut citer qu'avec éloge; & c'eſt ſans vouloir ſe permettre en
aucune maniere de le critiquer, qu'on oſe dire ſeulement que, ſur
quelques points de la partie ſyſtématique, on eſt d'opinion différente
de la ſienne.

Par exemple entr'autres, on ſe permet de conteſter ce qu'il
avance que la canne mûrit à meſure qu'elle prend ſon accroiſſement;
c'eſt-à-dire, que ſitôt qu'un nœud a été formé, & que les pailles
qui l'enveloppent, ſont mortes & tombées, la canne eſt mûre à
cet endroit, & ainſi ſucceſſivement. Selon cette hypothèſe, on
pourroît donc, (ſauf à ſe borner à un moindre produit), les
rouler à tout âge, auſſi bien à 5 mois, qu'à 13 ou 15, [l'expérience prouve le contraire, au moins pour la Guiane.] Il s'en-
ſuivroit que les premiers nœuds qui ont été formés à 2 mois
& demi, ou 3 mois, lorſque la canne eſt parvenue à l'âge de 13,
ſeroient mûrs depuis un an : dans ce cas, comment les ſucs &
les ſels que contient cette plante, auront-ils pû ſe conſerver ſans
ſe corrompre, ou ſans être totalement deſſéchés; puiſque dès que
la canne a dépaſſé ſon vrai point de maturité, cela lui arrive?
D'ailleurs, quand cela ne ſeroit pas auſſi évident, il faudrot

De l'Eſſaie ſur l'art de cultiver la canne, par un habitant de la Grenade.

Différences d'opi-
nions de l'auteur de cet ouvrage, à l'auteur de celui-ci.

Sur la maturité des cannes.

encore fuppofer une végétation & une élaboration de fucs par fe-
couffes en quelque forte; ce qui eft hors de la marche de la nature dont toutes les productions portent l'empreinte de fon uniformité
d'action.

On a lieu de croire, même d'après les obfervations, que dans
la canne, comme dans toutes les autres plantes, les fucs circulent
librement, & l'élaboration fe fait uniformément, dans toute fon
étendue, jufqu'à ce qu'elle ait produit la maturité, laquelle peut
être retardée, ou accélérée par diverfes caufes, telles que le climat,
la nature du fol, & les méthodes différentes de la cultiver : auffi
voit-on quelle différence il y a dans le temps qu'il faut à la canne
pour atteindre fa maturité à la Guiane, & aux Ifles de l'Amérique, où elle peut être mûre en 12 mois, ou environ.

Je ne penfe pas non plus, avec l'auteur, qu'un fol ne s'épuiffe
point [m], & que la fertilité des bonnes terres dépende uniquement

Sur les caufes de la
fertillité des terres.

---

[m] Je crois que la terre s'épuife, toutes les fois que fes productions lui font en-
levées & qu'elles font confommées ailleurs, & que cette déperdition n'eft pas reparée
par des engrais.

Les fyftêmes qui n'admettent la terre, que fimplement & feulement comme matrice,
& l'eau comme la feule matiere néceffaire au développement & à l'accroiffemnt des
plantes, ne paroiffent pas être appuyés d'expériences affez nombreufes & décifives.

Si la terre feulement comme matrice, ne fournit abfolument rien aux plantes, pourquoi une caufe partout uniforme ne produit-elle pas les mêmes effets ? Pourquoi dans
un canton les vins font-ils fi fupérieurs à ceux d'un autre qui n'en fera pas diftant
d'une lieue ?

L'on ne fe fert d'aucun engrais dans la culture des terres-baffes, lorfqu'une terre
neuve a produit des cannes à fucre pendant 8 ou 10 ans, plus ou moins felon fon
dégré de fertilité, elle ne rend plus affez pour dédommager le cultivateur ; c'eft bien
en partie parce que le fol eft affaifé, mais il paroît que cela eft feulement une caufe

de leur dégré de porofité, & d'une humidité convenable ; & je crois même au contraire qu'il y en a une grande quantité d'efpèces qui ne fauroient devenir fertiles en y ajoutant du fumier : ce ne font la que des moyens, bien importants à la vérité, mais indépendants des qualités fpécifiques du fol : Il faut donc qu'en les réuniffant, que la terre y ajoute encore par fa nature, la propriété de pouvoir les rendre utiles.

La croûte qui enveloppe notre globe, appellée terre franche ou terreau, eft poftérieure à fa formation primitive : la terre avoit déja, fans doute auparavant, la faculté productive; mais, très-affurément, fes productions devoient être infiniment moindres; autrement il faudroit nier l'extrême avantage de cette croûte, & fa fupériorité univerfellement reconnus.

Mais, avant la formation de cette croûte, il y avoit déja, comme nous l'avons dit, des étendues de terre d'efpèces plus ou moins propres à exercer les principes de la végétation des plantes; il y en avoit auffi de tout à fait infertiles, & qui le font encore de nos jours; telles que des argiles, qui fe gonflent tellement par l'humidité, qu'elles en reftent molles, & impropres à toute fécon-

---

accidentelle : car, fi ce n'étoit pas principalement en raifon de la déperdition de fubftance, pourquoi en la labourant avec foin ne produit-elle plus abondamment que pendant 7 ou 8 ans, & qu'en la labourant encore ainfi avec un grand foin au bout de ce temps, elle ne produira que pendant 6 ou 7 ans; & qu'enfuite elle continuera à rendre ainfi de moins en moins, malgré le meilleur labour, jufqu'à ce qu'enfin on fera parvenus au terme, où ils deviendront inutiles au point, qu'ils feront abfolument infuffifants & qu'on fera forcé d'abandonner ce fol pour le réparer par des fubmerfions ? l'expérience prouve donc dans tous les temps, que la terre s'épuife, fi l'on ne répare fes pertes, fi on ne lui rend ce que la culture lui enléve.

dation ; d'autres font imprégnées de parties acides qui les privent de toute faculté productive, &c.

Nous penfons donc qu'il y a des terres qui ne fauroient être rendues fpécifiquement fertiles, même en leur donnant plus de porofité, par l'addition de l'eau & du fumier ; & qu'il y en a auffi quelques-unes, qui par leur compofition, par leur nature, font très aifées à fertilifer.

Mais il y en a malheureufement beaucoup qui, fans être abfolument infécondes, font néanmoins fi peu fertiles par leur nature, & fi peu fufceptibles d'être amendées ou bonifiées, que l'on n'y réuffit qu'en partie dans les unes, & qu'on le tenteroit prefque infructueufement dans les autres : fans cela, en Europe tous les états, & dans chaque état, toutes les Provinces feroient riches en raifon de leur étendue ; au lieu qu'elles ne le font qu'en raifon de la fertilité des terres.

Terres hautes de la Guiane.

Dans la Guiane, les terres hautes font en général, compofées d'une efpèce d'argile : ellles différent toutefois beaucoup, d'un canton à un autre, par leur mélange dans les unes avec du fable, d'autres avec du tuf, des parties ferrugineufes, & des rocailles talcaires & ferrugineufes. Une très petite quantité de ces terres feroit fufceptible de bonification ; mais en général leur fituation en pente rapide s'y oppofe : pour toutes les autres, il feroit inutile de le tenter dans l'efpoir de quelques fuccès : il ne pourroit jamais en réfulter un dédommagement des fraix.

Qu'on nous pardonne cette légere digreffion à laquelle nous nous fommes infenfiblement laiffé entraînés : nous nous hâtons de rentrer dans l'ordonnance de notre fujet, & de terminer ce chapitre par une obfervation dont la vérité eft inconteftable à la fuite de quelques détails dont l'omiſſion pourroît nous être reprochée.

Dans la fabrique du ſucre, la multiplicité du travail exige beaucoup de bras : à la ſucrerie, il faut un négre par chaudiere ; ce qui fait 8 perſonnes : tel eſt l'uſage de nos Colonies ; ſix ſuffiroient peut-être : à Surinam on n'en met que 4 dans le jour, & 6 la nuit. Il en faut 9 pour le ſervice du Moulin, & pour tranſporter à la loge les bagaſſes, qu'il vient de paſſer ; 2 aux feux des fourneaux ; 4 à les ſervir de bagaſſes ſéches ; & 3 à la rumerie, lorſqu'elle travaille ; ce qui compoſe un nombre de 26. Il en faut 60 pour couper les cannes, en leur donnant un jour d'avance ſur l'ouverture du moulin : en tout 86 perſonnes.

On fait rouler des moulins avec des atteliers de cinquante négres travaillans ; mais ils ſont inſuffiſans, & ne peuvent faire qu'une quantité de ſucre très médiocre, même eû égard à la comparaiſon de leur nombre avec celui ci-deſſus énoncé.

Une remarque donc bien importante, c'eſt que les revenus d'une ſucrerie, pour être pouſſés auſſi loin qu'ils peuvent atteindre, dépendent évidemment d'une bonne organiſation, dont le nombre des eſclaves eſt le principe.

Il faut avoir un attelier de négres travaillans tel que les travaux de culture ne ſoient point arrêtés par ceux du moulin ; que, lorſqu'on roule, il reſte à l'abattis au moins 60 à 70 eſclaves ; ce qui ſuppoſe un nombre de 150 négres travaillans. Alors, on tire tout le parti poſſible d'une ſucrerie ; tout concourt à faire les plus grands revenus, au de là même des proportions ordinaires. Mais ſi, lorſqn'on a à rouler, il faut employer tous les eſclaves à ces travaux, ceux de la culture étant chaque fois interrompus,

k

Nombre de négres néceſſaire pour l'activité générale d'une ſucrerie bien montée

Obſervation importante.

ces interruptions répétées occafionnent des retards fi méfavantageux, que le plus habile cultivateur, avec de tels moyens, ne fera plus qu'un revenu médiocre, & au-deffous des proportions apparentes de la poffibilité.

CHAPITRE V.

Des manufactures à fucre.

UNe manufacture à fucre comprend trois objets principaux : le moulin & la fucrerie, la rumerie, & la loge à bagaffe.

Moulin à marée.

Pour qu'un moulin à marée foit bien fait, il faut que toutes les pieces du mouvement ayent un rapport exact ; qu'elles foient parfaitement en équilibre ; & que l'effort, lorfqu'il eft en jeu, fe partage également ; en un mot, qu'elles foient toutes entraînées par le moteur, fans la moindre gêne, fans bruit, & avec une facilité qui empêche d'appercevoir l'effort, & la réfiftance qu'il a à vaincre.

Néceffité des proportions.

Si ces proportions n'exiftoient pas, plufieurs pieces feroient expofées à fe caffer, furtout lorfque le mouvement a beaucoup de force ; &, s'il étoit faible, il réfulteroit un obftacle de plus, qui diminueroit encore fon effet.

Défaut de beaucoup de moulins, dans les Colonies.

Il eft utile d'obferver que, dans toutes les Colonies, on voit beaucoup de moulins, dans lefquelles les dents des roues, furtout celles des rolles, fe caffent très fréquemment : accident d'autant plus facheux, qu'outre la perte du temps qu'il occafionne, il entraîne inévitablement après lui le défagrément extrême de la fufpenfion de tout le travail du moulin, & d'une partie de celui de la fucrerie ; forte d'embarras qui fe multiplient, fi ces accidents arrivent la nuit.

Cela provient quelquefois de ce que les dents font placées inégalement, & fans foin ; mais le plus fouvent, même prefque toujours, d'un de défaut de précaution dans le calcul des engrenages : cette précaution confifteroit à efpacer les dents de la lanterne attachée à la grande roue, *d'une ligne & demie* de plus que celles du balancier, qui doivent s'y engrainer, & de même celles du grand rolle, *d'une ligne* de plus que celles des petits.

Il ne faut pas outre-paffer ces proportions, parce que les dents fe cafferoient également, par un vice oppofé au premier.

Dans le premier cas, les dents fe caffent, parce qu'elles buttent par devant, & que, dans un inftant, lorfqu'elles font arrivées perpendiculairement au centre du mouvement, il n'y a plus qu'une feule dent qui foutienne tout l'effort.

Dans le fecond cas, elles buttent par derrierre, & font également expofées à foutenir tout l'effort, féparément, les unes après les autres ; par conféquent, elles fe caffent auffi néceffairement.

On ne doit abfolument pas fouffrir un moulin avec ce défaut : il importe a la tranquilité & a l'intérêt du maître, de n'avoir à craindre aucun accident de cette nature.

Lorfque ce défaut exifte à ce balancier, ou à la lanterne, il ne peut gueres être detruit, qu'en fefant à neuf celle de ces deux pieces qui en eft atteinte. Lorfqu'il fe rencontre dans les rolles, on peut y remédier, mais feulement en partie, en leur faifant de

k 2

nouvelles dents, plus longues ou plus courtes, felon que le cas l'exige.

Par exemple, fi les dents du grand rolle ne font pas affez efpacées, il faut y en faire d'autres un peu plus longues, & aux petits rolles, d'un peu plus courtes; & à l'inverfe, fi le défaut s'y rencontre.

Il eft inutile de déduire ici les principes de Méchanique qui font mettre des différences dans les intervalles d'un mouvement dont les temps font égaux : on n'en trouve rien dans les auteurs, parceque la Théorie ne les fuppofe pas : c'eft par l'expérience & l'étude, qu'on les acquiert, & la pratique en eft tranfmife néceffairement aux ouvriers, qui ne fe la communiquent qu'imparfaitement, & comme une faveur; d'où réfulte l'imperfection fi fréquente des machines dont l'exécution leur eft confiée.

Dans un moulin à marée dont nous venons de diriger la conftruction, on a prévenu l'inconvénient qu'ils ont tous en général, de ne pouvoir marcher que dans les fept jours de chaque grande marée; ce qui eft occafionné par un défaut de proportion, lequel confifte le plus fouvent, en ce que le fond du courfier eft trop élevé, que la grande roue n'a pas affez de diametre, & que le mouvement en eft gêné, & n'eft point affez en équilibre.

On doit fe garantir de ce défaut, parce qu'il eft fort avantageux d'avoir le choix de pouvoir continuer un roulage, ou non; foit pour profiter de la faifon, foit pour quelque autre raifon de circonftance, comme de finir une piece entamée, ou de completer une certaine quantité de boucauds de fucre dont on a befoin de difpofer.

Pour qu'un moulin puiffe rouler à toutes les marées, on doit obferver:

1o. Que le fond du courſier ne ſoit élevé que de trois pouces, au deſſus du niveau de la baſſe-mer dans les petites marées, & qu'il ait de 2 pieds 9 pouces à 3 pieds de largeur.

2o. Que la grande roue ait de 34 à 35 pieds de diametre.

3o. Que la lanterne n'ait que 34 dents, dont l'éſpacement ſoit de 5 pouces.

4o. Que le balancier ait 77 dents, d'un éſpacement proportionel à celui de la lanterne, & conformément aux principes ci-deſſus : les rolles peuvent avoir deux pieds de diametre.

Avec ces données, on a toutes les proportions, parce qu'il eſt aiſé de trouver tous les diametres dont on a beſoin : on s'eſt ſervi de cette maniere de les expliquer, parce qu'elle eſt plus breve, & auſſi facile à ſaiſir.

Après avoir indiqué un défaut commun à quelques moulins, on doit parler ici d'un autre, qui eſt général dans tous ceux de toutes les Colonies ; celui qui occaſionne la priſe des négres entre les rolles : la quantité de ces malheureux qui paſſent chaque année dans les moulins, eſt conſidérable,

On a bien trouvé, depuis long-temps, des moyens pour , en ce cas effrayant, arrêter tout à coup la machine ; mais on n'en avoit tenté aucun pour en prévenir l'accident. Je crois en avoir trouvé un, d'un ſuccès complet, qu'on peut regarder comme aſſuré & parfaitement ſuffiſant. Quoique je n'aye rien négligé, depuis environ 15 ans, pour le rendre public, je ne puis ſans doute me diſpenſer de l'expoſer ici dans le plus grand détail : ce moyen, au reſte, eſt fort ſimple ; ce qui n'eſt pas une raiſon pour en négliger l'examen ; mais ce qui en eſt une de plus, au contraire, pour le mettre plutôt en uſage.

78

Tout le procédé confiste à faire la fauffe table, qui fert à mettre les cannes au moulin & retourner les bagaffes, d'une largeur fuffifante ; or voici la maniere de la trouver, qu'il faut de néceffité pratiquer exactement, en la cherchant, parce qu'un peu plus ou moins de hauteur du plancher où font placés les négres jufqu'à la table, apporteroit ici une grande différence.

Il faut donc, étant placé debout fur le plancher, mettre en place de la fauffe-table, une planche contre les rolles, & une feconde par devant que vous reculez vers vous : puis, prenant par choix exprès, le plus grand négre de l'attellier, vous lui faites reculer par dégrés cette planche, jufqu'à ce qu'elle le foit au point que ce grand négre fe tenant fur le bout de fes pieds, & appuyant le ventre contre la planche, il ne puiffe plus avec le bout du doigt atteindre les rolles, & qu'il s'en manque environ deux pouces qu'il ne puiffe les toucher, par leur partie convexe la plus avancée vers lui. On doit prendre alors & noter cette mefure, du bord extérieur où le négre avoit le ventre appuyé, jufqu'aux rolles ; & ce fera précifément celle que devra avoir la fauffe-table, lorf-qu'elle fera en place.

On peut être affuré qu'avec cette fimple précaution, il eft abfolument impoffible qu'aucun négre foit jamais pris entre les rolles.

Nous penfons avec douleur qu'il peut fe trouver des hommes affez obftinés pour ne pas vouloir feulement en faire l'effai : peut-être même encore en eft-il qui n'attachent aucune valeur à la vie des hommes, & ne prifent que la leur, la moins précieufe de toutes alors : mais, c'eft au nom de la nature & de l'humanité, que nous follicitons ici tous les propriétaires fenfibles, toutes les perfonnes chargées d'une fucrerie, de mettre fur le champ ce moyen en pratique chez eux, pour éviter d'avoir peut-être à fe reprocher à quelque moment, par une négligence d'un jour, d'une heure, le plus affreux, le plus horrible des accidents.

On peut encore affurer que cette plus grande largeur à la table, loin d'avoir quelque inconvénient, facilite au contraire le travail du moulin.

Un moulin à marée bien fait, s'il a une étendue de canaux navigables fuffifants pour lui fervir de réfervoir; s'il eft bien fervi, par des négres difpos & habitués à ce travail; fi les cannes font belles, peut rendre de 40 à 48 pieds cubes de Vezou, par heure; ce qui fait environ 7 à 8 barriques : une telle machine, des bras, & des cannes à pro portion, peuvent produire une bien grande quantité de fucre.

On appelle Vezou le jus de la canne, dès l'inftant qu'il en eft exprimé & qu'il en fort, & jufqu'au moment où il s'épaiffit affez pour prendre la cuiffon du fucre : à ce point on l'appelle firop.

Quant à l'intérieur de la fucrerie, les avantages qu'on doit y rechercher font :

1°. Que les chaudieres ayent une grandeur proportionnée à la force du moulin, qu'elles foient de cuivre, & non de fer; celles-ci font infuffifantes & impropres à une fucrerie de quelque importance; il faut encore qu'elles foient montées de maniere à ce qu'elles cuifent avec une grande facilité, & au plus haut dégré.

Cette partie peut recevoir des modifications qui en perfectionnent l'ufage : on préfereroit par exemple, que les deux grandes euffent leur feu particulier; d'où il réfulteroit que l'on pourroit en arrêter la cuiſſon, ou la pouſſer à volonté; ce qui feroit très avantageux. Enſuite, les équipages n'étant plus compoſés que de trois chaudieres, chacun, le feu y feroit encore plus violent, & le ſucre s'y feroit plus promptement; avantage inapréciable.

Cet uſage occaſionneroit plus de dépenſe, il eſt vrai; mais on en feroit bien dédommagé, par la facilité qu'on en retireroit pour toute l'opération de la cuiſſon du ſucre.

Attention à avoir dans la conſtruction des équipages.

En conſtruiſant les équipages, ou montage des chaudieres, il faut obſerver avec attention que le bord de la maçonnerie ſoit aſſez élevé, en dedans de la ſucrerie, pour qu'un négre, en tombant contre, dans quelque poſition qu'il puiſſe ſe trouver, ne puiſſe gliſſer ou rouler dans les chaudieres; accident horrible qui arrive ſouvent.

On ne doit pas cependant, par excès de précaution, les trop élever : ce défaut nuiroit au travail, autant qu'il feroit inutile. En général, cette élévation, s'il y a une dalle compriſe dans la maçonnerie & en avant des chaudieres, doit être de 2 pieds & demi & 2 lignes, depuis le terreplain ou pavé ſur lequel on marche: elle doit avoir 3 pieds, lorſqu'il n'y a point de dalles, & qu'on jette les écumes dans les bailles.

Citerne à ſirop.

2°. On doit avoir dans la ſucrerie une citerne à ſirop, aſſez conſidérable pour n'être pas à tout moment engorgé de cette denrée; &, pour cela, elle contiendra environ 100 barriques.

Purgeries.

3°. Il n'eſt pas moins eſſentiel d'avoir de ſuffiſantes purgeries, pour contenir ſucceſſivement les ſucres qui purgent leurs ſirops, avant qu'on puiſſe les livrer ainſi, à meſure qu'ils ſéchent.

Leur établiſſement.

La meilleure maniere de faire ces purgeries, appelées *Barbe-*

Koten à Surinam, eft d'arranger fur des folives, de chaque côté de la fucrerie, un plancher de longs madriers, dans lequel toutefois ils ne fe joignent pas l'un l'autre, mais ils foient à une diftance entr'eux de 3 pouces moindre que leur propre largeur : enfuite, on couvre les vides formés par ces intervalles d'autres madriers dont les bords foient portés par les bords de ceux du premier rang, audeffous : il réfulte de cet arrangement une fuite d'efpéce de dalles plattes, qui n'ont de profondeur que l'épaiffeur d'un madrier.

Tout ce plancher penche un peu vers le milieu de la fucrerie, fous le bout duquel on a foin de placer de petites dalles d'un bois creufé, lefquelles ont une pente vers la citerne, qui eft fous terre; & les firops coulent ainfi, fans pot à firops, fans aucun ufttencile, & fans qu'il foit befoin d'aucun travail.

4°. Il faut un back à recevoir le vezou, à mefure qu'il coule du moulin, d'où il eft conduit par des dalles dans ce back, qui doit toujours être placé près des grandes chaudieres des équipages. Backs.

Ces backs doivent être faits de quatre madriers, affez larges pour que, pofés de champ, ou verticalement fur le côté, ils faffent les quatre faces, & d'un fond auffi de madriers bien joints, & cloués fur ces faces; le tout pofé fur une petite plate-forme de charpente, qu'on foutient avec des piliers en maçonnerie à la hauteur convenable. Ces backs ne doivent jamais contenir moins du contenu total des deux grandes chaudieres.

5°. Il faut encore de grands réfroidiffoirs, faits en forme de Refroidiffoirs. pétrain : on doit leur donner 20 pieds de long, & 5 pieds de large, dans le haut, fur 18 pouces dans le fond : on ne fauroit ainfi trop les évafer, afin que le fucre s'y refroidiffe le plus prom-

L

ptement qu'il foit poffible : plus ils feront évafés, & aprochans de la forme plate, plus ils doivent être eftimés.

On a auffi d'autres petits backs, dont un vis-à-vis & près de chaque batterie, où l'on fait tomber le fucre, à mefure qu'il en fort.

Telles font les parties effentielles dans la compofition d'une fucrerie : il y a, en outre, les objets de détail, tels que Ecumoires, Becs de corbin, Cuilleres, & autres, dont la defcription minutieufe fort du plan qu'on s'eft propofé.

Un bâtiment qui contienne enfemble un moulin & la fucrerie, ne fauroit avoir moins de 120 pieds, environ, & ne doit jamais en avoir plus de 150, fur une largeur de 45 à 48.

On paffera maintenant aux détails qui concernent la Rumerie.

Un bâtiment pour cet objet n'aura pas trop de dimenfions à 30 pieds fur 50. L'on doit y rechercher auffi tout ce qui peut en faciliter & accélérer les travaux, en épargnant les bras.

D'abord, il faut la pourvoir d'alembics bien montés : ils doivent pour cela pouvoir être entretenus dans le dégré de chaleur convenable à la deftination avec très peu de feu; non-feulement par économie, mais encore afin de pouvoir, au moyen d'un brafier, & d'un ou deux morceaux de bois à moitié allumés, mieux diriger ce dégré de chaleur.

Les ferpentaux doivent être montés dans des tonnelles en maçonnerie, & non dans des pieces de tonnellerie : des pompes fuffifantes, qui puifent l'eau dans un réfervoir deftiné à cet ufage, doivent porter dans ces tonnelles affez d'eau fraiche, pour que la chaleur provenant de l'alembic ne puiffe l'échauffer : pour cet effet, on doit la faire couler par des tuyaux dans le fond du réfervoir, pendant que le superflu ou trop-plein se vide de lui-même, par dessus les tonnelles, dans un endroit percé exprès, & garni de tuyaux qui conduisent les eaux dans les dalles, par lesquelles elles sont portées lors du bâtiment.

Ainsi, l'eau circule sans cesse de bas en haut, avant de pouvoir s'échaper; par conséquent, il n'y a que la moins fraîche qui puisse couler & se vider; sans cette invention, ce seroit l'eau fraîche, au contraire, qui s'en iroit à mesure que les pompes en fourniroient.

Une rumerie, pour un grand établissement, doit avoir trois alembics montés : un de 300 gallons; un de 250, & un de 150; les deux premiers seroient pour distiller les grappes, & le dernier pour repasser les petites eaux.

Nombre d'alembics convenable dans une grande rumerie.

On appelle grappes la liqueur qu'on a composée de plusieurs autres, pour les faire fermenter ensemble; ce qui produit le rum: on appelle pieces à grappes, les vases qui servent à la contenir.

Grappes : ce que c'est.

Les alembics doivent, autant qu'il est possible, occuper une place vers l'entrée de la rumerie : il doit aussi y avoir là une citerne, qui contienne environ 25 à 30 barriques, laquelle soit partagée par le milieu, pour y recevoir les vidanges dont on aura besoin, d'un côté, & , de l'autre, les écumes, qui devront y couler seules & sans soin, par des dalles.

Citernes.

A côté de celle-ci, il y en aura une dont le contenu sera seulement de 4 ou 5 barriques, pour recevoir les sirops, lors qu'on voudra les y envoyer par le moyen des dalles aux écumes, en les puisant dans la grande citerne de la sucrerie.

A l'entour, le long des trois autres côtés de la rumerie, seront rangées les pieces à grappes; &, dans le milieu, une grande baille contenant 250 ou 300 gallons, avec des bariques, des dame-jeannes, & des baquets ou bidons mesurés, & marqués du nombre de 2, & de 5 gallons, qu'ils doivent contenir.

Grandeur des pieces à grappes.

La grandeur des pieces à grappes doit être de la moitié de celle des alembics, plus 5 gallons : il faut en avoir de quoi charger dix fois chaque alembic; parce que, les grappes pouvant rester dix jours à fermenter, il faut qu'en les chargeant de nouveau, à mesure qu'on distille, on n'en manque pas de prêtés à distiller : en sorte que, d'après la grandeur des alembics indiquée plus haut, il faudra en avoir 20 de 155 gallons, & autant de 130.

Elles ne doivent point être faites en forme de futailles, ou de barriques, mais en forme conique, ayant le haut plus étroit que le bas.

Inconvénient local pour les pieces à grappes.

Chacune devra être pourvue d'une bonne champlure, garnie de viroles de cuivre, ou de robinets. Dans la Guiane, ces sortes de vases, quelque soin qu'on puisse en prendre, sont toujours très promptement endommagés, même détruits, par les vers.

Non-seulement cela fait une dépense considérable; mais il n'y a pas d'office plus désagréable & plus dégoûtant, que cette maniere de lutter sans cesse contre des insectes qu'on ne peut ni détruire, ni empêcher de détruire.

Moyen de l'éviter.

On pense donc qu'un propriétaire qui voudroit monter une rumerie sur le plan le plus avantageux, devroit faire les pieces à grappes en maçonnerie, le long du pour-tour intérieur de la rumerie, en forme quarrée.

On peut les repréfenter fous la figure d'un long parallellograme ; c'eft-à-dire , compofées de deux murs de 43 pieds de long , éloignés de 3 pieds 1 pouce 2 lignes l'un de l'autre , fermés aux deux extrémités de deux bons murs auffi , dont l'intérieur feroit divifé , par des petits murs d'un pied d'épaiffeur , en dix parties , ou efpèces de backs , de 3 pieds & demi fur 3 pieds de vide , & 3 pieds 1 pouce 2 lignes de hauteur ; parce que , dans ce cas , chacun d'eux contiendroit en une feule grappe de quoi charger un alembic.

Pour le petit alembic , ces backs ne devroient avoir que 3 pieds fur tout fens , au lieu que les autres ont 3 pieds 1 pouce 2 lignes fur une face , mais toujours fur la même hauteur de 3 pieds 1 pouce 2 lignes ; chacun devroit être garni d'un robinet de fonte.

Lorfque ces backs , ou pieces à grappes , feroient avinées , la fermentation s'y feroit beaucoup mieux que dans des pieces de futailles ; & ce feroit un ouvrage fait pour toujors.

Ceux qui fe détermineroient à ce parti devroient obferver que le fond fût élevé de terre d'environ 18 pouces , afin d'avoir la facilité de placer des baquets au-deffous des robinets , pour en tirer les grappes.

Obfervations à cet égard.

De quelque façon qu'on les faffe , elles doivent avoir chacune un couvercle de planches , garni par deffus de poignées de bois , pour la facilité de les placer.

Il faut avoir encore des dalles convenables pour faire couler les grappes , les vidanges , & tous les liquides , foit dans les alembics , foit dans les pieces , avec la plus grande économie de temps poffible.

Voilà toutes les chofes effentielles qui conviennent à une rumerie en grand , expofées avec un détail fuffifant : nous allons
maintenant nous occuper de la loge à bagaffe.

On met ordinairement trop peu d'attention à la conftruction de
ces bâtiments ; ce qui paroît d'autant plus étonnant , que toutes les
perfonnes qui ont vraiement une expérience éclairée fur cet objet
conviennent , & ne ceffent de le répéter , que c'eft l'ame d'une
fucrerie ; que, fans de bonnes loges à bagaffes, on ne fera que
de mauvais fucre, & en moindre quantité, avec les plus belles
cannes.

On convient également qu'avec des loges imparfaites, on manque fouvent de bagaffes pour le chauffage des équipages ; qu'il
faut alors y fuppléer par des bois, qui ne chauffent que très mal,
& qu'on ne fe procure qu'à grands fraix.

Qu'à St. Domingue, ou aux Antilles, où le climat eft beaucoup
moins pluvieux , on ne fe ferve que d'efpèce de carbets, & qu'on
foit plus négligent fur cet objet, cela n'eft pas auffi ruineux,
fans toute-fois être moins vicieux ; & nous ne devons affurément
pas les prendre ici pour modeles, dans un climat où il pleut fi
abondamment, & où il régne habituellement une fi grande humidité.
Notre intérêt doit nous faire ouvrir les yeux fur tous les objets
où cette négligence peut porter atteinte.

Ces réflexions ont depuis long-temps conduit à la recherche
d'un plan de ces fortes de bâtiments, qui puiffe prévenir, finon
en tout, du moins en grande partie, les vices que la nature du
climat entraîne après foi. C'eft celui qu'on va préfenter ici avec
tous les détails qu'on croira propres à le rendre le plus intelligible.

Une efpèce de hangard, ou un corps de bâtiment, de 113 pieds de longueur, fur 28 de largeur, fera conftruit fur folles, fur toutes les faces ; celles-ci pofées fur d'autres en travers, & placées à l'endroit des diftributions qu'on va indiquer.

Ces folles, qui fervent à empêcher l'écartement des faces que la pouffée des bagaffes occafionneroit, doivent être élevées de 2 pieds 1 pouce 2 lignes, au-deffus du terre-plain du fol.

Par l'allongement des chevrons du comble, au moyen d'une façade, on donnera à ce bâtiment une gallerie de 8 pieds de large, le long de la face qui fera expofée au vent, &, du côté oppofé, il y aura une gallerie volante de 5 pieds de largeur, conftruite auffi par l'allongement des chevrons du comble, & une fauffe fabliere foutenue en l'air par des liens & des bouts d'entretoifes.

La longueur des poteaux du corps du bâtiment, c'eft-àdire l'élévation des fablieres, de puis le deffus des folles, fera de 15 pieds.

La diftribution intérieure fe fera de cette maniere : d'un des bouts, on marquera pour la premiere divifion 44 pieds ; & on y mettra une folle, en travers du bâtiment, fur laquelle il y aura un refend en charpente. De ce refend, on laiffera un couroir de 4 pieds de large, après lequel il y aura auffi une folle & un refend.

On continuera en fefant une autre divifion ou piece de 24 pieds, fuivie d'un couroir de 4 pieds, & ainfi de fuite jufqu'à l'autre bout de la loge, qui fe trouvera partagée en quatre divifions, ou pieces pour la bagaffe, ifolées les unes des autres, & féparées par les couroirs qui fe trouvent toujours entre deux.

Ces divifions ou pieces font fermées par des efpèces de chevrons plus légers que ceux dont on fe fert pour les combles, qu'on fait clouer par dedans, horizontalement en travers des poteaux, dans tout le pourtour de la piece, en forme de barotage, à 6 ou 7 pouces l'un de l'autre.

En faifant cet ouvrage-ci, on a foin de laiffer des vides, ou efpèce de portes, qui donnent fur la gallerie, qu'on peut fermer & ouvrir au moyen de petits barrots qui fe gliffent en travers dans des mortaifes faites à des pieces attachées aux poteaux. Les quatre pieces doivent être ainfi fermées & arrangées de la même maniere, tandis que les couroirs refteront libres.

Du comblé.

Le comble fera fait en fermes retrouffées; mais par deffus les tirants de ces fermes, & ceux qui terminent les refends des pieces, au milieu, dans toute la longueur du bâtiment, on mettra trois tirants, pout former un plancher de 4 pieds de large, qui fera gardé de chaque côté par un garde-fou ou appui bien folidement arrangé; ce qui formera alors une gallerie d'un bout du bâtiment à l'autre, dans le vide du grenier : on y montera par un efcallier de 6 pieds de large, couvert, placé à l'un des pignons, auquel il y aura une grande porte en forme de lucarne.

Elévation du fol.

Lorfque ce bâtiment fera monté, mais non encore couvert, on rapportera des terres pour combler & élever fon fol jufqu'à 3 ou 4 pieds du deffous des folles.

Pente à donner aux terres.

Canal navigable.

On fera baiffer les terres, par une pente d'un pouce par toife, en allant du milieu vers les côtés, en forme de glacis, qui ira fe terminer, à 36 pieds, au bord du canal navigable, de 40 pieds de largeur, qui doit envelopper tout ce bâtiment; & c'eft des terres de ce canal (n) qui auront été superflues à la construction de ses digues, qu'on fera ce remplissage de terre; que si elles ne suffissent pas, on en prendra à l'extérieur du canal.

Si, le canal n'étant pas assez à proximité pour y établir les pompes qui doivent porter l'eau à la Rumerie, on étoit obligé d'en creuser un autre pour cet objet, ils devront du moins communiquer ensemble, & n'avoir qu'une issue commune dans le grand canal du moulin, d'où ils prendront leurs eaux au moyen d'un petit coffre, qui avec une porte à chaque extrémité donnera la faculté de les avoir, ou toujours pleins d'eau, ou vides s'il en est besoin.

Le sol de l'intérieur de la loge & le glacis à 8 à 10 pieds à l'entour de ce bâtiment, devront être pavés, s'il est possible.

On commencera à remplir de bagasses, lorsqu'on roulera, la première des divisions ou pièces, par le bas, par les portes pratiquées sur la gallerie : on les entassera aussi haut qu'on puisse atteindre en levant les bras, mais avec une attention extrême de ne point

Méthode pour remplir ces loges,

(n) Ce canal a plusieurs objets d'utilité : celui de fournir des terres pour élever le sol du bâtiment au-dessus du niveau des grandes marées de l'équinoxe; celui d'empêcher qu'on ne puisse en approcher, que du côté de l'entrée ; d'avoir un grand réservoir d'eau, en cas d'incendie; & de servir de vivier si l'on veut.

Les négres ont un grand penchant à voler de la bagasse, pour brûler dans leurs cases ; il faut établir des régles de police qui préviennent absolument cet abus ruineux; & c'est avec les mêmes soins, qu'on doit les empêcher d'aller auprès de la loge à bagasse avec du feu, ou avec leurs pipes allumées ou non ; ceux qui connoissent le génie des Noirs sentiront pourquoi bien moins encore en doit-on souffrir aux porteurs de bagasse, lorsqu'on roule. Par les arrangemens & la disposition de tout l'établissement, la loge à bagasse doit être en vue du moulin & de la sucrerie, ainsi que du logement de l'Econome,

M

marcher deſſus, & de ne la point fouler des pieds , abſolumenf.

Lorſque la capacité inférieure de la piece ſera pleine , on fer-
mera les portes avec les barrots ; & l'on tranſportera pour lors cette
bagaſſe, par l'eſcallier , dans la gallerie du grenier, d'où on la jettera ou laiſſera tomber en bas ſur la premiere : on l'entaſſera ainſi
juſqu'à arriver près du comble, en en ſuivant la coupe.

Dans un autre roulage , on emplira la ſeconde piece , de la
même maniere, & ainſi une à chaque roulage ; c'eſt-à-dire , qu'il
faut obſerver de ne jamais mêler les bagaſſes de différents roulages,
parce qu'elles ſe corromproient totalement.

Lorſqu'il y aura trois pieces pleines , ainſi par trois roulages ,
au premier qu'on fera enſuite, dont on emplira la quatrieme, la
bagaſſe de la premiere ſera ſéche, & ſervira pour le chauffage de
celui là qui la conſommera à peu près : ainſi chacune ſe videra
pour être remplie de nouveau, alternativement & ſucceſſivement
les uns après les autres : & d'après les calculs & l'expérience qui
font la baze de ceci, on aura toujours une piece pleine de bagaſſe ſéche, & une qui ſera vide pour en recevoir de nouvelle.

Au moyen d'une pareille loge à bagaſſe, ce bâtiment étant parfaitement couvert par une gallerie, du côté du vent, & par une
autre volante, du côté oppoſé, toutes les pieces étant iſolées
par les couroirs, la fermentation de la nouvelle bagaſſe ne peut
jamais ſe communiquer, & pourrir celle de la piece voiſine : l'air
circule tout à l'entour de ces pieces ; on n'aura point marché ſur
le tas de bagaſſe, pour l'emmagaziner ou remplir les pieces, &
elle n'aura dans aucun cas été foulée par les pieds : elle ſéchera
infiniment plus promptement ; elle ne ſera point briſée & rompue,
en partie pourrie, & toujours humide & moiſie, comme il arrive

avantage de cette
méthode.

ordinairement : enfin, on l'aura de la meilleur qualité, abfolument telle qu'on peut la défirer ; &, ce qui eft fur tout effentiel,
on n'en manquera jamais. (o)

Tous ces avantages feront mieux fentis par les perfonnes à
qui l'objet des fucreries & la pratique de leurs travaux font familiers.

Telles font toutes les principales parties qui conftituent les Manufactures de fucreries : nous allons examiner, à la fuite, dans la
fabrication du fucre, les objets qui font fufceptibles d'obfervations.

Une chofe importante à fe procurer pour faire de beau fucre,
c'eft de la bonne chaux pour l'ennivrage du Vezou. La meilleure
eft celle que l'on apporte d'Angleterre & d'Hollande : on n'a gueres
de confiance à celle qui vient des autres pays, à caufe du peu
d'attention qu'on y porte au choix des pierres calcaires de l'efpèce la plus convenable.

Fabrication du fucre.

Pour la conferver bonne dans les Colonies, il faut la garantir
abfolument, avec un foin extrême, de l'impreffion de l'air.

Lorfque le Vezou du moulin eft coulé dans le back, & l'em-
plit, on le fait paffer dans la grande chaudiere d'un des équipages;

*Progreffion du Ve-
zou dans les chau-
dieres.*

(o) Il refte toujours, après le roulage, dans la piece de la loge d'ou l'on a tiré
la bagaffe pour le chauffage, une quantité de débris, qu'on a la négligence de laiffer
accumuler, & qui en pourriffant ne font qu'occafionner une humidité nuifible : il faut
chaque fois qu'on a fini de rouler, balayer cette piece, & faire porter ces débris
dans un lieu deftiné à faire du fumier : fi on plante exprès à cet endroit 4 ou 5
immortels, ou autres arbres, ce fumier fera plutôt fait, il fera meilleur, & fe con-
fervera plus long-temps, qu'étant expofé à l'action du foleil ; cet engrais compofé de
débris de bagaffe eft excellent pour les jardins potagers.

de celle-ci, dans l'autre qui la fuit, laquelle eft plus petite, & appellée par les fucriers *la Propre* : on le vide encore dans la troifieme, nommée *le Flambeau*, & de-là, dans la batterie, qui eft la plus petite de toutes.

Procédé de l'ennivrage.

Lorfqu'elles font remplies, on ennivre le Vezou avec de la chaux : cette opération fe fait en en mettant une quantité convenable dans un couic ; on y met enfuite du Vezou, avec lequel on braffe ou mélange bien cette chaux ; on verfe le tout dans la chaudiere, & l'on en remue & agite le Vezou pendant 1 ou 2 minutes : on répéte le même procédé à toutes les chaudieres ; après quoi on fait mettre le feu aux fourneaux.

Cette maniere d'ennivrer & de paffer le Vezou de l'une à l'autre des chaudieres n'eft que pour l'inftant qu'on commence le roulage, après lequel, dans la fuite, on n'ennivre plus que dans la grande ; & le Vezou n'en eft paffé ou verfé dans les autres, qu'après qu'il a été écumé de fes propres écumes. Dès qu'il y a affez de Vezou, on fait fervir l'autre équipage.

Vezou fur les fourneaux.

Le feu dès fourneaux fait par fa violence élever le Vezou, & foutient les écumes en deffus, en forme de bulles plus ou moins groffes, qui crévent & fe renouvellent avec une viteffe étonnante; il faut enlever ces écumes avec un grand foin.

La batterie étant la plus petite des chaudieres, & placée fur le foyer des fourneaux, reçoit le plus haut dégré de cuiffon; enfuite les autres proportionnellement : l'activité & l'attention à écumer, & au refte du travail, doit être en raifon de cette proportion.

On doit auffi, avec des balais de paille de Maïs, effuyer &

laver les bords des chaudieres, fréquemment, & faire enlever avec grand foin une efpèce de matiere glutineufe, très vifqueufe, qui s'y attache, & qui eft très nuifible à la perfection du fucre.

Le Vezou s'épure ainfi par dégrés, & commence à devenir en firop dans la batterie : ce firop s'épaiffit, devient denfe; il faut y ajouter ce qui eft dans le flambeau, qu'on remplit de fuite, pour completter la batterie, qui fans cela, feroît trop peu confidérable.

Formation du firop

Cette opération rend plus liquide ce qui étoit dès auparavant dans cette premierre chaudiere; mais, inceffamment, le firop s'épaiffit de nouveau; les grains du fucre fe forment d'autant plus promptement, que le feu eft plus vif; &, lorfqu'il approche de fon dégré de cuiffon, il faut le veiller avec une attention extrême; parce que deux minutes, fouvent moins, fuffifent pour y faire manquer le point de perfection.

Du fucre

Pour le reconnoître, on renverfe une cuillere dans la batterie, la partie convexe en deffus, & la plongeant fous la furface du fucre, on la retire aux 3 quarts déhors, & ainfi à deux ou trois reprifes : on regarde le fucre que le dos de la cuillere enléve, qui, en retombant ou coulant le long de fa convéxité, fait voir le dégré de fon épaififfement & de la formation de fon grain; & lors qu'il approche de celui de la cuiffon, il roule en tombant; le grain du fucre fe laiffe appercevoir.

Moyen d'effayer la cuiffon.

Il faut alors l'examiner de plus près : on plonge de nouveau la cuillere, & en la retirant à foi, de la main gauche, on fe baiffe, & l'on paffe preftement deffus le bout du pouce de la droite, pour y prendre un peu de fucre; puis, aprochant auffi-tôt la main de l'œil, on paffe le doigt fur le pouce en gliffant, & revenant, pour l'y coler fur le fucre; & on léve doucement le doigt, fans remuer le pouce : on voit alors une efpèce de fil de fucre plus épais vers le pouce; quelquefois, ce fil eft double, même triple; on obferve alors l'endroit où rompt ce fil en écartant le doigt, & s'il eft fort, s'il colle & tient au doigt, plus près du doigt il rompt, moins le fucre eft cuit; & il l'eft d'autant plus, qu'il fe caffe près du pouce, qui dans cette opération doit toujours refter immobile : elle demande de la pratique, & doit être faite avec viteffe; fans quoi, le fucre qu'on tient fur le pouce fe réfroidiffant trop, elle feroit manquée : elle doit être faite en 8 ou 10 fecondes.

Leffive dans le Vezou.

On met auffi dans le Vezou de la leffive faite avec la cendre de bois-canon & de la potaffe; mais elle doit être employée avec un grand ménagement, furtout pendant les chaleurs de l'été, où le fucre a fouvent plutôt befoin d'un peu d'eau bien claire, pour en retarder la cuiffon & lui donner le temps d'écumer, que de toute autre chofe.

Obfervation générale.

En général, moins on mélangera le Vezou, moins on l'agitera par des pratiques minutieufes qui ne font dans le fond qu'une efpèce de charlatanifme nuifible, dont les gens non inftruits font toujours émerveillés; mieux les fucres fe feront, & plus beaux ils feront.

Le Vezou n'exige autre chofe que d'être ennivré à propos, avec d'excelente chaux, écumé avec un foin particulier, & que les chaudieres foient bien foignées & balayées, en un mot d'être tenu dans une extrême propreté, & de cuire à un feu violent, pour être parfaitement purifié, & devenir le plus beau fucre.

Il ne faut employer à ce travail que des négres vifs, difpos, & fpirituels : il faut exiger d'eux qu'ils y deviennent habiles, qu'ils s'habituent à écumer avec une grande célérité, légéreté, & propreté, en même-temps.

Lorfque le fucre a atteint fon dégré de cuiffon, on doit avoir égard au temps qu'il faut pour tirer la batterie, qui eft ordinairement de 4 à 6 minutes ; & afin qu'elle foit plus parfaitement cuite à fon point, on l'anticipe de la moitié du temps, c'eft-à-dire, qu'on la tire 2 minutes avant la cuiffon.

Temps de tirer la batterie.

Deux négres armés de cuilleres puifent le fucre, avec le plus de viteffe qu'il leur foit poffible, & le jettent dans un large dallot de quelques pieds de longueur, qui, du bord de la batterie, le fait couler dans le petit back à tirer le fucre : on jette très promptement du Vezou dans la batterie vidée, dont la chaleur eft fi confidérable, quoiqu'on en ait fait retirer le feu, qu'elle lui nuiroît, ainfi qu'à la maçonnerie.

Dès que le fucre eft tiré, on le braffe ou remue dans le back, pendant une minute & demie, & on le porte avec les becs de corbins dans un des refroidiffoirs ; après quoi on paffe légérement deffus une petite palette de bois, comme fi on vouloit en polir la furface : cette palette, en outre & après la partie du manche, a environ 3 pouces de large, & 18 de long ; fon épaiffeur, au milieu de cette largeur, ne doit pas excéder un quart de pouce, & doit être amincie, allant vers les bords, comme la lame d'un couteau, au refte, arrondie par le bout, & d'un bois flottant & très léger.

Procédés après cette opération.

A mefure que la furface du fucre fe glace dans le refroidiffoir, on repaſſe deux fois cette palette deſſus, pour la rompre, & la faire glacer de nouveau : le but de cette opération eſt de diminuer la chaleur du ſucre, pour qu'il ſe réfroidiſſe plus promptement ; ce qui facilite la formation du grain.

Les autre batteries, autant qu'il y en a de cuites, ſont miſes de même dans les refroidiſſoirs ſur les précédentes ; mais il faut abſolument que celles-ci ſoient froides, & glacées au point de ne pouvoir être entamées par le ſucre bouillant qu'on verſe deſſus, lequel doit rouler ſur celle qui précéde, comme fait un métail en fuſion ſur un plan poli & dur.

Lorſqu'un refroidiſſoir eſt plein juſqu'au haut, que le ſucre s'y eſt réfroidi juſqu'à un dégré peu au-deſſus de la chaleur naturelle, que dans un trou qu'on y fait en ce moment on peut ſouffrir le doigt, ſans qu'un excès de chaleur cauſe une ſenſation brulante ou incommode, ont le met alors en boucauds.

Ces boucauds, qu'on place debout ſur la purgerie, ne doivent pas être totalement remplis d'une fois ; mais ſeulement juſqu'aux deux tiers ; &, lorſque ce premier ſucre eſt affaiſſé, qu'il a un peu purgé, environ 12 heures après, on finit de les remplir juſqu'au jable, c'eſt-à-dire, tout autant qu'ils peuvent en contenir, afin qu'après l'affaiſſement total, le boucaud demeure encore aſſez plein, pour qu'il ne ſoit pas beſoin d'y ajouter de nouveau ſucre.

Pour donner au ſucre la facilité de mieux purger ſes ſirops, on fait trois trous dans le fond des boucauds, dans leſquels on met autant de cannes dont on a taillé le bout en pointe ; elles ſont ainſi miſes verticalement, en partageant entr'elles la capacité du boucaud : elles aident le paſſage des ſirops le long de leur ſurface.

'On arrange aussi les boucauds de maniere que leurs jointures laissent filtrer les sirops, sans permettre au sucre de passer.

Ces boucauds doivent être faits avec du merrain sec, & fabriqués avec grand soin : ils demandent d'autant plus d'adresse & d'art de la part de l'ouvrier, qu'il faut que les jointures des douelles soient parfaitement traitées, & ayent un point d'appui assuré les unes sur les autres, en quoi consiste la solidité de toute futaille, & qu'en même-temps ces jointures aient dans leur longueur de petits défauts d'adhérence, qui les empêchent d'être étanches, & les rendent propres à laisser couler les sirops, comme nous l'avons dit : les fonds doivent être traités de la même maniere. Les douelles doivent avoir 9 ou 10 lignes d'épaisseur, & ne présenter que des bords à vive - arrête ; les boucauds doivent être solidement cerclés.

On les fait à Surinam avec une négligence extrême : on ne s'y sert que de merrain vert, fait dans le bois à mesure du besoin ; on y économise trop les cercles, pour qu'ils puissent avoir de la solidité ; mais c'est surtout dans la façon, qu'ils péchent le plus ; ils sont plus grossierement faits qu'on ne sauroit l'exprimer : les douelles, tantôt épaisses, tantôt trop minces, mal équarries & mal prises, n'ont qu'un point d'appui mal assuré les unes sur les autres ; & , de tous ces défauts, il résulte un boucaud très imparfait, destiné néantmoins au transport d'une denrée précieuse, qui a coûté des peines immenses à acquérir, & dont une partie se perd ainsi dans le transport même, avant de sortir de la Colonie, de

N

Marginal notes: *Des boucauds.* / *Mal faits à Surinam.*

l'habitation au navire ; comme il fe voit fréquemment. (p)

On eft étonné d'une telle négligence dans une Colonie où le grand but eft de faire parvenir beaucoup de production à la Métropole.

Cet ouvrage n'étant pas un traité fur l'art de fabriquer le fucre, on ne peut entrer dans de plus grand détails à cet égard : on va maintenant examiner les principaux travaux de la rumerie.

Rumerie. On regarde ordinairement cette partie comme peu importante, & comme un de ces objets dont on peut confier le foin au pre- mier venu, ou à des négres qui en aient quelque habitude ; por- tant feulement les foins principaux à empêcher les petits vols, pour lefquels les efclaves ont un grand penchant.

On ne fauroit toutefois difconvenir que cet objet peut feul occu- per tout le temps d'un blanc intelligent, & l'on ofe affurer qu'au cune autre partie de la manufacture à fucre ne mérite autant d'avoir un tel agent qui lui foit uniquement deftiné.

Compofition des grappes. La premiere opération qui fe préfente dans une rumerie eft la compofition des grappes : elles fe font de plufieurs manieres, lef- qu'elles ne différent que par le changement des proportions dans le

---

(p) Dans cette Colonie Hollandaife, chaque Négre tonnelier fait & rend un boucaud par jour, en prenant le bois en bille, & non en merrain fendu & préparé : cette tâche eft un peu trop forte ; & il eft prefque impoffible qu'un ouvrier puiffe, en 12 heures de temps, duquel il faut ôter celui des repas, fendre les doüelles, les doler, les préparer, & faire un boucaud parfaitement folide & bien exécuté. Mais je penfe que fi l'on faifoit tout le merrain à l'avance, comme on le devroit, afin de l'avoir fec, alors chaque ouvrier, n'ayant plus befoin que de repaffer les pieces avec les outils, poura faire un boucaud par jour aifément.

mélange des liquides, qui reviennent à deux ; auſſi n'en compterat-on pas davantage ici : celle où l'on mêle les écumes avec les ſirops ; & celles faites avec les ſirops ſans écumes.

Les premieres ſont compoſées avec des écumes, des ſirops, des vidanges, & de l'eau ; la ſeconde, avec des ſirops, des vidanges & de l'eau.

Des deux manieres.

Dans la premiere de ces compoſitions que l'on pouroit varier infiniment, on doit obſerver :

Premiere.

1°. Qu'on peut compter que 4 gallons d'écumes équivaudront a un gallon de ſirop, ſi elles ſont très riches ; qu'autrement il faut compter 5 pour un, & que, ſi on écumoit peu le ſucre, ſi elles étoient pauvres, il faudroit compter 6, même juſqu'à 7, pour un.

2°. Que la grandeur de l'alembic étant déterminée, de quelque maniere qu'on proportionne les ſirops aux écumes, il faut avoir l'attention que la quantité de ſirop que repréſentent enſemble ces deux liquides (les écumes mêlées aux ſirops) ne faſſe jamais plus qu'un 5 e. de la grappe qui doit charger l'alembic, ni moins qu'un 8 e. de cette même grappe.

3°. Que la quantité d'eau qu'on y fait entrer ſoit à peu près égale à celle du total des ſirops ; & le reſte ſera de vidanges.

Pour la ſeconde maniere, on obſervera

Seconde compoſition.

1°. Que les ſirops ne faſſent jamais plus qu'un 6e. ni moins qu'un 10e. de la grappe.

2°. Que les vidanges ne faſſent jamais moins que la moitié, ni plus des deux tiers.

On peut compofer des grappes d'un tiers de firop & deux tiers d'eau : elles rendent peu de profit, à la vérité ; mais elles ont l'avantage de produire le meilleur rum. C'eft de cette maniere qu'ufent les habitants de notre Guiane ; auffi aucune autre Colonie ne fait-elle cette liqueur d'auffi bonne qualité.

Lorfque les écumes qui ont coulé par les dalles, de la fucrerie dans la citerne, font en affez grande quantité pour compofer une grappe, on ne doit pas négliger de la faire ; mais, auparavant, il faut avoir le foin de bien écumer les ordures qui y furnagent.

Les grappes faites, elles doivent être renfermées avec grand foin : pour cela, on mettra fur le bord des pieces une efpece de cercle fait de feuilles féches de bannaniers, en forme de paillaffon, &, par deffus, le couvercle de planche, qu'on charge de roches.

La grappe doit être fortement remuée, matin & foir, avec un morceau de planche emmanché d'un bâton, & percé de grands trous, après avoir été bien écumée & les bords de la piece bien effuyées avec un gros torchon ; ce travail doit être fait promptement, afin de refermer la piece le plutôt poffible.

Pour bien reconnoître à quel point les grappes font bonnes à diftiller, il faut s'en être fait une habitude : mais on peut dire qu'en général, elles contiennent le plus de parties fpiritueufes lorfqu'elles ont dépaffé leur plus haut dégré de fermentation ; & que, defqu'elles ont baiffé, ce qu'on appelle devenir plates, parce que la furface s'abbaiffe de quelques pouces tout d'un coup, il faut les diftiller.

Les pieces dont on doit fe fervir dès auffi-tôt qu'elles feront

vidées ne doivent point être lavées ; il faut les conferver avinées : pieces.
mais, fi l'on ne doit s'en fervir que quelque temps après, il
faut les laver avec de l'eau, dans laquelle on jettera un peu de
chaux, pour empêcher les vers d'y éclorre.

On doit avoir attention, en chargeant les alembics, de ne pas De la charge des
trop les emplir ; ce qui nuiroit infiniment a la diftillation. Affez alembics.
ordinairement (& cela dépend de la forme de ces vafes) on peut
y faire monter le liquide, la grappe, jufqu'à l'angle que forme le
deffus qui tient au collet avec le côté : il faut en luter avec foin
le chapeau, dès qu'on a fini.

Les chapeaux les plus avantageux font ceux qui portent avec
eux un refrigerant, qui, par l'eau qu'il contiendra en l'envelopant,
empêchera les efprits d'être brûlés & de fe diffiper, & le rum de
prendre le goût Empyreumatique.

Il faut pour la diftillation avoir beaucoup de dame-jeannes, ou Diftillation.
de grandes touques de grez ou de terre, qui contiennent environ
5 gallons : elles doivent être toutes numérotées, & marquées de
leur continence ; & on les préfente fous le ferpentin dans le même
ordre.

On doit dans cette opération avoir foin de ne regarder comme
bon rum, que celui qui preuve & qui eft parfaitement limpide,
& comme petite eau, après qu'elle ne preuve plus, que celle qui
de même eft parfaitement claire & limpide ; dès qu'elle louche,
on doit arrêter la diftillation.

Du moment qu'on a affez de petite eau pour en charger un
alembic, il faut la repaffer, & enfuite la féparer de l'autre rum :
ce dernier contient ordinairement beaucoup d'efprit ; on le connoît
par fa maniere de preuver : il forme à l'entour du verre de groffes

bulles qui crèvent inceſſamment, & d'autant plus vite qu'il a plus de force : à meſure que la diſtillation augmente, la groſſeur des bulles diminue ; leur nombre augmente ; la ſurface dans le verre s'en couvre, & devient perlée de ces bulles plus petites qui demeurent long-temps ſans crever.

Lorſqu'on a du rum repaſſé, & de l'eſprit, on mélange alors ce qu'on en a, pour le mettre en barrique : on ſe ſert pour cela d'un grand cuvier qui en contienne pluſieurs ; on vide le rum, le premier, & enſuite l'eſprit (dont on a toujours ſoin de con-ſerver une dame-jeanne pour lui redonner de la force, ſi on le feſoit trop foible ;) on y introduit peu à peu de l'eau, en l'agitant fortement de temps en temps ; on en met juſqu'à ce qu'il ait acquis le dégré de force convenable.

Il vaut mieux le laiſſer un peu plus fort, que foible : rien ne déprécie plus le rum, que ce défaut ; de même que rien ne peut le faire valoir davantage, que d'être un peu plus fort qu'il ne devroit être, rigoureuſement, pour le commerce.

Méthode pour faire le rum pratiquée par les Anglais.

Le Gouvernement a fait diſtribuer un Mémoire ſur la méthode dont uſent les Anglais pour faire le rum : ce petit ouvrage con-tient d'excélents détails ; on ne peut mieux faire que de l'étudier, & de mettre en pratique ce qu'il enſeigne.

On voit que, pour recueillir les réſultats le plus avantageux d'une ſucrerie, il faut s'attacher à donner a ſes diverſes parties toute la perfection qu'elles comportent, & à joindre a la ſimplicité des machines tout ce qui peut épargner des bras & économiſer du temps.

On doit penſer qu'il ne faut pas, dans le travail de cette

manufacture, un plus grand nombre de négres pour faire foixante boucauds de fucre, en huit jours, que pour n'en faire que
vingt ou trente : cette différence dépendra de la maniere dont la
manufacture fera organifée.

On doit donc ne jamais perdre de vue cette confidération de
premiere importance, que, plus on emploie de temps à fabriquer
la denrée, moins il en refte pour les travaux du déhors, à moins
d'augmenter les agents, & conféquemment les dépenfes.

CHAPITRE VI.

De la culture du Cafeyer.

LA culture du cafeyer, très importante pour cette Colonie,
eft celle qui infpire le plus d'intérêt par la beauté & la régularité de
fes plantations : elle attache infiniment le cultivateur, en fatisfe-
fant fon goût, par la perfpective riante & le tableau gracieux
qu'elle préfente à l'œil, indépendamment de l'utilité de fes productions.

Comme on ne l'a point encore pratiquée en grand dans cette
Colonie, comme elle n'y a point été établie dans les terres-baffes,
on tachera de n'omettre, fur ce qui la concerne, aucun détail
tant foit peu intéreffant. On commencera par l'objet des pepinieres,   Des pepinieres.
qui fe préfente naturellement le premier à notre examen.

Il y a deux manieres de faire ces pepinieres ; de graines, ou   Deux manieres de
de plants très jeunes : on préferera l'une ou l'autre, felon les   les faire.
circonftances. Un terrein neuf, parce qu'il conferve plus de fraî-   Terrein propre.

cheur, qu'il contient une plus grande abondance de fels & peut fournir une végétation extrêmement vigoureufe, conviendra mieux que tout autre à cet objet.

Il faut obferver, néantmoins, qu'on doit avoir l'attention de ne pas y employer les terres nouvellement défrichées & defféchées (à moins que les bois m'ayent été abbatus plufieurs années à l'avance,) mais de préférer celles qui le font depuis un an ou dix-huit mois, fi l'on n'eft pas forcé au contraire. La raifon en eft que, dans ces premieres, le terreau n'y étant point encore affaiffé, le pivot des plantes s'allonge trop tôt, à proportion de fa force, les racines s'étendent trop en filaments; &, ce terreau n'ayant pas affez de confiftance, ayant d'ailleurs peu de liaifon, l'on auroit d'autant plus de difficulté à enlever les plans pour les planter, que les racines des arbres n'étant point encore pourries ou confumées, on ne fauroit alors enlever ces petits fujets avec la motte de terre qui tient à leurs racines, d'une maniere affez éxacte pour qu'ils n'en fouffrent point; procédé qui doit toute-fois être obfervé avec foin.

Les pepinieres en plein air, celles qui ne font point du tout ombragées, ni à l'abri du vent, donnent des plants plus robuftes & plus vigoureux, que celles qu'on fait fous d'épaiffes plantations de bannaniers; pourquoi beaucoup de perfonnes préferent de les faire ainfi. Cependant, comme il peut arriver que les chaleurs de l'été furprennent les plants des pepinieres de graines, lorfqu'il font encore faibles, & leur faffent du tort; comme de plus il feroit difficile d'en faire à l'autre maniere, de plants en plein air, il vaut mieux fuivre une méthode plus convenable, qui pourra servir dans les deux cas ; c'est-à-dire, les faire dans une banannerie, à l'endroit qu'on y croira le plus propre, & alors, avoir seulement l'attention de faire élaguer les bananniers, à mesure que les plants croissent & deviennent forts ; mais en observant soigneusement de faire exécuter ce procédé de maniere qu'il ne reste plus de bananniers, dès qu'ils peuvent se passer de leur ombrage.

La plus convenable pour tous les cas.

Pour faire les pepinieres de graines, il faut tendre des cordeaux, parallelement, à un pied ou quatorze pouces de distance, & mettre, à pareils intervalles entr'elles, les graines le long de ces cordeaux, en observant d'en mettre plusieurs à la fois, & sans les enterrer, mais les laissant sur la surface du sol ; seulement, de les couvrir avec du terreau pris ailleurs, & apporté dans des panniers des pieces les plus nouvellement deffrichées : on ne doit cependant les couvrir que très légerement, & seulement assez pour que les pluies, en affaissant ce terreau, ne les mettent pas à nud.

Pour les pepinieres de graines.

Lorsque les graines ont germé, & que les plants sont assez forts pour faire distinguer, dans chaque endroit planté, celui qui doit être le plus fort & le plus vigoureux, il faut arracher avec soin les autres, comme superflus, & ne laisser qu'un plant à chacun de ces endroits.

Il faut avoir une extrême attention (ceci est de la plus grande importance) de faire cueillir, pour former les pepinieres, les graines exprès sur les arbres les plus vigoureux, ceux qui ont la plus belle forme, en un mot, qui remplissent le mieux l'idée d'un bel arbre, qui en même temps rapportent le plus de fruits. On ne doit prendre que des graines bien mures, & les plus belles : l'on ne sauroit apporter trop de soin a cet objet.

Choix des graines.

O

Souvent, on fe contente de prendre pour cet emploi les premieres graines qui fe préfentent fous la main, de celles qu'on récolte, fans les choifir : on paye cher cette faute irréparable & vraîment inexcufable.

Les fuites en font d'autant plus funeftes, que les plantes participant naturellement aux bonnes & mauvaifes qualités de celles qui en ont fourni le germe, non-feulement cette négligence en fait introduire de moins préférables dans les pepinieres, relativement à la beauté & à la fécondité des arbres; mais un autre inconvénient qui en réfulte encore, c'eft qu'on multiplie alors, pour ainfi dire, quelques efpèces de cafeyers moins utiles, qu'on devroit chercher plutôt à exclure des plantations où il s'en trouve de mêlés.

Il y en a d'une efpèce, furtout, qui rend prefqu'inutile la place qu'il y occupe, vu qu'il ne produit que très peu de fruits, & qu'il ne vient jamais d'une auffi belle forme que les autres. On le reconnoît aifément à la différence de fes feuilles, qui font plus grandes & plates; fon bois eft plus caffant, fon écorce moins liffe & plus noirâtre; il s'y attache plus facilement de la mouffe; il pouffe plus abondamment des faux jets ou gourmands; il a toujours une plus grande quantité de fon petit bois qui meurt; ce qui le fait toujours paroître en mauvais état : toutes ces qualités vicieufes doivent le faire rejetter. Enfin, il faut bien s'attacher à n'avoir dans les pepinieres que des plants provenus des meilleurs arbres.

Les plants des pepinieres faites de graines ne peuvent gueres être tranfplantés qu'au bout de dix mois, ou un an. Il faut cependant obferver à cet égard que, plus on les tranfplantera jeunes,

mieux ils reprendront & plus ils réuffiront, plus on aura de facilité à les enlever des pepinieres. Ce font là, fans doute, des
avantages affez intéreffants; mais ils ne laiffent pas que d'être
contrebalancés par quelques légers inconvénients : ils exigent une
plus grande propreté, les herbes pouvant leur nuire plus ou moins,
à proportion de leur force; ils font plus expofés à être rongés
par les criquets; en un mot on peut avoir plus de recourage à
faire.

Les pepinieres qu'on fait avec des plants doivent être alignées
de la même maniere que les autres : lorfque, dans une
banannerie, on aura déterminé avec choix l'endroit où il convient
le mieux de les établir, qu'on y aura difpofé des cordeaux, on
fera chercher fous les caffeyers en rapport les petits plants que
les graines tombées lors de la récolte y auront produits; & l'on
doit avoir la même attention de ne les prendre que fous les plus
beaux & les meilleurs arbres.

Ces plants doivent être pris fort jeunes : il feroit très défa-
vantageux d'en employer qui fuffent déja grands, ou d'une certaine
force; parce que, à la Guiane plus peut-être que partout ailleurs,
tous les arbres quelconques perdent par la tranfplantation, ou font
confidérablement retardés ; &, dans ce cas, le cafeyer en fubi-
roit deux, au lieu d'une : mais, en les prenant fort jeunes, leur
pivot & leurs racines font fi peu développés, qu'ils font pour ainfi-
dire infenfibles à cette opération ; pourvu qu'on les enléve très
foigneufement avec de la terre ; ce qu'on ne doit jamais négliger.

Ces jeunes plants, germés & levés fous les cafeyers dont les
branches touchent à terre, par conféquent à l'ombre, & dans un

endroit privé d'air, font très délicats, & périroient infailliblement, si on les plantoit par un temps fec : il faut donc abfolument n'entreprendre ces pepinieres, ainfi que celles de graines, que dans un temps brumeux, décidé & tourné à la pluie. Il faut avoir la même conduite pour celles-ci, que pour les autres, c'eft-à-dire, leur procurer dans les premiers temps beaucoup d'ombrage, qu'on diminuefa enfuite peu à peu.

Ces plants pourront être tranfplantés au bout de 6 ou 7 mois, à compter du temps où la pepiniere aura été faite ; &, au moyen de tous les foins qu'on vient d'indiquer, on peut être affuré d'avoir d'excellents plants.

Quantité des pepinieres.

Lorfqu'on fe propofe d'étendre des plantations de cafeyers, il ne faut pas borner les pepinieres à la quantité dont on prévoit avoir befoin : il faut en être furabondamment pourvu, & toujours fort au-de-là du néceffaire apparent. Il vaut bien mieux perdre beaucoup de plants, ou en donner à fés voifins, que d'en manquer dans une feule occafion.

En faire fouvent de nouvelles.

On doit encore avoir l'attention d'en faire fouvent, tous les fix mois, de nouvelles, afin d'avoir toujours des plants de tous les âges, & de la grandeur la plus convenable & la plus propre, lorfqu'on eft dans le cas d'en faire ufage.

Plantation des plants

Préparation du terrein.

Le premier travail qui fe préfente à faire, pour la plantation des plants, lefquels font fuppofés avoir la force & l'âge requis, c'eft la preparation du terrein : avant de faire les petites tranches d'une piece qu'on deftine à faire une cafeyerie, il ne faut pas omettre de déterminer définitivement la diftance qu'on fe propofe de mettre entre les arbres ; préliminaire indifpenfable pour la diftribution de ces petites tranches, & la largeur des planches, qui doivent également être relatives a cet espacement.

La durée & la vigueur des cafeyers pouvant beaucoup dépendre de la maniere dont on les aura plantés, on est obligé de s'arrêter ici sur les détails qui peuvent éclairer, par des principes certains, sur l'adoption d'une méthode la meilleure pour la conservation de ces arbres, par conséquent la plus avantageuse aux intérêts du cultivateur; &, afin de faire mieux sentir les raisons de préférence pour celle qu'on va présenter, on examinera auparavant les fautes qu'on a commises jusqu'ici dans les plantations de cafeyers, les vices qui en sont résultés, & les suites facheuses qu'ils ont produites. *Choix d'une méthode de plantation.*

A Surinam, on plante généralement les cafeyers quarrément, à distance égale en tout sens, sans égard pour les petites tranches, & abstraction faite de la place qu'elles occupent; c'est-à-dire, qu'elles se trouvent placées au milieu de deux rangs de cafeyers, tout comme si elles avoient été faites postérieurement à la plantation, qui eût été tracée elle-même comme s'il n'eût point dû y avoir de tranches : dans cette distribution, ils ont seulement l'attention de donner aux planches la largeur qu'exigent trois, quelquefois quatre, rangs d'arbres. *Pratique usitée à Surinam.*

Il donnent 9 pieds de distance d'un arbre à l'autre, ce qui fait environ 8 pieds 7 pouces de notre mesure : quelques personnes en on fait planter à 9 pieds, sur un alignement, & 10 sur l'autre; mais cette maniere, visiblement irréguliere, sans être fondée sur aucun principe judicieusement raisonné, n'a pas été adoptée. *Distance qu'on y observe.*

La pratique qu'on vient de voir, quoi qu'aussi ancienne que généralement suivie, n'en est pas moins vicieuse, au point d'avoir des suites funestes pour les plantations. Les arbres étant espacés de 9 pieds, les rangs entre lesquels il se trouve une petite tranche en sont alors placés trop près : cette petite tranche, qui ne sauroit avoir moins de 2 pieds d'abord, s'aggrandit successivement avec le temps, quelque précaution qu'on puisse y opposer, jusqu'à la largeur de 4 pieds. Lorsque la plantation sera nouvelle, les arbres n'en seront éloignés que de 3 pieds 6 pouces &, lorsqu'elle aura atteint le période de son acroissement, ils n'en seront plus qu'à la distance de 2 pieds 6 pouces. Or cette distance est insuffisante pour le soutien des arbres, de ce côté, & pour l'extension de leurs racines.

De cette pratique, aussi irréflechie que les suites en sont facheuses, il résulte encore cet inconvénient, que lors de la récolte, les négres se trouvent forcés, pour cueillir le caffé de cette partie, de se placer dans les tranches, qu'ils gâtent de plus en plus avec les pieds : de plus, étant placés trop bas, ils endommagent l'arbre, en le tirant à eux, & contribuent ainsi d'autant à le faire pencher du côté même où il est privé de tout soutien : il en advient de même, lors des sarclages, que l'arbre est mal soigné, du côté des petites tranches.

Tous ces inconvénients font peu de chose encore, en comparaison de la perte de tous les arbres plantés le long des petites tranches, qu'entraîne naturellement cet usage : ces arbres ont à peine aquis toute leur vigueur, qu'ils commencent à péricliter, à rapporter moins de fruits, qu'ils languissent, & finissent par périr, dans un âge où ils auroient dû fe conferver dans une grande vigueur. Ces faits font journellement fous les yeux de tout le monde ; mais on fe borne à des regrets, fans s'occuper des moyens convenables d'y remédier.

Pour prévenir la ruine totale des cafeyers le long des petites tranches, il eft d'une pratique affez fréquente encore, que, lorfqu'on les voit péricliter, on fait de nouvelles petites tranches au milieu des planches, entre d'autres rangs d'arbres, &, de la terre qui en provient, on comble les anciennes : on croit par-là revivifier & pénétrer d'une nouvelle vigueur des arbres affaiblis, & ruinés en partie ; mais cette opération vicieufe produit un effet tout contraire : d'abord, les terres de ces nouvelles tranches ne fuffifent pas au comblement des anciennes ; & fi l'on veut le parfaire comme il devroit l'être, on eft obligé de prendre fur la furface des planches, conféquemment de les niveler de nouveau, ce qui ne fe peut faire qu'à grands fraix, & qu'en nuifant aux racines & au chevelu des arbres qui, avant ce travail, fe trouvoient au milieu des planches qu'on vient de trancher, & qui fe trouvant au bord de ces nouvelles tranches périclitent inceffamment à leur tour. Enfin, cette opération ne ranime point les arbres ruinés, & caufe la perte de ceux qui fans cela auroient duré encore fort long-temps ; il n'en réfulte qu'une feconde faute, qui perd la plantation entiere : un pareil défaftre fait fuffifamment fentir, à fon feul aperçu, combien on doit chercher à le prévenir.

La nouvelle méthode qu'on va indiquer ici, qu'on a confeillée ailleurs, il y a long-temps, fera un moyen affuré, quoique fimple, pour éviter ce vice, & parer à la fois à tous les inconvéniens :

Remedes qu'on effaie alors, mais défectueux.

Méthode qu'on propofe.

elle confifte à placer les rangs de cafeyers à une plus grande diftance des petites tranches.

Diftance des rangs d'arbres aux petites tranches.

D'après tout ce qu'on a obfervé à cet égard, & fur la culture du cafeyer en général, la diftance qu'on juge la plus convenable de chaque petite tranche aux premiers rangs d'arbres qui la bordent, eft 5 pieds & demi., qui font environ 5 pieds 9 pouces de Surinam : alors, la tranche ayant deux pieds de largeur, ces rangs fe trouvent à 13 pieds l'un de l'autre, (13 pieds 9 pouces & demi de l'autre mefure,) &, attendu la facilité que donne à la circulation de l'air cette étendue de diftance entre ces deux

Des autres rangs entr'eux.

rangs de cafeyers, on pourra planter les autres rangs de ces arbres, fur les planches, à 8 pieds & demi, (q) en tous fens, ce qui fait 8 pieds 11 pouces, mefure de Surinam. Cette diftance qu'on y donne à ces arbres, & qu'on a toujours jugé fuffifante, fe trouve généralement augmentée, en fuivant la nouvelle méthode, de tout cet excédent de largeur qu'ont de l'un à l'autre les rangs qui font le long des tranches.

Avantage de cette méthode.

Les arbres étant, comme on l'a dit, à 5 pieds & demi des petites tranches, lorfqu'elles fe feront accrues jufqu'à 4 pieds de largeur, ces arbres en feront encore éloignés de 4 pieds & demi, diftance qui excéde la moitié de celle que les cafeyers partagent entr'eux au milieu des planches, & qui fera

---

(q) Quoique cet efpacement ne foit que de bien peu moindre que celui donné ordinairement aux cafeyers à Surinam, quelques perfonnes ici le trouveront infuffifant : pour prévenir leur objection, on fe bornera à leur dire qu'en attendant qu'elles ayent aquis fur cela affez d'expérience, elles peuvent s'en raporter avec confiance a celle des autres, pour la culture des terres-baffes.

fuffifante pour que l'on puiffe, dans tous les temps, l'orfqu'ils auront acquis leur grandeur, pratiquer l'alentour de l'arbre à fon aife, fans entrer dans la tranche, ni en être gêné.

Mais ce qui eft furtout de plus inportant dans cette méthode, c'eft que le voifinage de ces tranches ne pourra jamais nuire aux cafeyers, qui, dans ces rangs là, feront alors auffi beaux, dureront, & raporteront autant de fruits, que dans le milieu des planches. D'où il réfulte que cette méthode, toute fimple qu'elle puiffe paroître, mérite d'être adoptée comme la meilleure, & la plus avantageufe pour la diftribution du terrein, eu égard à la confervation & à la production des arbres.

Il faut ajouter a ces détails, que, pour fe conformer aux vrais principes fur la perfection des écoulements, on ne doit mettre que trois rangs de cafeyers fur une planche. Un plus grand nombre les rendroit trop larges ; & elles feroient trop étroites, fi l'on n'en mettoit que deux : c'eft donc fur trois rangs d'arbres que feront établis les calculs que l'on trouvera ci après, fur cet objet.

Nombre des rangs de cafeyers par planches.

Les cafeyers plantés de cette maniere occupent fur une planche deux efpacements de 8 pieds & demi chacun, & deux demi-efpacements, chacun de 5 pieds & demi, ce qui fait 28 pieds, pour la largeur totale de la planche : chaque tranche d'ailleurs ayant deux pieds de large à ajouter a ces 28, ce qui fait 30, la face d'un carré, comptée à 300 pieds, contiendra ainfi dix planches.

Un carré contiendra donc 1050 pieds de cafeyer, au lieu de 1225, qu'il auroit contenu fuivant la méthode de Surinam : leur acre contient 511 cafeyers ; elle en contiendroit 462 par cette méthode. Ainfi, en l'adoptant pour s'affurer de la longue durée

Nombre de cafeyers par carré.

des arbres, & conféquemment de la permanence des produits, la diminution de nombre contenue alors en chaque carré ne feroit affurément par un grand facrifice : il n'y en auroit même aucun pour le revenu du propriétaire , qui y gagneroit au contraire la valeur des avantages qu'on vient d'expofer.

Obfervation. Il faut obferver qu'il arrive auffi, en fuivant ces principes, que les alignements obliques font rompus néceffairement, à chaque planche; mais les autres exiftent toujours.

Des alignements en
quinquonces. On voit quelquefois des perfonnes, auxquelles les alignements ne font pas familiers , croire qu'il entroit plus d'arbres dans les plantations en quinquonces ; c'eft une erreur, dont il faut les défabufer : dans un efpace donné , les efpacements étant déterminés, de quelque maniere qu'on puiffe difpofer les alignements, il n'y a point de terrein à gagner. Mais on obfervera que ceux en quinquonces doivent abfolument être exclus pour les plantations de cafeyers, parce qu'ils contrarient la circulation de l'air; & ils ne peuvent être utiles que pour les plantations où l'on cherche à diminuer fon effet.

Pratique particuliere D'après les principes ci-deffus , la largeur des planches étant invariablement déterminée à 28 pieds, & celles des petites tranches, à 2 : on peut quelquefois, lorfqu'on eft à trancher une piece qui ne doit être plantée en cafeyers qu'un an ou 18 mois après, fe difpenfer de faire d'abord toutes les petites tranches, en mettant deux planches en une, qui aura alors 58 pieds de large , parce qu'elle contiendra au milieu un excédent de deux pieds, pour la petite tranche qui doit être faite enfuite. Mais cela ne peut être pratiqué que lorfqu'un établiffement, déja perfectionné dans fes écoulements, n'a rien a craindre pour l'engorgement des eaux dans les fortes pluies; autrement, il faut renoncer à cet avantage, qui confifte en ce qu'on feroit plus facilement le refte de ces petites tranches, après que les plàntations des bananniers auroient confumé les bois & les troncs d'arbres dont le fol eft couvert.

En fuppofant ici qu'une piece eft totalement tranchée d'abord, lorfque ce travail eft fini, que les planches font nivelées autant que poffible, les bois qui n'auront pû être brûlés, un peu rangés; il faudra le couvrir aü plutôt de bananniers.

Procédés relatifs à la plantation.

Plantation de bananniers.

Cette plantation doit être faite auffi conféquemment à celle des cafeyers, dont elle n'eft en quelque forte qu'une préparation ; c'eft-à-dire, de maniere qu'elle ne puiffe leur nuire, ni gêner en rien les alignements, lefquels doivent fe trouver, dans le temps qu'on youdra les faire, à diftance égale partout des bananniers.

Pour éviter aux perfonnes qui ne font pas dans l'habitude de faire des alignements la peine de les calculer, on donnera ici une maniere méthodiquement pratique pour le cas dont il s'agit.

On fuppofe que les planches font fimples, de 28 pieds, & non doubles : en commençant par une planche qui forme l'extrémité de la piece, on y allignera d'un bout à l'autre, à 4 pieds de diftance du bord de la planche, des jalons pofés de loin en loin, comme à 80 pieds les uns des autres; puis l'on en fera autant fur l'autre bord.

Méthode à cet effet.

Après cette premiere opération, on fera tendre un cordeau par les premiers jalons plantés ; &, du bout de la planche, à la diftance de 9 pieds 9 pouces, on mettra un piquet contre le cordeau : enfuite de ce premier, on en mettra un autre à 17 pieds; & l'on continuera de même, de 17 en 17 pieds, à mettre des piquets, jufqu'à ce qu'on foit parvenu à l'autre extrémité de la planche; après quoi, on reviendra là d'où l'on étoit parti.

On mettra alors le cordeau fur l'autre alignement de jalons, à l'autre bord de cette planche, du bout de laquelle on mefurera 18 pieds, pour mettre le premier piquet, & non 9 pieds 9 pouces, comme on a fait à l'autre bord de la planche : enfuite, de ce premier piquet, pofé à 18 pieds, on continuera d'en mettre, de 17 en 17 pieds, jufqu'à l'autre extrémité de la planche.

On reviendra toujours au point d'où l'on étoit parti, pour recommencer chaque fois la même opération : c'eft-à-dire, qu'au premier rang de jalons, le premier piquet fera mis à 9 pieds 9 pouces du bout de la planche; &, au fecond, fur l'autre bord, à 18 pieds. On répétera cette opération jufqu'à ce que la piece foit totalement alignée.

Les perfonnes habituées aux calculs, ou a qui ces fortes d'opérations font familieres, trouveront, fans qu'on les indique ici, des méthodes de les fimplifier. Celle qu'on vient de propofer, pour aider ceux qui n'en ont pas encore acquis l'expérience, peut être aifément faifie, &, fi on la fuit avec précifion & exactitude, non-feulement tous les alignements des bananniers fe trouveront hors de ceux des cafeyers, & ne pourront leur nuire, ni caufer aucun embaras; mais encore ces bananniers fe trouveront alignés régulierement, en forme de quinquonce : diftribution qu'on fait ici à deffein, pour qu'elle contribue à rompre l'effet des vents trop violents; ce qui n'empêche pas que les cafeyers, qui feront plantés par la fuite dans les intervalles, ne foient alignés quarrément, felon les côtés de la piece, comme ils doivent l'être.

Il en réfultera auffi que les cafeyers feront parfaitement ombragés au point convenable; & que lès petites tranches le feront d'avantage, afin de mieux couvrir cette partie, où les cafeyers fe trouvent plus efpacés, pour empêcher les herbes d'y croître auffi promptement, & éviter la multiplicité des farclages.

Pour pourfuivre l'examen de ces travaux dans l'ordre où ils doivent être faits, on va paffer a la plantation des cafeyers, qu'on fuppofe fe faire 18 mois après les défrichements & deffféchements de la piece.

Avant de faire cette plantation, on commence par examiner l'état des foffés, & des petites tranches, qui ont toujours befoin alors de quelque réparation, tant pour leur donner de la profondeur, les reçaler, que pour quelques autres travaux de cette efpèce.

Cela fait, on élaguera un peu les touffes des bananniers, on les dépouillera de leurs feuilles féches, & on ôtera a chaque tige deux ou trois de celles qui font encore vertes, mais qui ne tarderoient pas à fécher & à tomber; &, fefant bien farcler la piece, on nivellera de nouveau les planches, avec la plus grande attention. On doit les faire un peu plombées, & en arranger la furface de maniere qu'elle foit parfaitement unie, & qu'il n'y demeure aucuns bois pourris, ni autre que ce foit, dont elle doit abfolument être néttoyée.

On doit choifir pour faire ces travaux le temps propice à ces plantations, lefquelles doivent être faites dès que la piece eft ainfi préparée : ce point eft effentiel; & l'on doit ne jamais s'en écarter.

Les faifons les plus propres a la plantation des cafeyers font celle qu'on appelle l'été de Mars, après laquelle il faut exclure une partie d'Avril, & tout le mois de Mai, à caufe des trop fortes pluies : on peut planter en tout Juin, & jufqu'au 15 de Juillet, & non au de-là de cette époque, à caufe de l'approche de la fechereffe. Enfin, le mois de Novembre peut encore y être employé; mais non celui de Décembre, de peur d'expofer les cafeyers nouvellement plantés, avant qu'ils foient bien repris, aux vents de nord qui régnent en Janvier & Fevrier, lefquels font fi nuifibles à la végétation, & aux progrès de toutes les plantes.

Lorfque la piece fera parfaitement préparée, de la maniere qu'il a été dit; que les alignements feront faits & tracés, d'après les principes qu'on a établis; à chaque endroit où il doit être planté un cafeyer, on mettra un piquet; enfuite, on commencera la plantation; choififfant pour cela un moment où le temps fe met au beau; ce qui eft bien néceffaire, pour éviter de faire un travail défectueux.

On doit chofir les négres les plus intelligents, pour planter les plants, & de même, pour les enlever de la pepiniere : ceux-ci doivent les cerner tout à l'entour, après quoi ils enfoncent la pelle obliquement par deffous, fans toucher au pivot ni aux racines, & ils les enlévent avec la motte de terre qui tient au pied; cette motte doit refter entiere, fans être fendue ni endommagée : le négre la prend adroitement, & la couche fur une planche qu'une négreffe lui préfente, ronde comme un fond de barrique, & faite d'un arcaba de Moutouchy, bois très léger; on dôle cette planche, avec l'attention de lui donner de la courbure, pour la rendre un peu creufe ; elle doit avoir 20 à 24 pouces de diamettre.

Chaque négre travaillant doit être pourvu d'un pareil inftrument, qui fert encore à bien d'autre ufages, furtout au tranfport des terres.

Les plants doivent donc être tranfportés ainfi de la pepiniere à la piece, & non dans des panniers, qui pourroient occafionner par leur forme quelqu'accident à la motte du pied, foit en les y dépofant, foit en les en retirant. Les négres planteurs font diftribués fur les planches, un à chaque rang de cafeyer.

Avant d'aller plus loin, il eft important d'examiner la profondeur que doivent avoir les trous, où à laquelle il convient de mettre les plants en terre : or ce point dépend du plus ou moins d'épaiffeur de la couche de terreau, & du temps écoulé depuis l'époque du defféchement & du défriché jufqu'à celui de la plantation.

Profondeur des trous.

On fe rapellera qu'une couche de terreau de 16 pouces fe trouve réduite, au bout de 18 mois ou deux ans de culture, à 6 ou 7 pouces : ayant fuppofé qu'on fait cette plantation 18 mois après les défrichés, on penfe qu'alors elle s'affaiffera encore d'environ 2 pouces : or il faut obferver que le deffus de la motte de terre apportée avec le plant, & qui y tient, doit être au niveau de la hauteur qu'aura le fol après fon affaiffement : il faudra conféquemment l'enterrer de 2 pouces au moins, mais non au de-là de 3.

Obfervation à cet égard.

La nature, en formant les plantes, à déterminé en elles le point qui doit diftinguer la partie deftinée à croître en terre, de celle qui l'eſt à s'élever au deſſus de ſa ſurface : or, nous ne devons jamais contrarier la nature ; & pour le cafeyer, l'expérience eſt conforme à ces obſervations.

On doit donc toujours avoir cette attention, qu'à quelque intervalle qu'on faſſe d'ailleurs ces plantations de l'époque du deſſéchement, on établira toujours la poſition de la ſurface de la motte de chaque plant, comme on vient de le dire, à la hauteur qu'on juge qu'aura le ſol après ſon affaiſſement entier. Il faut encore obſerver de plus, que quelquépaiſſeur qu'ait la couche de terreau, une partie des racines du plant doivent toujours être miſes dans la vaſe.

Le négre planteur jette un coup d'œil ſur le plant garni de ſa motte, avant de fouiller ſon trou, afin de le faire d'une grandeur convenable, obſervant de le tracer auſſi rond qu'il peut autour du piquet, & d'en mettre les terres tout contre le bord, & à l'entour, excepté à l'endroit où il met le pied : enſuite, ayant mis un genou en terre, pour être dans une attitude moins gênée, on lui préſente le plant, qu'il dépoſe adroitement à la profondeur demandée ; puis le tenant de la main gauche, il le garnit de terre, par couches ſucceſſives, qu'il affermit à meſure, juſqu'à ce que le plant ſoit aſſujetti : il continue ainſi, en foulant la terre avec le pied, de maniere à ne point endommager la motte ; & lorſqu'il eſt arrivé à ſon niveau, il finit d'emplir le trou, en foulant la terre avec encore plus d'attention.

Pour qu'un cafeyer ſoit bien planté, il faut obſerver :

1°. Que les négres, en ayant le ſoin de les laiſſer ſe repoſer lorſqu'ils ſeront fatigués, faſſent ce travail avec beaucoup de célérité, afin d'éviter le ſuintement des eaux, qui occaſionneroit une boue dans le trou, capable d'empêcher de bien fouler les terres; précaution qui exige affez d'attention pour que le plant, lors des pluies, ne fe trouve pas dans l'humidité, même dans un efpèce de puits : en général, on remarque que, plus on met de foin à fouler & affermir les terres, mieux les cafeyers reprennent : mais pour cela, il faut que le négre planteur n'attende jamais le plant, & qu'il l'ait toujours près de lui, avant qu'il commence à fouiller le trou.

2°. Que fi le pivot du plant dépaffoit la motte, ce qu'on doit toujours tacher d'éviter, on fe garde bien de le courber, mais qu'on lui faffe un trou, avec un bois rond, pour le pofer perpendiculairement de toute fa longueur.

3°. Que la motte ne foit point endommagée, ni les racines altérées, par le foulis de la terre; & que celle qui termine le rempliffage du trou, ne foit ni plus élevée, ni plus baffe, que la furface du fol ou des planches.

4°. Que lorfqu'une couche exceffive de terreau, ou quelqu'autre accident, oblige de planter les cafeyers à une plus grande profondeur, on ne fe ferve que de plants dont la hauteur y foit proportionnée; & que, dans aucun cas, on n'enterre les premieres & plus baffes branches, parce qu'elles ne fe remplacent jamais, & qu'alors, ils ne peuvent plus devenir de beaux arbres.

Tout cela fait voir combien il eft avantageux de ne planter les cafeyers, qu'après que le terreau eft affaiffé, & non dans de nouveaux défrichés, dont les bois n'auroient pas été abattus à l'avance; combien, furtout, les couches exceffives de terreau font défavorables, puifqu'après avoir fait produire beaucoup de chevelu

Q

aux arbres, il eſt enſuite découvert & laiſſé à nud, par l'affaiſſement ; & il en réſulte d'ailleurs, pour les plantes , d'autres
inconvénients non moins facheux.

Toutes ces conſidérations feront ſentir auſſi, de plus en plus,
combien les abattis faits à l'avance, ainſi qu'on l'a indiqué , ſont
préférables à toute autre maniere de défricher les terres-baſſes :
on ne ſauroit trop répéter cette vérité.

Soin à la fin de la plantation.

Dès qu'une plantation de cafeyers eſt ainſi finie , on doit ramaſſer avec ſoin tous les piquets & jâlons qui ont ſervi aux alignements , parce qu'ils engendrent ou attirent les poux de bois, &
une multitude d'autres inſectes, tous auſſi nuiſibles que dégoutants.

Une piece plantée avec le ſoin qu'on vient de preſcrire,
réuſſira completement ; & il n'y aura que très peu de plants à
remplacer, faute d'avoir repris.

Des criquets.

Quelquefois on ne voit aucuns criquets dans les nouvelles
plantations ; quelquefois auſſi ils y font beaucoup de ravage, &
alors , toujours à proportion que les plants ſont plus jeunes &
plus petits.

Il eſt eſſentiel de ne point perdre de vue les cafeyers nouvellement plantés , principalement juſqu'à ce qu'ils ayent acquis
une certaine force qui les mette hors de danger d'être coupés,
ou de recevoir des accidents de cette eſpèce.

Du recourage.

Il ne faut pas négliger de les recourir , & de les remplacer à
meſure, ſans jamais renvoyer cet ouvrage, ſous prétexte de le
pratiquer ſur un plus grand nombre à la fois.

Les plants dont on ſe ſert alors doivent être choiſis avec
grand ſoin, & parmi ceux qui ſont de plus en plus forts, grands,
& vigoureux, à proportion du temps qu'il y a que la piece eſt

plantée : les plants qu'on recourt, ou qu'on replante pour remplacer ceux qui ont péri, fix ou huit mois après la plantation faite, n'atteignent plus les autres, du moins que bien rarement, qu'après qu'ils ont été étêtés, ou qu'on leur a coupé le jet, pour les arrêter.

Les nouvelles plantations de cafeyers exigent beaucoup de propreté : les herbes, les halliers, leur nuifent infiniment ; & l'on ne fauroit, dans ces commencements, y donner trop d'attention.

Ceux qui peuvent étendre ces foins, de maniere qu'aucun détail ne leur échappe, feroient encore mieux s'il étoit poffible, dès le moment du defféffement & du défriché, de ne fouffrir l'introduction d'aucune herbe, de quelqu'efpèce que ce foit, dans la piece.

Ordinairement les nouveaux abattis n'on point d'herbe, ni même, le plus fouvent, de germes pour en produire ; mais, comme les vents & les oifeaux ne tardent pas à en apporter plus ou moins abondamment, & à proportion de la plus ou moins grande propreté qu'on entretient d'habitude dans le refte de l'habitation ; il faut des foins affidus pour enlever & farcler à la main, & non à la houe dans ce cas, les herbes à mefure qu'on y en aperçoit ; & l'on doit avoir gande attention à les tranfporter dans des panniers au loin, & les jetter dans des lieux ifolés, ou les enterrer profondément.

Si l'on fuit bien cette méthode pour le farclage, elle donne un grand avantage aux plantes, qui font pour lors toujours dans le même état de propreté, & jouiffent de la même quantité d'air. Elle n'exige pas un plus grand nombre d'efclaves ; au contraire,

q 2

il en faudroit moins peut-être : mais c'eſt le ſoin extrême de la pourſuivre ſans ceſſe de l'œil, de parcourir journellement toutes les pieces ſoi même, pour voir ſi aucun brin d'herbe n'a échapé à leur attention, qui eſt difficile & pénible à exécuter : il eſt vrai que ceux dont l'activité & la patience leur feront ſurmonter ces difficultés, en feront amplement dédommagés par les progrès de leur culture.

Mêmes ſoins aux bananniers. Il faut auſſi donner les mêmes ſoins & la même attention à l'entretien des bananniers : il faut en faire arracher fréquemment les feuilles mortes, qui ſans cela encombreroient ou embaraſſeroient tellement la touffe, qu'elles nuiroient à la circulation de l'air; &, lors des pluies, l'acreté qu'elles donnent à l'eau dont elles ſe chargent, étant chaſſée par le vent ſur les cafeyers, en corrode les feuilles, & leur nuit, en leur feſant perdre en partie la propriété d'aſpirer l'air, & d'en recevoir autant de nouriture & de nutrition.

Quand les détruire. Dix-huit mois après que les cafeyers auront été plantés, vers la fin de la ſeconde année, on commencera à élaguer les bananniers, mais légérement d'abord, & peu à peu progreſſivement, & de maniere à les expoſer de plus en plus à l'air : l'année ſuivante, qui ſera la troiſieme de la plantation, on les élaguera davantage; de maniere qu'à la fin de cette même année, il n'en reſte plus que 2 ou 3 tiges par touffe; & dans les 6 premiers mois de la quatrieme, on les détruira entierement, vu que les plants aſſez forts alors pour réſiſter aux vents, peuvent abſolument ſe paſſer d'être abrités; &, parvenus à une belle forme que rien ne peut plus détruire, tant qu'il leur reſtera de la vigueur, ils n'ont plus beſoin que d'un entretien relatif à la propreté.

La deſtruction totale de ces bananniers eſt ordinairement aſſez coûteuſe & ennuyante : on fouille les ſouches ; mais il échape à l'attention la plus active une quantité de germes qui renaiſſent & repouſſent ſans ceſſe, avec une nouvelle force, dans ces terres ; & on eſt contraint de recommencer une infinité de fois la même opération.

Il y a une méthode moins embarraſſante, qui coûte moins, & qui les détruit plus promptement : on conſeille de l'embraſſer : c'eſt de les ſabrer ou couper près de terre dans les temps où la ſaiſon eſt la plus pluvieuſe, & enſuite deſtiner quelques négres à les ſabrer de nouveau tous les huit jours, lorſqu'ils ont repouſſé : l'eau qui coule par les tiges coupées, qui font office de tuyaux, joint aux ſeçouſſes qu'une végétation interceptée occaſionne, les fait périr abſolument avec les germes.

Les cafeyers plantés en plein air, ſans bananniers, reuſſiroient également ; mais avec un peu plus de difficulté dans les commencements de la plantation : ils deviendroient plus robuſtes, & peut-être en vaudroient-ils mieux : mais tant d'inconvénients pernicieux pour les plants ſont attachés à cette méthode, qu'on doit abſolument l'exclure.

Les vents les frappant toujours à peu près du même côté les pouſſent preſque continuellement dans la même direction ; les branches ne pouvant s'étendre dans celle qui leur eſt naturelle, ſont forcées de former en croiſſant une eſpèce de cercle, de ſe courber & ſe replier ainſi ſur elles-mêmes ; ce qui rend le bois moins élaſtique, gêne la circulation des ſucs, & occaſionne dans ces branches une eſpèce de confuſion qui rend tout ce côté de l'arbre

Leur Deſtruction.

Cafeyers plantés en plein air.

Inconvénients.

trop touffu ; tandis que, de l'autre, les branches n'étant point contrariées s'étendent beaucoup plus, & y augmentent la ponderance de l'arbre.

Le corps ou la tige éprouve le même effet : pouffée continuellement du même côté, elle ne peut croître & s'alonger, qu'en décrivant une efpèce de courbe ; ce qui augmente encore le poids de l'arbre, du côté où il en a déja le plus, & facilite aux vents violents l'action de les faire pencher, même de les déraciner s'ils ont été plantés dans une couche exceffive de terreau.

Des cafeyers ainfi maltraités, de robuftes qu'ils euffent du être, n'ont plus qu'une conftitution mal organifée, laquelle influe tout-à fait fur les productions. On peut s'en convaincre tous les jours, par l'infpection de ceux qui n'ont pas été affez ombragés, & qui ont été plantés dans une couche exceffive de terreau : on les voit, à caufe de cette foibleffe de réfiftance, tout penchés par l'effet des vents.

Les plantations de bananniers, pour ombrager les cafeyers, font donc indifpenfables, non-feulement pour rompre & divifer l'effort des vents, en diminuer l'effet en rendant leur impulfion moins foutenue, moins fucceffive, & moins directe, ce qui donnera a l'arbre l'état de tranquillité qui lui eft néceffaire pour qu'il prenne la plus belle forme, en s'étendant fur tous les fens, égalemeut, & fans contrariété ; mais encore pour empêcher les herbes de croître auffi abondamment & auffi rapidement dans les pieces.

Secours de tuteurs impraticable.

Ceux qui croiroient remédier, par le fecours des tuteurs, a une partie des inconvénients qu'on vient de détailler, fe tromperoient: dans ce climat humide, ces appuis feroient très promptement pourris près de terre : en les remplaçant fréquemment, ce qui d'ailleurs entraîne des fraix affez confidérable, on préjudicieroit aux racines des arbres ; ils occafionneroient des poux de bois, chofe plus nuifible encore ; & ils n'empêcheroient ni les branches de fe replier, ni les tiges de prendre une courbure.

Il faut donc s'en tenir aux plantations de bannaniers, comme à une pratique néceffaire d'abord, & qui en prévenant tous les inconvénients, offre en outre une reffource précieufe pour les vivres.

Le cafeyer planté en bonnes terres-baffes devient un arbre très vivace, fort, & vigoureux : il y prend la plus belle forme, mais qui ne fe détermine totalement qu'après qu'on a arrêté la tige en le coupant ; une forme conique, qui flatte d'autant plus agréablement la vue, que les premieres branches étant près de terre, & penchées par leur propre poids vers la furface, femblent faire porter fur le fol ce cône de verdure.

Belle forme du cafeyer.

Si on laiffoit croître le cafeyer à fa hauteur naturelle, il parviendroit à peu près, à 10 ou 12 pieds ; mais il n'aquérroit point cette belle forme ; &, plus allongé, il feroit moins touffu.

Sa hauteur naturelle.

On eft obligé de lui impofer une hauteur factice, pour faciliter la récolte des fruits fans fe fervir d'échelle : on a égard pour cela a la ftature des efclaves de petite taille, afin que tont l'attelier puiffe également y atteindre : la hauteur qui convient le mieux eft celle de 5 pieds 9 pouces.

Factice, mais néceffaire.

Pour que les cafeyers ne s'élévent pas au de-là de cette mefure, & reftent tous à la même hauteur, il faut obferver :

Pratique pour les y fixer.

1°. De couper la tige à 5 pieds 2 pouces de terre.

2°. De ne faire cette opération, que lorfque la tige a atteint

128

à cet endroit à peu près fa confiftance ; & non lorfqu'elle y eft tendre & molle encore, telle que celle des jeunes pouffes ; ce qu'on connoît aifément à l'infpection de l'écorce.

Si l'on exécute ce qu'on vient d'indiquer, les arbres s'éléveront encore, en prenant du corps, d'environ 6 à 7 pouces, mais non davantage, & refteront tous à la même hauteur ; au lieu que, fi l'on coupoit la tige, avant qu'elle fût affez formée & qu'elle eût la confiftance convenable, les arbres s'éléveroient davantage, après cette opération, & inégalement ; ce qui feroit un défaut auffi nuifible que défagréable.

Une autre maniere de les étêter, fuivie par beaucoup de perfonnes, c'eft de couper la tige à 4 pieds de terre, lorfqu'elle a acquis 4 pieds & quelques pouces : d'après cette pratique, les arbres font moins égaux lorfqu'ils font parvenus à toute leur hauteur ; quant au refte, les réfultats font à peu près les mêmes.

Méthode de cette opération.

Pour faire cette opération avec exactitude, il ne s'agit que de prendre un bâton de 5 pieds 2 pouces dans le premier cas, & 4 pieds dans le fecond, de longueur, qu'on pofe entre les branches, & contre la tige de l'arbre, & de la couper d'un coup, là où l'extrémité de ce bâton l'atteint.

Ordinairement on fe contente de la couper d'un coup de fabre, ou de la rompre avec la main : la premiere de ces manieres entraîne le rifque de faire fendre la tige, & la feconde la rend fufceptible, & difpofée à fe vicier. Elles m'ont toujours paru l'une & l'autre répugner a la pratique d'un cultivateur attentif, & tenir à une efpèce d'infouciance dont un habitant ne doit jamais être capable.

Il femble donc qu'on doit préférer de fe fervir de grandes forces, fur le modele de celles qui fervent aux jardiniers, avec lefquelles on couperoit cette tige obliquement en bec de flûte; ce qui n'endommagera point l'arbre, & remplira toutes les conditions défirables.

S'il furvient, au bout de la tige coupée, des jets qui pouffent verticalement, il faut les rompre : on ne doit y fouffrir que des branches.

Le cafeyer produit des faux jets ou gourmands qu'il faut lui ôter avec foin, non en les coupant avec une ferpette : il en renaîtroit inceffamment une plus grande quantité au même endroit; mais en les arrachant avec la main, tirant du haut en bas, un peu obliquement, afin d'enlever l'efpèce de nœud qui eft à leur naiffance, & d'éviter qu'on ne déchire l'écorce de l'arbre; ce qui arriveroit fans doute fi l'on tiroit perpendiculairement le gourmand. *Faux jets ou gourmands.*

Ces détails font fentir combien ces faux jets nuiroient à l'arbre, fi on négligeait de les ôter à propos, & combien il feroit fatigué en les arrachant, fi on les laiffoit croître & prendre de la force.

Il leur furvient auffi des guis, & plus fréquemment à mefure qu'ils vieilliffent : on eft porté à croire que cet accident, qui femble d'abord être une plante parafite, n'eft qu'une efpèce d'excrétion produite par une maladie de la peau ou écorce du cafeyer. *Guis; obfervation importante à ce fujet.*

On a obfervé que la fiente des oifeaux, furtout de certaines efpèces, manque rarement d'en produire, par la fermentation qu'elle occafionne dans la partie où elle s'attache; ce qui le multiplie infiniment, & a fait croire affez généralement, à Surinam, à cette

R

erreur, que ce font des productions de femences, ou de germes contenus dans les excrements que ces oifeaux dépofent fur les cafeyers, germes que le peuple croit provenir des mêmes graines dont ces animaux fe nourriffent, mais qu'ils ont la propriété de métamorphofer en ces efpèces de monftres du regne végétal.

Les guis doivent être détruits avec un foin extrême, parce qu'ils préjudicient infiniment aux arbres, en extrayant une partie des fucs deftinés à leur accroiffement, en les rendant trop touffus, en gênant la circulation de l'air, & les petites branches qui fouffrent extrêmement, fouvent même jufqu'à mourir de leur voifinage.

Pour éviter que des foins auffi utiles foient jamais négligés, encore moins oubliés, il faut s'impofer une régle de faire ôter des guis, les gourmands, & la mouffe des arbres, dans des terres déterminées, comme au fortir des farclages : ce travail peut fans difficulté être compris dans la tâche des négres ; il n'y a qu'à en ajouter fur dix, un de plus qu'il ne faudroit fans cette addition d'ouvrage.

On s'épargneroit ainfi la peine de revenir une feconde fois infpecter & furveiller des travaux, pour lefquels il eût fuffi d'une feule ; & il n'eft pas plus indifférent au cultivateur, de ménager fon temps propre, que celui de fes efclaves : il n'en aura jamais affez pour l'immenfité des détails qu'il doit embraffer.

De quelque âge que puiffe être une piece de cafeyer, il ne faut jamais négliger de replanter & remplacer les arbres qui auroient péri par quelque accident ; & l'on penfe bien que, dans une grande habitation ce remplacement doit avoir lieu affez fréquemment ; vû que, lorfqu'on a 100 ou 150,000 Cafeyers, il n'eft pas vraifemblable qu'ils puiffent tous être également bien portants & vigoureux.

Le cafeyer, dans les bonnes terres-baffes, peut conferver pendant environ 20 ans, une vigueur fatisfaifante & grandement utile : après ce période, il vieillit plus ou moins fenfiblement ; mais il dure encore fort long-temps : il parvient jufqu'à 30, 35, 40 ans, même au de-là.

Un habitant qui auroit le foin de remplacer fes arbres, à mefure que leur vigueur feroit parvenue à un certain point de dépériffement, produiroit par cette attention à la pièce entière, un renouvellement qui en prolongeroit de beaucoup la durée, en affurant celle des récoltes, qui en outre feront plus égales.

Lorfqu'on a manqué d'avoir cette précaution utile, qu'on s'aperçoit qu'une pièce tourne au dépériffement, & qu'elle vieillit au point de ne plus laiffer efpérer que des récoltes peu avantageufes, il eft un moyen affuré pour faire faire à ces plantes affaiblies un effort très confidérable, & très fructueux : c'eft de couper tous les arbres à 6 pouces de terre, en obfervant :

1º. De ne jamais faire cette opération, que dans le mois de Novembre, ou à la fin de Fevrier.

2º. De ne fe fervir pour cela d'aucun autre inftrument, que d'une petite fcie.

3º. De faire foutenir par un nègre l'arbre qu'on opere, (lequel doit préalablement avoir été dépouillé de fes branches, à coups de fabre), pendant qu'un autre nègre le coupe en bec de flûte, & fans occafionner aucune fente au tronc.

4º. De ne conferver, ni plus ni moins, que deux des nouveaux jets qui poufferont après que l'arbre aura été coupé.

5º. Que pour ces deux jets, deftinés à élever de nouvelles

tiges, & à faire en quelque forte un nouvel arbre, on aura l'attention de donner la préférence, non à ceux produits par le tronc,
mais à ceux qui l'auront été par la fouche & qui en feront fortis
dans la terre.

Les vieux arbres ainfi traités repouffent avec vigueur, & produifent de très abondantes récoltes : on fent bien au refte que la
partie effentielle de ces arbres, le pied, ayant perdu par le laps
de fa durée, une portion de fes facultés, ces récoltes avantageufes
ne fe foutiennent pas fur le même pied, pendant un bien grand
nombre d'années; elles fe prolongent néantmoins affez de temps
encore, & la durée de ces arbres renouvellés s'étend affez pour
que le cultivateur doive être très amplement fatisfait d'avoir ufé
de ce procédé, qui peut être encore répété dans la fuite.

Epoques de la pro-
duction du cafeyer.

Ordinairement le cafeyer, s'il n'a point été contrarié, produit
quelques fruits à la fin de la feconde année, à compter du temps
de fa germination : par conféquent, ceux qui feroient venus de plants
âgés de 12 mois environ, pourroient avoir quelques graines un
an après leur plantation; mais, cette opération les ayant un peu
retardés, ils n'en auront qu'extrémement peu, & feulement quelques fujets.

La 2e. année de la plantation, ils produiront quelques fruits de
plus ; mais on fera bien de les ôter à l'arbre dès qu'ils font formés ; vû que cette production n'eft qu'un effort prématuré, un
élan de la nature onéreux à la plante, qui d'ailleurs ne donne
à cet âge que des fruits proportionnés à fa faibleffe, un café
plus gros, très poreux, flottant, & d'une qualité en tout imparfaite.

La 3e. année, il produira une récolte plus abondante, & capable de donner déja quelque dédommagement de fa culture ; &

quoique le café, qui fe reffent encore de l'âge de l'arbre, foit en partie flottant, & tout d'une qualité inférieure au café ordinaire; on doit en ramaffer la récolte, & la confidérer comme la premiere production utile de ces arbres.

D'après de longues obfervations faites à Surinam, en général chaque cafeyer produit ordinairement une livre & demi (r) de café par an, ce qui fait un revenu annuel de 766 liv. de café par acre planté felon leur ancienne méthode, & felon la nouvelle adoptée dans cette ouvrage, 693 liv. c'eft-à-dire, 73 liv. moins dans celle-ci que dans la premiere; ce qui ne doit être fuppofé que pour le moment : les arbres rapporteront davantage, & plus long-temps, felon la nouvelle méthode, une fois parvenus à leur accroiffement; & les récoltes furpafferont le calcul des premieres ci-deffus : pour un carré, ce produit feroit de 1575 livres de café.

Quantité de la production de chaque arbre.

Pour le produit d'un attelier employé à cette culture, il faut dire en comptant d'après le nombre des négres journellement à l'abattis, diftraction faite des malades & autres, que chacun de ces négres travaillants cultive aifément 2 acres & demi de cafeyers, qui font 1 quarré & demi environ de Cayenne, & qu'il en exploite les produits, fans préjudice de la culture excédente qu'il fait, en vivres, chemifes, canaux, foffés, favannes, & emplacements des bâtiments : ainfi cent négres travaillants cultivent &

Nombre de negres convenable à cette culture.

(r) On entend par cette quantité le produit moyen de la Colonie; il eft des habitations qui rendent beaucoup plus; il y a fur prefque toutes des pieces de cafeyers, qui donnent un produit environ double de celui là : on a vû des arbres de 25 ans, trois ans après avoir été coupés au pied, produire trois livres de café par pied.

exploitent les produits de 250 acres, qui donnent un revenu annuel de 173,250 livres de caffé.

Ces 250 acres font environ 112 quarrés de Cayenne, dont le produit feroit de 176,400 livres, différent de l'autre de 3,150 livres, à caufe des fractions qu'on a négligées, pour ne pas s'appéfantir fur des objets qui feroient alors plus minutieux qu'utiles.

Un avantage particulier qu'ont ces riches terres pour la culture des cafeyers, c'eft qu'à quelqu'âge que foit une piece, fi des arbres périffent par toute caufe, on peut toujours les remplacer, & les fuppléer par de nouveaux plants : ils viendront avec la même vigueur à peu près, pourvû qu'on laboure profondément, & avec foin, l'endroit & les environs ou l'on doit les placer : avantage qu'on n'obtient nulle part, (s) dans les autres terres, pas même à St. Domingue.

Ceux qui par un goût particulier voudroient, en cultivant de l'indigo dans les terres-baffes, avoir dans la fuite une cafeyerie, pourroient s'ils le jugent à propos, y planter dès la fin de la premiere année, des cafeyers qui y feront fuffifamment ombragés pendant les 10 ou 12 premiers mois; au bout defquels ils y

(s) Un avantage bien plus grand que celui de la durée des arbres, & pour ainfi dire inappréciable, qn'ont les terres-baffes, c'eft d'être exempts de fourmis, de ces infectes qui font le plus grand fléau des antilles, & de toutes les terres hautes de l'Amérique méridionale, qui ont ruiné tant de fois plufieurs Colonies, & qui tiennent toujours l'efpcir du cultivateur en fufpens. Dès qu'on voit qu'il s'y en introduit, qu'on apperçoit une fourmiliere dans les terres baffes, en la faifant circonfcrire d'une petite digue, faite avec la houe feulement, & inondant l'intérieur, l'efpace de 24 heures, & même moins, fuffira pour les détruire totalement.

ajouteroient une plantation de bananniers, qui n'empêcheroit pas quelques récoltes d'indigo encore, pendant qu'on feroit de nouvelles plantations de celle-ci.

Quoique cette maniere de planter des cafeyers, forte & s'é-loigne même des bons principes, on pense que ces plantations réussiroient assez bien, pour ne pas causer de regret de les avoir tentées, pour se procurer dans la suite une cafeyerie à peu de frais, en faisant en même temps la culture de l'indigo, si intéressante par elle-même, & qui mérite des encouragements. *Peuvent réussir.*

Il est vrai que cette plante exigeant un sol bien dessouché, bien nettoyé, & proprement nivelé, cette marche demanderoit absolu-ment que les abattis fussent faits quelques années à l'avance. *Précaution à prendre.*

Il seroit indispensable aussi que les planches fussent établies à 18 pieds de largeur; distribution également nécessaire aux plantations de cafeyers.

On ne croit pas devoir s'étendre davantage sur ce qui concerne la culture du cafeyer : la méthode en est suffisamment développée pour ceux qui voudront en faire un objet de spéculation, & s'en occuper pratiquement : on ose leur assurer un succès complet, s'ils se conforment à ce qu'on a indiqué dans ce chapitre, & à ce qui a été dit pour la perfection des écoulements : on ne pense pas qu'il y ait à y ajouter aucuns détails vraiment utiles ou intéressants.

CHAPITRE VII.

Des manufactures à café.

CEs sortes de manufactures, moins considérables & moins compliquées, ne coûtent pas à beaucoup près, autant que celles à sucre : & l'on a de plus la facilité de les faire à loisir, vû que l'on n'en a jamais besoin les 2 ou 3 premieres années qu'on est occupé à former un établissement.

Les plans de ces bâtiments exigent toutefois la plus grande attention : ils doivent réunir tous les avantages qu'on peut raisonnablement désirer, soit pour la conservation & la bonification de la denrée, soit pour la plus grande célérité de tous les travaux qui concernent sa préparation.

Tout y doit être sacrifié à l'utilité ; tous les calculs ne doivent avoir d'autre base, que l'usage auquel ils sont destinés.

Toutes les manufactures à café que nous connoissons jusqu'ici, ont des défauts considérables : nous nous flattons de les éviter dans les plans que nous allons présenter ici, où nous nous sommes étudiés à rechercher tout ce qui peut y réunir le plus de perfection.

D'abord de quelque maniere que soient disposés les autres bâtiments de l'établissement, & sans y avoir égard, il faut toujours placer la longueur d'une manufacture dans la direction du Nord au Sud ; au moyen de quoi, les grandes faces seront exposées, l'une à l'Eſt, l'autre à l'Oueſt. (t)

Cette diſpoſition eſt néceſſaire pour que l'air circule également dans toute la longueur, & que les vents alizés paſſent rapidement à travers; ſans quoi le café ſécheroit mal & inégalement, du milieu aux extrémités.

Pour ne pas multiplier ces bâtiments, pour qu'un ſeul même ſuffiſe, on eſt obligé de lui donner plus de dimenſion. On ne doit pas balancer à préférer ce parti, qui eſt le plus économique, & qui facilite les travaux intérieurs de cette manufacture.

On lui ſuppoſera 100 pieds de long, ſur 37 de large, ſans aucune gallerie, ſans tiroirs à couliſſes ſur les grandes faces, n'étant pas ce qu'il y a de plus utile pour ſécher une grande quantité de café, ce qui s'exécute bien mieux par de très grands glacis, ou ſécheries. Dimenſion de cette manufacture.

Néantmoins, comme il convient d'avoir un certain nombre de ces tiroirs, pour les temps où l'on eſt obligé de profiter de quelques heures de ſoleil dans la ſaiſon pluvieuſe, on en garnira tout le côté de la manufacture du côté du Nord.

On leur donnera 15 pieds de longueur, & l'on en placera deux rangs, l'un ſur l'autre : ce qui eſt aiſé en faiſant de doubles feuillures aux couliſſes : ce pignon pouvant en contenir huit, à côté

(t) La direction du canal navigable, ne pourra faire une angle droit avec les faces de ce bâtiment, que dans le cas où elle ſeroit Nord & Sud, ou bien Eſt & Oueſt; mais quelqu'angle qu'il faſſe, quelque poſition qu'il réſulte de cette diſpoſition de la manufacture, il faudra toujours obſerver que le back à laver le Café, puiſſe être placé le plus près du bout du canal qu'il ſera poſſible.

S

138

l'un de l'autre, les deux rangs en contiendront seize, quantité suffisante.

On est dans l'usage de les élever d'environ 3 pieds de terre, pour que les animaux ne montent point dessus, ce qui les endommageroit & saliroit la denrée; mais il vaut mieux, par plusieurs raisons, avoir une haie de citronniers qui empêche les bêtes d'en approcher, même les poules qu'on n'y doit jamais souffrir, & alors n'élever les tiroirs qu'à un pied de terre, en les faisant rouler sur des coulisses de pierre de taille, au lieu de celles de bois, qui durent très peu de temps, & coûtent un fort grand entretien.

Ces coulisses auront 39 pieds de long : d'abord 30 pieds, pour que les deux tiroirs, de dessus & de dessous, puissent être déployés l'un devant l'autre, lorsqu'ils seront ouverts; ensuite il doit être ajouté 9 pieds à la longueur totale des deux, afin qu'ils puissent être poussés assez avant, pour que celui qui est le plus près de la manufacture, soit hors de l'ombre que projettera le bâtiment vers la fin de l'année. Au moyen de cette précaution, ils seront exposés du matin au soir au soleil, sans qu'aucun corps y projette la moindre masse d'ombre.

Lorsqu'ils seront fermés, les deux rangs n'occuperont qu'une longueur de 15 pieds en dedans de la manufacture.

Dans cet espace qu'ils occupent ici, il faudra poser par dessus un rang de tirants, soutenus dans le milieu, pour y faire un plancher bien joint, afin d'établir à cet endroit le triage du café, lorsqu'il est pilé. (u)

(u) Cet espace de 15 pieds sur 37, suffira pour y trier une grande quantité de

Il eſt abſurde de s'opiniâtrer comme on le fait, à faire ce travail à l'étage ; ce qui oblige à un double tranſport de tout le café du bas en haut, & de là encore en bas ; au lieu que rien ne s'oppoſe à ce qu'il reſte au rez de chauſſée, après qu'il a été pilé.

La diſpoſition qu'on vient de détailler eſt tout ce qui doit être fait au pignon du Nord de la manufacture.

A l'autre extrémité, au pignon du Sud, on fera dans le milieu une porte de 7 pieds de large : à droite en entrant ſera l'eſcal- lier ; il aura deux rampes ou volées : l'une dirigée ſur la largeur du bâtiment, allant vers la grande face, à l'angle de laquelle il y aura un repos. De ce repos, la ſeconde volée s'élevera le long de cette face, juſqu'au plancher de l'étage.

On donnera à cet eſcallier 8 pieds de largeur, & les marches auront un pied de large ſur 5 pouces & demi de hauteur.

Ces proportions formeront un eſcallier facile & commode ; ce qu'on ne doit pas négliger dans une manufacture où il faut monter & deſcendre dans des paniers quelquefois deux cents milliers de café par an.

On ne voit cependant juſqu'ici aucune de ces manufactures avoir un eſcallier convenable : l'on n'y a fait, à bien dire, que ce qu'on appelle des échelles de meunier.

Au-deſſous de la volée ſupérieure de cet eſcallier, on fera conſ-

Diſpoſitions inté-
rieures.

L'eſcallier.

Back.

---

café ; mais comme toutes les parties de cette manufacture doivent être proportionnelles entr'elles, il faudra ajouter 10 pieds en largeur, ce qui fera alors un plancher de 25, ſur 37 pieds. Cela donnera alors un bel emplacement pour le triage ; ce qui eſt eſſentiellement néceſſaire.

truire en briques un back de 10 pieds de long, fur 7 de large, & 4 de profondeur, dont le fond fera élevé de quelques pouces au-deffus du pavé de la manufacture.

On y fera deux portes vers ce fond, de 18 pouces de hauteur, fur 10 de largeur, lefquelles auront pour fermeture une planche qui gliffera dans l'épaiffeur du mur par des couliffes ou rainures.

<u>Ufage de ce back.</u> L'ufage de ce back fera de recevoir le café en peau rouge, ou cerife, lorfqu'on l'apporte pour le paffer au moulin. Ordinairement on le jete en tas : mais alors il roule fans ceffe fous les pieds des travailleurs, devient fort incommode, & caufe du retard & de l'embarras qu'on évitera par ce moyen.

Ce back fervira encore à ferrer le café qu'on a fait fécher pour piler ; & c'eft précifément en ceci, qu'il eft le plus utile ; parce qu'il conferve à ce café fa chaleur & fon dégré de dureté, chofe très effentielle pour qu'il foit bien pilé.

Sur le côté gauche de la porte, & toujours dans le pignon, on fera une autre grande porte de 9 pieds de large, devant laquelle <u>Manaret.</u> fera placé le manaret conftruit pour ôter la peau rouge du café, après qu'il a été paffé au moulin.

Ce manaret, qui doit être élevé à 3 pieds de terre, confifte en deux pieces de bois de 15 à 16 pieds de long, fur 5 à 6 pouces d'épaiffeur, dreffées à la varloppe, qu'on fait placer parallelement à 18 pouces de diftance entr'elles.

Du côté intérieur, elles ont chacune une feuillure vers le bas, qui fe trouvent l'une vis-à-vis de l'autre, fur lefquelles on place, dans de petites entailles, des baguettes en travers d'un bois très dur : elles doivent être affez près les unes des autres, pour que les plus petites graines de café en parchemin ne puisse passer au travers.

Un peu en arrière de ce manaret, & de côté, plus vers le milieu de la manufacture, doivent être placés les moulins à paf- *Moulins.* fer le café pour ôter les peaux rouges : ceux faits à la Martinique ont la réputation d'être les meilleurs.

En dehors, mais joignant la manufacture, devant le bout du manaret & la porte de 9 pieds, il faut construire un back à laver *Back à laver le* le café, de 20 pieds de long, sur 10 de large, qui sera séparé *café.* en travers dans le milieu de sa longueur, par un petit mur d'un pied; ce qui en fera deux, dont la profondeur doit être de 18 à 20 pouces.

Sur la face extérieure de ces backs, on leur fera à chacun une petite porte de 10 pouces de haut depuis le fond, sur 7 de large, qu'on fera fermer avec un bout de planche qui doit glisser dans l'épaisseur du mur, comme une paile d'écluse,

Devant ces portes, on fera placer une grille de fer fort mince, & assez serrée, pour qu'aucune graine de café en parchemin ne passe au travers, lorsqu'on videra l'eau de ces backs.

C'est du grand canal navigable qu'on doit conduire les eaux dont on aura besoin ici : on doit pouvoir les prendre à volonté, & avec une grande facilité. (x)

Pour soutenir la partie des tirants, ce qui est indispensable, *Appui des tirants.*

(x) Pour qu'on puisse prendre ces eaux, par une pente suffisante dans toutes les saisons de l'année, il faut que la partie supérieure du back, soit plus basse que le niveau qu'auront les eaux dans le canal à la fin de l'été, d'abord d'un pied, ensuite d'autant de pouces qu'il y aura de toises entre ce canal & le back.

vû leur longueur, il faut placer dans le milieu un rang de forts poteaux, soutenus par de suffisantes bases en bonne maçonnerie, lesquels porteront une forte poutre dans toute la longueur du bâtiment : la même chose devra être faite à l'étage.

D'après ces arrangements faits aux deux bouts de cette manufacture, il reste un grand espace dans le milieu : dans l'un des côtés, on rangera les piloirs ; & dans l'autre, les futailles pour la denrée.

Glacis en sécheries. Devant le pignon du Sud, on fera une sécherie ou glacis, de 150 pieds de face carrelé ou pavé de carreaux : il faut aussi en faire un de 18 pieds de largeur, de chaque côté, le long des grandes faces, qui atteignent jusqu'à l'extrémité, & enveloppent les tiroirs du pignon du Nord.

Le grand glacis doit avoir, du point du milieu, une pente d'un pouce par toise vers l'extérieur, sur les quatre côtés ; de sorte que le centre sera l'endroit le plus élevé : mais celle de ces pentes qui regarde vers la manufacture, sera arrêtée à la distance de 18 pieds par une pente contraire venant du pignon du bâtiment ; de manière qu'à cet endroit elles feront l'effet d'un cassi : elles renverront les eaux à droite & à gauche dans les dalles de maçonnerie faites pour les recevoir ; lesquelles servent aussi à conduire loin du bâtiment, celles des backs à laver le café & toutes les eaux pluviales du comble.

Pavé du bâtiment. Le pavé ou carrelage du rez de chaussée, doit aussi être bombé au milieu de la largeur du bâtiment, mais seulement de trois quart de pouces par toise ; & il doit être plus élevé de 3 pouces que le glacis qui l'enveloppe.

L'étage ne doit avoir d'élevation, du dessus de ce carrelage au-deſſus du plancher, que 9 pieds : ce qui eſt ſuffiſant pour le mouvement des pilons, & pour tous les autres travaux, ainſi que pour la circulation de l'air. Hauteur de l'étage.

L'intérieur de cet étage doit reſter en une ſeule piece, ſans y faire aucune diſtribution, ni aucun ouvrage qui puiſſe la diviſer, ni y occaſionner la moindre gêne : cet eſpace & celui du grénier, doivent être libres & entiers, pour recevoir le café en magaſin. L'intérieur en une ſeule piece.

On doit garnir de planches, juſqu'à la hauteur de trois pieds, le tour de l'eſcallier, pour retenir le café : cet étage aura la même hauteur que le rez de chauſſée.

Les poids énormes qu'ont à ſoutenir les étages de ces manufactures, exigent une grande ſolidité. Quoique ces poids agiſſent ſur tous les côtés également, ils ne peuvent faire que peu d'effet ſur la longueur de ces bâtiments ; parce que les aſſemblages plus multipliés ne ſauroient prêter le moindre effort aux vents, encore moins leur céder. Sar la ſolidité de ces bâtiments.

Il n'en eſt pas de même quant à leur largeur : les faces des pignons, trop éloignées du centre, deviennent nulles pour leur ſolidité ; & elles peuvent d'autant plutôt être ébranlées, ainſi que la longueur des grandes façades, qu'elles donnent infiniment de priſe au vent.

C'eſt donc cette partie de ces bâtiments, les coupes en travers, qu'il faut s'attacher à fixer de maniere qu'elles reſtent toujours perpendiculaires : la moindre pente d'un côté ou de l'autre, en occaſionneroit tôt ou tard le renverſemeut.

Puiſqu'il ne peut y avoir aucun refend, qui ſervit de liaiſon, il faut autant qu'il ſera poſſible, multiplier ſur la longueur du Moyen d'y pourvoir.

bâtiment, des efpèces de fermes, par l'affemblage des tirants dans de grands poteaux.

Ces tirants de l'étage & du grenier ainfi affemblés, auxquels pour l'ordinaire on ne met qu'un lien, doivent ici en avoir trois à chaque bout : un d'environ 15 pouces de long, fera placé tout près de l'angle, pour affurer fortement l'affemblage du tirant avec le poteau; un autre de 6 pieds de long, fera auffi éloigné de cet angle que cette longueur l'exigera; & un troifieme, placé entre les deux premiers, partagera également l'efpace qu'ils laiffent entr'eux.

A toutes les fermes, chaque extrémité des tirants de l'étage & du grenier, feront ainfi affujettis par trois liens. Les autres, & le furplus des tirants, feront bien folidement placés à queue d'aronde fur les entretoifes, & feront en outre arrêtés par une cheville.

Portes & fenêtres.

Il convient maintenant d'examiner la diftribution des portes & des fenêtres.

La principale chofe qu'on doit rechercher fur cet objet, c'eft de donner à l'intérieur des loges le plus d'air qu'il fera poffible; par conféquent, on doit y placer autant de fenêtres qu'il fe pourra, en confidérant que devant être fermées à chaque grain de pluie, & ouvertes dès qu'il eft paffé, elles doivent être ordonnées & conf-truites d'une maniere qui facilite autant qu'on le peut faire, ce travail continuel. Voici de quelle maniere on croit devoir les diftribuer.

Aux pignons.

Les deux pignons auront chacun trois fenêtres, de 3 pieds de large, fur 5 de hauteur, qui laifferont des intervalles ou maffifs de 6 pieds 9 pouces, qu'on garnira de doubles guêtres affemblées avec des embrêvcments.

Chacune des deux façades aura 12 fenêtres, de même largeur & hauteur que celles des pignons : les intervalles feront auffi garnis de guêtres affemblées comme on vient de le dire.

Pour cette diftribution, les fenêtres de l'extrémité des façades, doivent être placées à 3 pieds de l'angle.

Les tablettes ne feront élevées que de 2 pieds & demi au-deffus du plancher ; elles doivent porter un jet d'eau : les feuillures doivent être faites avec foin.

Il y aura au rez de chauffée la même diftribution pour les jours, à l'exception de ceux qui ont déja été faits au pignon pour les portes ; obfervant encore qu'au milieu de chaque grande face, il y ait une porte de 5 pieds de large.

Les contrevents de l'étage qui doivent être faits de planches minces d'un bois fec & léger, feront d'une feule pièce : la manière de les pofer n'eft pas indifférente, pour les accidents de leur ufage.

Il en eft une, qui confifte en ce que ces pieces foient ferrées & fufpendues par le haut, comme les fabords de Navire : lorfqu'on veut les ouvrir, on les pouffe par le bas avec une efpèce de gros bâton qui, appuyé fur la tablette, les foutient en l'air.

Ces bois doivent être proprement arrangés, & pour bien faire, attachés au bas du contrevent, avec un petit ferrement qui les y fixe, mais de manière que le mouvement n'en foit point gêné.

Leur longueur doit être telle qu'ils foutiennent le contrevent dans une pofition horizontale, à peu près.

T

Telle eft la maniere généralement pratiquée ; mais elle n'eft pas fans inconvénient.

Ces fortes de contrevents font toujours lourds à lever ; & fouvent c'eft à des négrillons qu'on remet ce foin : fi l'on eft preffé, on les laiffe tomber avec trop de force, & ils font très promptement caffés. On y préféreroit donc une autre difpofition que voici :

Autre.
D'abord les linteaux de ces fenêtres feroient faits différemment ; ils auroient plus de faillie, d'environ 1 pouce & demi à 2 pouces, & une feuillure en fens contraire aux deux côtés & à celle de la tablette ; c'eft-à-dire que la partie plus faillante de ce linteau, defcendroit d'un pouce & demi, en recouvrant l'extrémité des poteaux ou montants qui forment ces deux côtés. D'où il réfulte que, dans le haut, le contrevent feroit retenu, & ne pourroit être pouffé au dehors, & que les trois autres côtés l'empêchent de l'être au-dedans, par le moyen des feuillures ordinaires.

Ce contrevent, pour être pofé, au lieu de pentures & de gonds, feroit traverfé d'une barre de fer arrondie aux deux bouts, en forme d'axe ; on la fixeroit fur le contrevent auffi près du linteau que fon jeu le permettroit : les bouts arrondis feroient arrêtés dans des pieces de fer propres à les recevoir, arrêtées elles-mêmes avec écrou en dedans des montants.

Le contrevent fuppofé fermé, on tracera une ligne en dedans, par le milieu de l'axe qui le fufpend, & de cette ligne, on fera placer un efpèce de bras, faifant avec le contrevent un angle de 135 dégrés, ou avec fa perpendiculaire prolongée en haut, un de 45 dégrés.

Ce bras paffant au dedans du linteau, lequel fera entaillé ou échancre pour lui donner paffage, aura pour longueur la hauteur du contrevent, à moins que le plancher du grenier n'oblige à le faire plus court ; & il fera fixé fur le contrevent par quelques petites chevilles à écrou.

A fon extrémité fera attaché un bout de corde affez long, pour qu'on puiffe le faifir, fans trop lever la main, & il aura un anneau de 2 en 2, ou de 3 en 3 pouces.

Sur la tablette de la fenêtre, fera un piton recourbé comme un crochet : en faifant effort fur la corde, le contrevent fe trouvera en vibration fur fon axe ; & en paffant la corde dans le piton par un des anneaux plus ou moins éloignés, le contrevent fera ouvert à tel dégré qu'on voudra : il le fera même, au-de-là de l'horizontal, jufqu'à faire un angle de 45 dégrés avec la fenêtre, fi l'on conduit le bout du bras jufqu'au piton.

Ce bras peut être fait en bois ou en fer. Le contrevent au refte doit fe tenir fermé avec la tablette, par un verrou, ou un loquet recourbé & à reffort.

Cette méthode dont la defcription eft auffi longue, que le méchanifme en eft fimple, préfente plufieurs avantages ; celui entr'autres Avantages de cette méthode. de pouvoir ouvrir & fermer très promptement les contrevents : un négre pourra les lever ou les baiffer tous, pour ainfi dire en paffant, fans prefque paroître s'arrêter à aucun.

Un négrillon, tant fût-il faible, pourvû que fon poids excéde celui du contrevent, le lévera aifément ; & de cette facilité, il réfulte moins de danger de le laiffer tomber, & qu'il s'endommage.

On auroit pu indiquer ici un moyen pour les lever & les fermer, tous à la fois, avec affez peu d'effort ; mais comme il ne convient pas toujours de les ouvrir en même temps, & que cela exigeroit plus de foin, on ne croit pas devoir en préférer la méthode à celle qui vient d'être expofée.

 Le grenier forme un fecond étage, un magafin auffi vafte que le premier.

Il faut obferver que les fermes doivent être retrouffées; que les quatre côtés ou façades du bâtiment doivent être élevées juf-qu'à la hauteur de 5 pieds au-deffus du plancher du grenier; qu'il n'y ait à cet endroit aucune fenêtre, & que le comble n'ait aucune lucarne.

Le pour-tour de ce grenier, c'eft-à-dire les quatre côtés, fera fermé de planches, jufqu'à la hauteur de deux pieds & demi au-deffus du plancher; & de là, il reftera ouvert jufqu'à la fabliere.

Les chevrons du toit doivent avoir affez de longueur, & de faillie au dehors du bâtiment, pour que, tirant une ligne horizon-tale, ou de niveau, par le deffus de la partie fermée de planches, à 2 pieds & demi du plancher, le bout des bardeaux ou effentes, fe trouve être de 3 pouces plus bas que cette ligne, afin que la pluie qui feroit pouffée par un vent violent depuis le bout du toit, vers cette partie ouverte du grenier, foit toujours entraînée plus bas, par fon propre poids. (y)

Ainfi, tout le pour-tour de ce vafte magafin, aura une ouver-ture de 2 pieds & demi, qui n'aura jamais befoin d'être fermée,

----

(y) On dira peut-être que, puifque cet arrangement qui tient lieu de fenêtres, eft d'une fi grande fimplicité, il pourroit être pratiqué auffi pour l'étage : mais cela donneroit une mauvaife forme au bâtiment, le rendroit beaucoup plus fujet à répa-rations; & un négre monteroit aifément dans la manufacture par les iffues baffes, même fans échelle.

par laquelle les vents & l'air circuleront affez pour fécher parfaitement le café, fans que la pluie puiffe y pénétrer.

Lorfqu'on veut préparer le café, on eft obligé de le redefcendre
dans des paniers ; ce qui eft très pénible & coûte beaucoup de
temps.

On a vû ci-devant qu'on a déja évité une partie de ces tranfports, en établiffant le triage au rez de chauffée : il faut tâcher
d'éviter une partie de celui-ci, par le moyen qu'on va indiquer.

Il confifte à faire conftruire un couloir pour l'étage, & un pour
le grenier ; une efpèce de caiffe faite avec des planches, &
proprement arrangée, dont le fommet pénétrera dans l'intérieur du
bâtiment, à 3 pieds du plancher, & l'extrémité inférieure defcendra vers la terre, fur la fécherie ou le glacis, jufqu'à 3 pieds.

L'orifice du fommet fera coupé, de maniere qu'on puiffe aifément
y jeter le café : & il fera aifé d'affujettir ces efpèces de tuyaux,
par lefquels quelques négrillons feront parvenir tout le café fur le
glacis, (z) à mefure qu'on en aura befoin ; ce qui économifera
le temps, & épargnera beaucoup de fatigue aux efclaves.

(z) On confeille de ne pas négliger ce moyen d'accélérer le travail : outre tous
les avantages que réunira en général le plan de cette manufacture nouvelle, celui-ci,
& celui qu'on recueillira de la difpofition pour le triage du café, paroîtront un objet très précieux au cultivateur éclairé & fenfible, qui doit conftamment, & en toute
chofe, avoir pour bafe de fa conduite l'économie du temps & le ménagement des
efclaves.

On ne confidére & l'on ne calcule pas affez, que les inventions utiles, quoiqu'elles paroiffent quelquefois occafionner de grands frais, font toujours une véritable
économie ; à plus forte raifon lorfqu'elles coûtent peu : c'eft à elles, c'eft à la perfection des arts, que nous devons notre aifance, & tant de richeffes inégalement

Rien n'empêche de les multiplier : on peut en poser de plus petits au pignon où sont placés les tiroirs. Ces tuyaux n'offrent d'ailleurs aucun inconvénient, & ne demandent d'autre entretien, que d'être bien peints, ainsi que tout le reste du bâtiment.

Il faut pour l'usage du glacis, faire construire un petit comble mouvant, de 20 pieds de long, dont trois côtés, ou pentes, forment un pavillon qui descend jusqu'à 2 pouces de terre, & le quatrieme est à pignon, & reste ouvert.

La charpente doit en être infiniment légere, & faite avec soin; elle doit porter sur de bonnes & fortes roulettes qui aillent en tout sens.

Le toit n'est fait que de planches fort minces, recouvertes d'une toile peinte ou goudronnée.

Ce comble sert à couvrir le café, lorsqu'il survient un grain de pluie : on l'amasse & on le jete à grands coups de pelle de bois, à l'endroit le plus élevé du glacis; & l'on fait rouler ce comble sur le tas, avec la précaution de tourner le côté ouvert sous le vent.

Le grain passé, & le glacis redevenu sec par l'action du soleil, on y étend le café de nouveau.

Tel est le plan qu'on juge le plus propre à une manufacture en grand : il sera aisé, d'après les détails qu'on a développés, & quelques-uns de ceux qui feront la matiere du chapitre suivant, d'en appliquer les principes à une manufacture de telle grandeur qu'on voudra.

---

partagées : sans l'invention de la charrue, les hommes seroient encore tous égaux; il n'y auroit ni maîtres ni esclaves.

L'on peut auffi n'en exécuter que la moitié fi l'on veut; & il convient alors que ce foit celle qui comprend l'efcallier, & le glacis qu'on pourroit alors faire beaucoup moins grand : les feuls frais qui en réfulteroient, feroient de démolir & rétablir plus loin les couliffes & le pignon du Nord.

Néantmoins, ces fortes d'entreprifes demandent des précautions, & ne peuvent être exécutées que par des hommes intelligents.

Cette manufacture fervira également à la préparation du cacao : fi même ou vouloit qu'elle y fût uniquement deftinée, il n'y auroit d'autres changements à y faire, que d'en fupprimer les moulins, les manarets, & les piloirs, & au lieu de backs à laver, en faire conftruire dans l'intérieur du bâtiment, pour fervir à cuver, ou à faire fermenter le cacao. Sur ce dernier objet, on verra plus particulierement ce qui le concerne, à l'article qui traitera de la préparation de cette denrée.

On peut n'exécuter que la moitié de cette manufacture.

Cette manufacture peut fervir au cacao.

CHAPITRE VIII.

De la récolte & de la préparation du café.

LE cafeyer donne deux récoltes par an : l'une au mois de Mai, & l'autre en Septembre. On employe à l'une & à l'autre environ fix femaines plus ou moins; de forte qu'on peut toujours compter fur trois mois d'occupation, pour les deux enfemble.

Deux récoltes par an.

Dans la récolte du mois de Mai, lorfque le café a mûri jufqu'à un certain dégré, les pluies fréquentes de cette faifon accélérent, & précipitent pour ainfi dire l'inftant de la maturité : ce

Récolte de Mai.

qui met fouvent dans l'embarras, & même hors d'état de pouvoir fuffire à la cueillette de celui qui devient mûr chaque jour.

Le mauvais temps eft un autre inconvénient, qui ajoute au premier, & qui fatigue beaucoup les efclaves.

De Septembre. La récolte de Septembre fe fait plus facilement, à caufe du beau temps, & que le café mûrit fucceffivement.

Cueillette du café. Les efclaves cueillent le café à la tâche; mais elle devient tout à fait arbitraire, par la maniere dont on eft forcé de la régler.

Tâches des cueilleurs. Lorfqu'on eft en pleine récolte, cette tâche eft environ d'un baril & demi de café en cerife, ou bien d'une baille contenant quatre pieds & demi cubes, auffi pleine qu'elle peut l'être, fans qu'il en tombe à terre. Mais on eft obligé de commencer la récolte, lorfqu'un négre peut à peine remplir la moitié de cette baille dans la journée : auffi eft-ce la tâche qu'on lui donne alors, & on l'augmente par gradation à mefure que le café mûrit plus abondamment, jufqu'à ce qu'enfin on eft parvenu à cette pleine baille qu'il faut enfuite diminuer, lorfque les efclaves, après le fort de la récolte, n'en trouvent plus à cueillir avec la même facilité; & jufqu'à la fin, la proportion dans laquelle elle diminue, régle celle de la tâche.

Proportion du café en cerife, au café préparé ou marchand. Un pied cube de café en cerife contient fept livres environ & le baril environ 21 livres de café préparé ou marchand; mais felon la maniere dont on peut le faire plus ou moins remplir, il peut en contenir 22 livres, & même plus : la baille dont on a fait mention, en contiendra de 31 à 32 livres.

De la maniere ici propofée de faire la tâche, il réfulte d'après les obfervations pendant un nombre d'années, que durant le temps d'une récolte, la tâche moyenne de chaque nègre est d'environ 26 livres de café par jour, si cette récolte a été faite avec soin : ce qui donnera pour les six semaines d'une récolte 936 livres de café marchand, & pour l'année, 1872 livres. Ce compte suppose sans doute, une suffisante quantité de cafeyers en âge de produire.

A Surinam, on se sert, pour mesurer les tâches, de vieilles Usage de Surinam. futailles coupée en forme de bailles, qu'on aggrandit & diminue selon ce qu'il vient d'être dit. Ces planteurs croyent faire cueillir ainsi une plus grande quantité de café, depuis 20 jusqu'à 40 liv. ce qui supposeroit une tâche moyenne de 32 à 33 livres par jour; mais les résultats reviennent généralement à l'évaluation qu'on établit ici, du moins à peu de chose près.

Chaque esclave de travail peut donc récolter, préparer, & rendre marchand, en outre des travaux de culture, (a) cette quantité de 1872 livres de café par an. On a vû plus d'une habitation où l'on en faisoit par tête de nègres à l'abattis, 2000 livres & au-delà; tandis que d'autres n'en faisoient avec égalité de bras & de moyens, que 1500, 1200 livres, même un millier.

Cette observation démontre dans une même Colonie, combien une bonne régie relativement aux esclaves, une culture bien en-

---

(a) Il est néantmoins sous-entendu que le petit attelier n'a d'autre occupation, que la manipulation du café à la manufacture; & quoiqu'on ne le fasse entrer pour rien dans ces calculs, il n'en est pas moins vrai que, sans son secours, chaque nègre travaillant ne rendroit pas la même quantité de café par an.

V

tendue & fuivie, & des récoltes attentivement foignées, peuvent apporter de différences dans leurs produits.

Il n'en eft pas moins vrai qu'avec des foins ordinaires, mais permanents, avec les talents & les connaiffances qu'on doit fuppofer à un bon cultivateur, avec une régle établie fur les principes de l'humanité, mais exacte & foutenue, l'on peut, & l'on doit même à Surinam, compter fur un produit d'environ 1900, ou 2000 liv. de café marchand, par négre travaillant journellement à l'abattis.

Ce produit eft fans doute bien fatisfaifant ; & c'eft à peu près tout ce qu'un efclave peut rendre. Une avidité déplacée ne doit pas entraîner le maître à le furcharger, à le fouler par un excès de travail auffi contraire aux loix de l'humanité, qu'à fes propres intérêts.

Lorfque le temps de la récolte approche, le propriétaire doit vifiter fréquemment les pieces, pour s'affurer du moment où l'on peut commencer à récolter ; & l'on doit chercher à le faire de bonne heure. Si l'on tarde trop, on eft furpris & on n'eft plus en état de cueillir le café à mefure qu'il devient mûr : il furvient dans ce travail des engorgements, d'où réfultent des négligences qui entraînent la perte d'une grande quantité de café, lequel tombe à terre par excès de maturité, & qu'on ne vient jamais à bout de ramaffer entierement. Car, quoique ces fruits demeurent naturellement attachés à l'arbre après leur maturité, il en tombe toutefois beaucoup accidentellement ; le vent furtout, en faifant battre les branches les unes contre les autres, en occafionne fouvent une chûte confidérable.

On donne aux négres, pour cueillir ces fruits, de grands pa-

Soins vers le temps de la récolte.

Cueillette.

niers, des efpèces de gabarres, qui contiennent la moitié de la tâche : ils doivent être forts, & folidement travaillés, parce que cette denrée eft fort péfante en cerife. Chacun doit avoir deux de ces paniers à fa difpofition.

Durant la récolte, il faut faire obferver bien ftriêtement quatre principales chofes aux efclaves.

Soins pendant la cueillette.

1°. De remplir exaêtement leur tâche; & à ce fujet, on doit remarquer qu'à chaque récolte, un attelier, par une forte d'efprit de ligue, eft en général toujours affez porté à la faire négligemment, en alléguant diverfes excufes, telles que le défaut de maturité du café, fon peu d'abondance &c; & de concert, ils effayent de faire enforte qu'on y ait égard & qu'on ne donne qu'une tâche moindre & au-deffous de leurs forces.

Il faut être au fait de ces rufes; & fans s'écarter de la juftice, de la modération, & de l'humanité, qui doivent faire la bafe de la conduite du maître, il doit alors avoir la plus grande attention à s'éclairer fur cet objet, & la plus grande fermeté enfuite à exiger ce qui eft jufte & raifonnable.

2°. Il faut leur faire obferver & exiger abfolument d'eux, qu'ils ne rompent point les branches des arbres, & qu'ils les ménagent.

3°. Qu'ils ne cueillent que les fruits bien mûrs : ce point demande de l'attention, fi l'on veut avoir de bonne denrée, (b) & fans embarras lors de fa préparation.

(b) En général, on cueille une grande partie du café avant le vrai moment de la maturité : cette inatention fait qu'il eft d'une qualité inférieure à ce qu'il auroit dû être : autant doit-on mettre de précaution à n'en point perdre, autant faut-

V 2

4o. Qu'ils ramaffent avec foin celui qui fera tombé à terre, foit en le cueillant, foit par excès de maturité.

Le café apporté à la manufacture, après que les premieres tâches ont été mefurées, & qu'il a été jeté à mefure dans le back fous l'efcallier, on commence auffi-tôt, pendant qu'on continue ce mefurage, à ôter la cerife, qu'on appelle communément peau rouge.

Il y a deux manieres de faire cette opération : l'une confifte à frotter fur le glacis le café fous une brique ou carreau à carreler, en le mouillant avec de l'eau ; & pour cela il eft alors inutile de le mettre dans le back dans la manufacture.

On ne confeille pas cette pratique, parce que, dans la faifon pluvieufe, l'efclave qui a déja été mouillé fouvent, durant le jour entier, eft de nouveau expofé à la pluie pendant la foirée, (temps de ce procédé) une heure au moins, & ne peut que mal exécuter fon travail.

L'autre maniere eft de le paffer au moulin : elle eft de beaucoup préférable à la premiere. Cette machine pourroit être infiniment améliorée, en l'augmentant & en la faifant mouvoir par des animaux ; mais en ce cas, il conviendroit de la placer fous un hangard adjacent à la manufacture.

Cette opération d'ôter chaque foirée la cerife du café cueilli pendant la journée, ne laiffe pas d'être longue, &, comme il faut procurer à l'efclave autant de repos qu'il eft poffible, on

---

il en avoir auffi pour n'en laiffer cueillir que du parfaitement mûr. Sans doute ceci demande bien des foins ; on a la négligence des efclaves à combattre ; mais quelle eft l'opération de culture qui n'en exige point !

doit faire commencer ce travail d'auffi bonne heure qu'on le peut, & veiller à ce qu'il foit fait avec célérité.

En cette occafion, de même qu'en bien d'autres, les négres doivent être confidérés comme des enfants infouciants.

Ils regrettent fans doute affez vivement un temps qu'ils employe-roient plus à leur gré, dans leurs cafes ; mais, s'ils ne font con-tinuellement furveillés, ils ne feront rien, malgré ce regret, pour abréger une veillée qui leur déplaît ; ils agiront au contraire comme s'ils prenoient goût à la prolonger, & à y employer le plus de temps poffible.

L'effet de ce moulin étant de débarraffer le café de fa cerife, en la déchirant & la développant, il tombe d'un côté, & les peaux rouges de l'autre.

Le café fe trouve encore alors dans une feconde enveloppe collée fur la féve, affez dure, d'une couleur d'un blanc fale, qu'on appelle le parchemin du café.

Dès qu'il fort du moulin, on le paffe au manaret à mefure, en le roulant & le frottant pour en faire détacher, & tomber à terre, les reftes de peaux rouges qui n'en avoient pas été féparées.

Du manaret, il eft jeté dans le back à laver, qui fe trouve devant & tout auprès ; c'eft par ce travail que doit fe terminer la veillée ; (c) pour ceux qui ne pourroient faire mieux, car, il convient de le laver dès le foir même.

(c) On ne fauroit trop recommander ce foin de laver le café dès le foir, à me-fure qu'on le paffe au moulin : en outre que c'eft une avance pour le travail du lendemain, on a lieu de croire que cette maniere de laiffer le café en tas dans les backs toute une nuit, fait tort à fa qualité.

Cette pulpe du café, où ces peaux rouges font jetées dans une foffe, pour en faire du fumier, qui n'eft toutefois qu'un très médiocre engrais.

Les oifeaux, furtout les perroquets, font très friands de la cerife du café; ils feroient un tort confidérable aux récoltes, fi l'on ne les éloignoit pas à coups de fufil, avec un redoublement de foins dans certains cantons, où ils font en prodigieufe quantité.

Travail du petit attelier.

Le lendemain, dès le point du jour, pendant que les négres de l'attelier font à cueillir une nouvelle tâche, un commandeur à la tête du petit attelier, vient laver le café de la veille, fi cette opération n'avoit pas déja été faite.

Ce petit attelier eft compofé, comme il a été dit dans un des précédents chapitres, des négres dont l'état & la force ne permettent pas qu'ils foient compris dans le grand, des négrillons, ou enfants, depuis ceux dont l'âge comporte l'emploi à quelque travail, jufqu'à ceux affez forts pour être bien-tôt admis au grand attelier, & des négres qui fortent de convalefcence, ou qu'on a quelques raifons de ménager.

Cet attelier ne fort jamais de la manufacture, où il a fans ceffe de l'occupation d'un bout de l'année à l'autre, dans un grand établiffement.

Lavage du café.

Après avoir rempli d'eau le back, les négrillons les plus vigoureux entrent dedans, remuent dans l'eau ce café mis de la veille : on le frotte avec force & viteffe, pour en détacher la partie gluante; on lâche les eaux, & l'on en met incontinent d'autres. Pendant que les uns le remuent de nouveau, avec des pelles de bois, les autres continuent à le frotter, & le jetent à mefure dans le back voifin, qu'on a eû foin de remplir d'eau.

On lave celui d'où l'on vient de l'ôter, qu'on remplit ensuite d'eau, pour qu'il y soit encore lavé.

On réitere cette opération trois ou quatre fois, enfin jusqu'à ce que le café soit bien lavé ; ce qu'on connoît aisément, autant par l'âpreté & la rudesse du parchemin, lorsqu'il est bien nettoyé de sa partie gluante, qu'au coup d'œil qu'il offre : ce travail doit être fait avec vivacité, & promptement.

Lorsque cette opération est finie, le back étant plein d'eau, on voit flotter le café qui, ayant échappé à l'effet du moulin, a conservé sa cerise ; le café en parchemin dont les graines sont assez poreuses, pour qu'il soit moins pésant que l'eau ; & les débris des peaux rouges, s'il en reste : il faut enlever tout cela avec un manaret léger, fait exprès en forme d'écumoire.

Pendant ce temps là, on remue continuellement le café, pour dégager tout celui qui doit flotter : celui qui surnage en parchemin, est appellée café flottant : on le tient toujours séparé de l'autre, & on le fabrique à part. Celui qui est resté en peau rouge, doit être sur le champ, ou passé au moulin de nouveau, ou gragé. Il faut tâcher qu'il n'en reste aucune graine avec la cerise, parce que dans les Magazins, elle sert de matricule à une infinité d'insectes, & de principe à d'autres inconvénients non moins préjudiciables.

Lorsque tout le café est bien lavé, on l'étend sur le glacis, en observant de distinguer & séparer les récoltes de chaque jour, afin qu'il séche plus promptement, & qu'on porte au Magasin successivement, celui qui est le plus sec.

On doit s'attacher à faire sécher le café sur le glacis, autant qu'on le peut, afin d'éviter les engorgements, & les embarras qu'ils produiroient. Pour cela, on le remue continuellement avec des pelles de bois très légeres, faites exprès pour tous les travaux de la manufacture. Elles doivent avoir environ 9 pouces de large, sur 12 de hauteur, & être d'une forme tant soit peu creuse.

On se sert, dans la saison pluvieuse, des tiroirs pour y faire un peu séjourner le café le plus sec, avant de le mettre en magasin : on l'y transporte dès qu'il commence à l'être, & seulement au point de ne plus avoir d'humidité sensible.

On doit commencer par remplir la surface de celui de l'étage, avant d'en mettre au grénier : il faut avoir l'attention de ne l'entasser que le moins qu'on peut, d'en mettre partout également, & de n'en augmenter l'épaisseur, qu'à mesure qu'on y est forcé.

Il faut le remuer. Il s'échauffroit & se gâteroit très promptement, si l'on n'avoit le soin de le remuer très souvent : il doit l'être trois fois par jour, au commencement de la récolte d'Hiver; & deux fois dans celle d'Eté.

On diminue ce travail peu à peu; & lorsqu'on voit que le café est bien sec, on ne doit plus le remuer que tous les 2 ou 3 jours.

La plûpart des personnes ne le font plus remuer, dès qu'il est parfaitement sec, sinon très rarement : c'est une faute d'autant plus grave, qu'outre que l'humidité peut encore occasionner quelque fermentation dans le café, elle facilite la pullulation d'une quantité prodigieuse d'insectes, qui percent le parchemin, si on leur en donne le temps, & endommagent la féve.

Pour faire cette opération, qui exige, pour être bien exécutée, que tout le café, d'un bout à l'autre du magazin, soit changé de lieu, on place 7 ou 8 négres vigoureux, en travers de ce magasin, à l'un des bouts, & là, avec des pelles de bois, il jettent le café en avant contre le pignon, sans néantmoins l'entasser, & le font ainsi changer tout-à-fait de place, en se reculant successivement jusqu'à ce qu'ils soient parvenus à l'autre extrémité.

Lorsqu'ils reviennent à faire le même travail, ils le recommencent de l'endroit où ils avoient fini en dernier lieu, & ainsi alternativement; parce qu'autrement tout le café s'accumuleroit peu à peu à l'un des pignons.

Dans les habitations montées en ouvriers de toute espèce, ce sont eux qui, à Surinam, sont chargés de ce travail, duquel ils répondent, autant que des esclaves peuvent répondre de quelque chose ; & ils doivent le faire le matin, à midi, & le soir, de maniere qu'ils ne prennent que fort peu de temps sur leur travai ordinaire.

Un pied cube de café en parchemin contient environ 19 liv. & demie à 20 livres de café préparé ou marchand : on en peut mettre au magasin jusqu'à 20 pouces d'épaisseur, s'il est nécessaire.

Dans une manufacture de 100 pieds de longueur, sur 37 de largeur, un des magasins seul, le café y étant à un pied d'épaisseur, contiendra 74,000 livres de café marchand; & les deux ensemble, de l'étage & du grenier, 148,000 livres; à 18 pouces d'épaisseur, l'un contiendra 111,000 livres, & les deux, par conséquent, 222,000 livres.

Or, comme on peut s'arranger de maniere à avoir toujours un de ces magasins libres, au commencement d'une récolte, quoiqu'on en eût fait usage jusque là, la manufacture dont on a donné ici le plan peut suffire à l'exploitation de 200,000 livres

X

de café, par an, avec la plus grande aisance, &, dans le besoin, a une de 250,000 livres.

Un pied cube de café préparé ou marchand en contient environ 40 à 44 livres, selon qu'il est plus ou moins sec. (d)

Intérêt de le préparer le plus promptement.

Le café en parchemin exige encore beaucoup de travail, avant qu'il soit rendu marchand : surquoi il est utile d'observer qu'on doit chercher à le fabriquer ou préparer le plus promptement qu'il soit possible ; parce que, plus on le laisse séjourner dans les magasins, plus on l'expose aux insectes, plus on multiplie les soins qu'il exige, plus, par conséquent, on enléve de remps aux autres travaux, plus on les accumule, & on se met en retard ; d'où résultent de très grands préjudices.

D'ailleurs, tant qu'il n'est pas livré au marchand, il ne produit qu'un argent enfoui : on doit le considérer comme un embarras ; & c'en est un réel, dont il faut se défaire le plus promptement.

Il faut choisir tous les moments de l'année où le temps paroît avoir une tenue de quelques jours au beau, pour faire sécher le café, pour le piler.

Pilage du café.

On doit commencer par le café flottant, qu'on aura fait sécher séparément, qui se conserve moins long-temps, & est plus sujet à être ravagé par les insectes.

On descendra le café sur le glacis par les couloirs, chaque jour, la quantité qui pourra être préparée : on se sert aussi des tiroirs,

---

(d) Selon que la saison est plus ou moins pluvieuse, selon que les manufactures ou magasins sont plus ou moins aërés, & qu'on garde le café plus ou moins long-temps après qu'il est préparé, il peut avoir un déchet ou perte de 6, & jusqu'à 10 & 12 pour 100.

quoiqu'il y foit plus long-temps à fécher que fur le glacis, qui étant échauffé par le foleil a un effet plus actif. La plus grande utilité même de ces tiroirs, pour ne pas dire la feule, eft de pouvoir, à force de foin, faire fécher une petite quantité de café, dans des cas où l'on eft preffé, & de fervir quelquefois lors de la récolte.

Pour que le café en parchemin, pris dans les greniers ou magafins, foit auffi fec qu'il doit l'être pour être pilé, il faut qu'il fubiffe au moins trois jours entiers d'un foleil bien ardent : il en faudra d'avantage, felon que le temps fera plus ou moins beau.

Pour connoitre s'il l'eft affez, on l'effaye fous la dent : il doit caffer comme un corps dur, & non plier ou faiblir : cela exige de l'attention. Le café pilé fans avoir été affez féché & durci, s'aplatit fous le pilon en partie ; & cette partie ne peut plus être qu'un café de rebut : celui même qui fera demeuré entier ne fera non plus qu'un café de qualité inférieure, fujet à s'échauffer & à fe moifir dans les futailles pendant le tranfport.

Lorfqu'il a été bien féché fur le glacis, on le jette dans le même back qui a fervi à le contenir en cerife quand on l'a paffé au moulin ; on aura eu le foin de le bien néttoyer, & d'en ôter l'humidité. Il fert à conferver au café fa chaleur (e) & fa dureté,

---

(e) Pour donner à ces backs toute l'utilité dont ils font fufceptibles, on confeille de les faire conftruire d'abord de maniere qu'ils puiffent être chauffés à un certain dégré, avant d'y mettre le café. Cela fera aifé, en faifant par deffous un fourneau, d'où la chaleur pourrait fe répandre, & fe communiquer à tous les murs, en l'y faifant circuler dans des paffages en forme de cheminée.

Un autre objet tout auffi utile, & plus peut-être encore, feroit une étuve, pour

jusqu'au moment & pendant qu'on le pile. On doit avoir l'attention de le faire enlever du glacis l'après midi, depuis environ 3 heures & demie, jusqu'à 4, & qu'il n'en reste point après ce moment ; parce que, au de-là, il ne peut que perdre de sa chaleur.

A la tête de ces travaux, toujours faits par le petit attelier, comme on a dit ci-devant, il doit y avoir un commandeur intelligent, très vif, & ingambe. Il doit acquérir beaucoup d'expérience sur l'objet qui lui est confié, sur tout s'habituer à connoître parfaitement & à distinguer les grains de pluie, avant qu'ils tombent, à remarquer les mouvements des nuages & juger de leur effet, afin de s'assurer à peu près du moment où doit tomber le grain,

---

sécher le café, dans les temps où il ne peut l'être par le soleil, afin de pouvoir le faire piler & préparer dans les moments qui conviendroient le mieux à l'habitant, sans égard à la pluie, ou au temps qu'il feroit. En attendant que des essais ayent démontré la meilleur forme, les proportions, & les arrangements qu'il faut adopter pour cela, voici la manière la plus convenable de faire ces essais :

Construire une espéce d'étuve de 18 pieds quarrés, & de 14 pieds de hauteur, le dessus fermé d'un bon plancher, dont les joints feront garnis d'une petite bande de toile clouée & collée, pour pouvoir charger ce plancher d'une couche d'un demi pied de sable : les quatre côtés fermés en gaulerage, bien plâtrés de terre, & recrépis de mortier de chaux & sable ; une porte pour y entrer, & une petite fenêtre de 6 pouces de large sur 15 de hauteur, pour, du déhors, pouvoir l'ouvrir & visiter un Thermomètre : dans l'intérieur, à droite & à gauche de l'entrée, des tablettes de 6 pieds de largeur, & 12 de longueur, faites exactements comme des tiroirs à coulisse, posées dans le milieu sur un essieu, afin de les incliner pour faire couler & sortir le café de lui-même, & le retirer plus facilement par l'un des bouts, devant lequel on laisseroit une espace, à dessein : un ou deux poëlles pour chauffer, au dégré convenable, de la même manière que celles dont on se sert pour le sucre. Lorsqu'on seroit assuré du meilleur arrangement & de la réussite, on pourroit les faire construire plus solidement.

pour ne pas faire ferrer le café trop tôt , ce qui feroit une perte de temps, ou trop tard , ce qui l'expoferoit à être mouillé.

Il y a un grand nombre de noirs qui deviennent très habiles fur ce point, par la grande habitude qu'ils s'en font, & qui pourroient donner des leçons au Hauturier le plus exercé, fur les changements de l'athmofphere.

Le pilage du café n'êft confidéré que comme un travail de veillée; mais il faut remarquer qu'il eft très pénible, & que lorfqu'on en a une grande quantité, on a beaucoup de peine à en venir à bout; & s'il arrive quelquefois qu'on ne puiffe y fuffire, on eft bien obligé pour lors de le piler dans le jour. Cette néceffité deviendra toutefois très onéreufe, parce que ce ne fera pas un temps qu'on ait choifi exprès , & que, conféquemment, on n'aura pas dirigé les autres opérations de maniere à n'en pas fouffrir de retard.

On défireroit donc qu'on voulût faire une efpèce de facrifice de temps , pour faire piler le café pendant quelques jours, depuis deux heures après midi , jufqu'à l'heure ordinaire de la veillée : cela foulageroit les efclaves, & préviendroit bien des embarras.

Pour que le café foit bien pilé, il faut qu'il ne foit point brifé ou rompu par maladreffe , ou par le défaut des piloirs ou des pilons, & qu'il n'en foit pas refté une trop grande quantité avec le parchemin , de non pilé.

A mefure qu'il eft pilé, & qu'il fort du piloir, d'autres perfonnes le vannent avec foin ; enfuite, on le met en tas raffemblé, à l'endroit deftiné au triage; & c'eft par ce dernier travail, que doit fe terminer la veillée. *Vannage.*

Le lendemain, dès le point du jour, il faut paffer par le tamis *Tamifage.*

tout le café pilé & vanné a la veillée. On s'arrêtera ici un inftant ; pour décrire cet efpèce de tamis dont on fe fert, mais non affez généralement, aux Colonies Hollandoifes : on y ajoutera, dans fa defcription même, ce qui peut le perfectionner; mais il ne peut être conftruit qu'en Europe.

Defcription d'un tamis Hollandois.

Il doit être de cuivre jaune, de trois pieds de diametre environ, fes bords élevés de 3 pouces, du refte fait comme des tamis ordinaires : mais, à deux endroits oppofés, aux extrémités d'un diametre, il y aura une efpèce de poignée, très raprochée du bord des tamis; aifée à faifir, vide en dedans, afin qu'elle ne foit pas pefante, & d'une groffeur convenable pour qu'un défaut de proportion ne fatigue pas la main.

Son fond fera percé de trous d'une telle grandeur, que la plus petite fève de café dépouillée de fon parchemin ne puiffe paffer au travers ; & ces trous feront raprochés, de maniere qu'il n'y ait pas plus de plein que de vide.

On fera faire un fecond tamis fur ce même plan; mais dont les trous, au contraire de l'autre, feront de telle grandeur que tout le café pilé paffe au travers, & qu'il ne refte deffus que le café en parchemin.

Pour que ces inftruments puiffent être faits exactement, il faut envoyer des modeles pour la groffeur des trous : ces tamis, au refte, doivent être infiniment légers.

On placera deux négreffes, avec chacune un de ces tamis, à une diftance l'une de l'autre, qui leur permette de vider le café l'un dans l'autre : mais, pour tamifer, elles fe retourneront en fe préfentant le dos, pour que le café qui fortira d'un tamis foit affez éloigné pour ne fe point mêler.

Celle dont le tamis aura les plus petits trous, paſſera la premiere le café : tout le rompu tombera à terre; après quoi, elle
verſera dans le tamis de l'autre, qui laiſſera paſſer tout celui qui
ſera pilé, & ne gardera que le café en parchemin, qu'on fera piler de nouveau. Elles ſuivront leur travail de cette maniere, juſqu'à ce qu'il ſoit tout paſſé.

Triage.

Cete méthode avance beaucoup le triage qui, pour le café entier,
ſe borne à ôter les fêves endommagées par les inſectes, & celles
qui ont quelqu'autre défaut; &, pour le café rompu, à ôter celui
qui eſt gâté.

On ne ſauroit prendre trop de ſoin pour que le café ſoit parfaitement trié : on ne doit y laiſſer aucune fêve viciée, ni défec-
tueuſe. Il vaut mieux avoir un peu plus de café de rebut, &
avoir de belle denrée qui ſe vendra infiniment mieux : d'ailleurs
ce café de rebut ſe vend anſſi, quoiqu'à un prix inférieur; &
comme il eſt en petite quantité, relativement au tout, on perd
peu à la modicité de ſon prix, au lieu qu'on perdroit infiniment,
s'il dépréciait toute la récolte, comme il arriveroit, s'il n'étoit
trié avec un très grand ſoin.

5. eſpèces de café.

Il faut diſtinguer cinq eſpèces de café, & les enfutailler ſéparément.

1°. Le café.

2°. Le café flotant, qui ſera vendu comme l'autre café, mais
qu'il faut enfutailler ſéparément.

3°. Le café de rebut entier.

4°. Le café rompu, de bonne qualité, qui n'a d'autre défaut
que d'être briſé.

5°. Et le café rompu de rebut : ce dernier a peu de valeur ; il ne peut être vendu qu'au bas peuple.

Lorsque le café sera trié, on le fera encore vanner avec soin : mais on doit toujours avoir des futailles prêtes à l'avance ; parce qu'il faut l'enfutailler dans le moment même qu'il vient d'être vanné, à mesure qu'il l'est, en observant de finir d'emplir une futaille de suite ; (f) après quoi, on doit la fermer incessamment, parce que l'impression de l'air lui ôte cette belle couleur d'un verd tirant sur le bleu, & le fait blanchir ; ce qui lui donne un mauvais conp d'œil, qui lui fait perdre son prix.

Précaution à l'embarquer.

D'ailleurs l'humidité du climat ne peut que nuire infiniment à sa qualité ; & il seroit à désirer qu'on pût le faire transporter dès qu'il est fabriqué : l'on devroit sur tout, autant qu'on pourroit, n'en jamais charger dans les bâtiments dont le chargement n'est pas encore avancé, & qui doivent rester encore long-temps en rade.

Des machines à pilons.

Il y a long-temps qu'il avoit été imaginé des machines qui fesoient mouvoir des pilons : elles n'ont pas réussi ; & on l'eût assuré d'avance ; parce que ces essais n'étoient pas faits par de bons Mécaniciens, & que, de toutes les machines, ce sont celles à pilons, dont il est le plus difficile d'aproprier l'effet à telle ou telle fin, en quelque objet que ce soit : on ne peut arriver qu'à des à peu-près, (g) à moins qu'on ne soit parfaitement instruit sur ces objets.

(f) Nulle part on se donne ces soins là ; mais ils n'en sont pas moins indispensables, si l'on veut tirer le plus avantageux parti de sa denrée, & lui donner une grande réputation.

(g) Quoiqu'on fasse envisager cette espèce de machine comme difficile, on pense

L'on a, dit-on, fait à Démérary, l'effai d'un moulin conftruit fur le plan de ceux qui écrafent les olives, qu'on affure qui réuffira fort bien, lorfqu'il aura été perfectionné au point dont il eft fufceptible. (h)

La récolte & la préparation du café, malgré toutes les recherches pour la fimplifier, ne laiffent pas d'exiger, comme on vient de le voir, une manipulation multipliée qui devient très confidérable, & qui, fi l'on n'y apportoit la plus grande attention & une extrême activité, emploiroit une telle durée de temps, que les travaux extérieurs, ceux de la culture, en fouffriroient néceffairement.

Quelque vigilance même qu'on puiffe apporter à cette manipulation, ayant égard au temps des négres qu'il faudra occuper à accélérer le pilage, & à la préparation du café, à celui des négreffes du grand attelier qui feront employées au triage, & à tous les autres minutieux détails, il en réfultera une maffe de travail & de temps équivalents à deux mois de l'emploi de tout le grand attelier : ce qui, ajouté à celui néceffaire aux récoltes, fera 5 mois de l'année au moins ; enforte qu'il n'en reftera plus que 7 pour les travaux du jardin ou abattis.

Réflexions générales.

---

qu'on peut faire mouvoir une très grande quantité de pilons dont l'effet répondroit parfaitement au but qu'on défire ; qu'on pourroit même y ajouter un moulin à vanner & à tamifer le café pilé. Mais l'enfemble de cette machine eft trop compliqué pour en faire ici la defcription fans le fecours des planches.

(h) De toutes les machines dont on pourroit faire choix, celle-ci réunit le plus d'effets analogues aux combinaifons qu'on doit rechercher ; c'eft auffi celle qui doit le mieux réuffir. On ne rencontre, pour ainfi dire, qu'une feule difficulté à vaincre dans fon exécution, & cette difficulté vient de ce que la fève du café eft plate d'un côté, au lieu d'être ronde.

Y

D'après cette confidération & ce qu'enfeigne l'expérience, on ne réuffira à faire cette culture avec avantage, qu'en parvenant à exécuter avec célérité tous les travaux en général qui concernent la manufacture, & à faire ceux du dehors avec le plus grand ordre.

Quant aux premiers, l'on n'en viendra à bout qu'en faifant contracter aux négres l'habitude d'une très grande agilité dans toutes leurs opérations & tous leurs mouvements, à tout exécuter avec célérité, & dans le moins de temps poffible, & avec cette d'extérité que donne l'attention jointe à l'exercice.

Lorfqu'ils y font accoutumés, comme il ne s'agit que de travaux légers, au moins pour la plûpart, ils n'en font pas plus fatigués à la fin de la journée.

<hr>

CHAPITRE IX.

De la culture du Cacao.

LA culture du cacao fe pratique très avantageufement auffi dans les terres-baffes : le cacaoyer y réuffit fingulierement, pourvû qu'elles foient bien defféchées, & que les canaux & les foffés foient bien entretenus : condition rigoureufement indifpenfable pour le fuccès dans toute efpèce de culture, mais principalement dans celle-ci, fi l'on veut en attendre la perfection. (i)

Cacaoyer.

(i) On ne fçauroit trop le redire, & recommander cet objét, à l'attention de ceux qui cultivent les terres-baffes : outre la perfection des defféchements, il faut entretenir les canaux & foffés dans un bon état non-feulement, mais encore dans une

A Surinam, on plante ordinairement les cacaoyers à 12 pieds de diſtance, ſur tous les ſens ; ce qui fait environ 11 pieds 7 pouces de notre meſure. On en a planté anciennement à de plus grandes diſtances, & enſuite à de beaucoup moindres; mais il ſuffit de faire mention ici de celle qu'on y a le plus généralement ſuivie ; & il convient de dire de ſuite tout ce qui peut concerner l'eſpacement de ces arbres, pour les plantations régulieres.

Le cacaoyer ne fleurit point par l'extrémité de ſes branches, & de leurs ramifications, comme font les autres plantes en général : il pouſſe le long du corps de ſa tige, & des plus groſſes branches, de fort petits boutons, qui fleuriſſent dès qu'ils ſont hors de l'écorce, & d'où naiſſent les fruits.

En n'examinant ici dans cet arbre que la maniere de produire qui lui eſt particuliere, on eſt autoriſé à croire qu'il peut être planté à de moindres diſtances qu'on vient de l'énoncer : nonſeulement les arbres peuvent ſe toucher, ſans ſe nuire, par l'extrémité de leurs branches ; mais ces branches peuvent encore ſe croiſer les unes les autres, s'entrelaſſer juſqu'à un certain point, ſans qu'il en arrive préjudice à la fructification.

On a obſervé d'ailleurs, & comparé pendant nombre d'années conſécutives, les produits des cacaoyers plantés à de grandes diſtances, & de ceux qui étoient beaucoup moins eſpacés. Il en eſt

---

grande propreté : étant négligés, l'herbe qui y croit, nuit à l'écoulement des eaux à un tel point, qu'il peut arriver en pareil cas qu'ils ne feront plus que ſi imparfaitement leur office, que des deſſéchements complets & avantageux par leur extenſion, ne produiroient qu'un effet abſolument inſuffiſant pour la conſervation des plantations.

résulté que la différence entre ces produits, n'étoit pas fenfible : elle s'eft trouvé alternativement en faveur des grands & des moindres efpacements : enforte que l'on n'a pû déterminer encore jufqu'ici, d'après la mefure des produits, fi un efpacement de 10 ou 12 pieds, devoit être préféré à un de 8 ou 9. On a même remarqué que des arbres ifolés n'étoient pas annuellement plus productifs que d'autres, affez rapprochés les uns des autres.

On obferve encore d'ailleurs, que le cacaoyer fe complait à avoir fon pied très ombragé, & à jouir d'un air frais, qui eft utile auffi peut-être, à fa maniere de fructifier.

Puifqu'un moindre efpacement ne fauroit nuire au cacaoyer, comme l'expérience le démontre, il réfultera plufieurs avantages d'en adopter l'ufage : d'abord, celui de la jouiffance d'un plus grand nombre d'arbres, par conféquent de plus de revenus d'un efpace donné ; enfuite, moins d'entretien, moins de farclage ; & ceci eft un objet précieux. L'on fait d'ailleurs qu'un fol bien ombragé, bien couvert, conferve plus long-temps fes fels, & eft moins fujet à être détérioré par l'action de l'air & du foleil.

On peut ajouter à tout cela que les arbres s'éleveront davantage : la vue pourra s'étendre par deffous ; ce qui facilitera l'infpection des piéces, & particulierement des travaux dont on y fera occupé.

Sans entrer dans de plus grands détails à ce fujet, on penfe qu'il n'y a aucun inconvénient à faire les plantations de cacaoyers de la même maniere qu'il a été déterminé ci-devant pour les cafeyers.

Si quelqu'un prétendoit qu'ils feroient ainfi efpacés un peu trop près, il faut lui obferver qu'on ne peut dans le fond confidérer qu'un rang, celui du milieu de la planche qui foit réellement planté à 8 pieds & demi. Comme il n'y a que trois rangs d'arbres par planche, ceux qui font vers chaque bord, ont un intervalle de 13 pieds, jufqu'à ceux de la planche voifine.

Il réfulte de cette diftribution que les arbres jouiront d'un efpacement qui équivaudra à peu près à 9 pieds de diftance des uns aux autres : ce qui eft très fuffifant pour remplir toutes les conditions que peut exiger une plantation de cacaoyers.

Il fuit de là que tout ce que nous avons dit, tant fur la préparation & la largeur des planches, que fur les alignements, les plantations de bananniers & leur culture, à l'article des cafeyers, conviendra parfaitement auffi pour une plantation de cacaoyers.

Ceux qui voudroient néanmoins les efpacer davantage, ce qu'on croit inutile & onéreux, pourront aifément trouver les proportions que devront avoir les planches, & les alignements de bananniers : mais on leur confeille en ce cas de ne pas s'écarter des principes établis ici, furtout de ce qui a été dit au fujet des petites tranches, & de leur diftance jufqu'au premier rang d'arbres.

Les pépinieres de cacaoyers, fe font de la même maniere que celles de cafeyers qu'on fait de graines, excepté qu'il faut efpacer chaque plant de quelques pouces de plus. On peut les planter depuis l'âge de 6 à 9 ou 10 mois; mais il ne faut pas les laiffer trop grandir dans les pépinieres, à caufe qu'ils feroient plus difficiles à enlever, comme on va le voir ci-après.

Le cacaoyer eft infiniment moins vivace que le cafeyer, il eft fort délicat; lorfqu'il eft jeune furtout, il eft très fenfible à l'impreffion du foleil, de l'air, & des vents, même à celle des corps qui l'environnent. Son bois eft d'une grande porofité; fes jeunes pouffes, fes feuilles font facilement endommagées par le vent qui les déchire ; il a toujours une grande partie de fes branches dont les fommités font mortes : il offre affez fouvent l'apparence d'un arbre qui a été grêlé ou battu de l'orage ; les vents du Nord furtout, lui font pernicieux, principalement pour les jeunes plants, dont ce vent defféche les feuilles, & l'extrémité des branches.

Les plantations de ces arbres fe font de la même maniere abfolument que celles de cafeyers ; mais elles demandent plus d'attention : la moindre atteinte portée aux racines des plants, le moindre ébranlement, la moindre divifion dans la motte, lorfqu'on les enlève de la pépiniere, les met dans un état de fouffrance toujours préjudiciable, & capable fouvent de les faire périr.

Cet arbre pivote beaucoup & de bonne heure ; ce qui oblige à planter les plants jeunes : l'âge de 7 à 8 mois, eft le plus convenable.

Plufieurs planteurs, à Surinam, coupent le bout du pivot du plant, de quelques pouces, avant de le placer dans le trou ; mais nous penfons que cette méthode ne peut être que vicieufe : cette partie du pivot peut être endommagée, avant qu'elle ait eû le temps de fe cicatrifer : & d'ailleurs, pourquoi fupprimer à un arbre une partie d'un membre que la nature a jugé néceffaire de lui donner ? Il vaut mieux mettre une plus grande attention à faire les plantations, & à avoir des defféchements bien faits.

Vû la délicateffe des plants, & les inconvénients qui peuvent en réfulter, on croit, fondé fur des obfervations, que cet arbre réuffiroit infiniment mieux, s'il l'on faifoit les plantations de graines ; mais pour cela, il faudroit qu'on n'eût plus à craindre aucun affaiffement dans la couche de terreau

Cette méthode entraineroit fans doute à des foins plus minutieux : il faut pendant la premiere année, vifiter fans ceffe toute la piéce, & replanter les graines qui n'auroient pas levé, & les remplacer aux endroits où les criquets auroient coupé les jeunes arbres. Mais il faut faire attention que dans les plantations de plants, on n'eft pas difpenfé d'une grande partie de ce foin, qu'on ne peut conféquemment regarder les autres que comme une augmentation, & qu'on en feroit bien dédommagé par des réfultats plus avantageux.

D'ailleurs, dans une piéce toujours entretenue bien farclée, & les bananniers bien foignés, ces foins font aifés à remplir. Mais, il n'eft point inutile d'obferver que, fur toutes les chofes qui demandent des foins permanents, ce n'eft jamais que ceux qui en font incapables qui, pour ne pas adopter une méthode, prétextent l'excès d'attention qu'elle exige. Le vrai cultivateur ne met & ne connoît aucune borne à la peine & aux foins ; & c'eft toujours fans y avoir égard, qu'il péfe les avantages & les inconvénients en toute pratique, & c'eft fur leur balance qu'il fe détermine.

Dans la méthode propofée, il faut mettre plufieurs graines ou amandes à la fois, à chaque endroit où il doit y avoir un arbre, afin de prévenir l'inconvénient des remplacements trop multipliés, parce qu'on doit s'attendre qu'elles ne germeront pas toutes, & auffi afin de choifir le plus beau plant, & arracher les médiocres. *Plantation de graines*

A ce fujet il faut obferver que, dans tous les cas il ne faut laiffer à chaque pied de cacaoyer que deux tiges : l'on peut même fe contenter d'une feule, lorfqu'elle forme une fourche à un ou deux pieds de terre ; &, fi elle en formoit trois, il faudroit *Obfervation générale.*

les laiffer, mais ne fouffrir alors abfolument que cette feule tige.

On juge, d'après ce qui a été dit, qu'il convient de bien ombrager les plantations de cacaoyers, & de les abriter des vents, furtout du Nord qui leur préjudicie à un point étonnant, & que cette attention eft néceffaire, non-feulement lorfque ces plantations font nouvelles, & les arbres faibles, mais encore lorfqu'ils ont acquis toute leur force & toute leur vigueur, c'eft-à-dire, pendant tout le temps de leur durée.

Il y a donc plufieurs chofes à confidérer fur cet objet: d'abord, cet abri doit être vers la furface de la terre, lorfque les arbres font jeunes, & jufqu'à ce qu'ils produifent; mais, lorfqu'ils fe font élevés, la circulation de l'air vers la terre eft néceffaire, pour empêcher une humidité trop furabondante, & pour favorifer la fructification: cette maniere d'abri doit alors être permanente, & de durée s'il eft poffible, autant que le cacoyer.

Après avoir réfléchi fur toutes les manieres les plus convenables de former ces abris, ainfi que fur les objets les plus propres à les produire, nous allons préfenter une méthode qui nous paroît remplir le mieux toutes les conditions à défirer, & qui, par le genre de fon utilité même, ajoutera encore à l'embelliffement qu'offre déja une belle piéce de cacaoyers.

Cette nouvelle méthode confifteroit, lorfqu'on plante une piéce de cacaoyers, à faire planter d'abord, foit dans la piéce même, foit fur le bord des chemins dont elle feroit environnée, de deux côtés, le long de ceux qui font expofés au Nord & à l'Eft, un rang de bananniers, éloignés feulement de huit pieds les uns des autres, afin que les touffes fe touchent, & forme une efpèce de haie, lorfqu'elles auront acquis leur grandeur.

Si on leur laiſſoit les feuilles mortes dont ils ſont toujours abondamment pourvus, elles romproient totalement l'effort des vents ; ſi on les ôte toutes ou en partie, cet effort ne ſeroit encore que bien médiocre derriere un pareil abri, qui non-ſeulement peut produire tout l'effet qu'on doit déſirer, mais qui ſuffira même pendant quatre, cinq ou ſix ans.

Mais, comme il s'agira alors d'en avoir un proportionné à la grandeur des cacaoyers, & auſſi durable qu'eux, voici ce qu'il faudra pratiquer dès en même-temps qu'on plantera les bananniers.

Il faudra faire planter entre chaque touffe, (ce qui fera un eſpacement de 8 en 8 pieds) un arbre fruitier, de ceux qui ſe complaiſent le mieux dans les terres-baſſes, & qui ſont les plus vivaces & les plus touffus, tels que le manguier de l'Inde, & autres de ce genre.

Nous diſons entre chaque touffe ; & voici la raiſon de ce rapprochement qui pourroit paroître extraordinaire d'abord : c'eſt qu'il faut ici forcer la nature à produire l'arrangement qui convient le mieux. Or la gêne qu'éprouveront ces arbres entre les touffes de bananniers, leur fera pouſſer de longues tiges : leur rapprochement y contribuera auſſi, mais ſurtout il les forcera à croiſer leurs branches, à s'entrelacer les uns dans les autres, & à garder toujours cette ſituation.

Une telle rangée d'arbres formera alors une puiſſante haye, mais qui ſera élevée & ſoutenue en l'air, une eſpèce de forte charmille dont l'effet ſera de garantir le haut des cacaoyers, qui eſt leur partie ſenſible, pendant que le vent, ſeulement rompu dans le bas par les tiges, paſſera & circulera dans la piéce par deſſous les cacaoyers, pour les féconder, & accélérer leur fructification.

Z

Mais, fi une piéce de cacaoyers fe trouvoit être d'une grandeur ou d'une profondeur tant foit peu confidérable, comme le vent après avoir franchi cette haye, pourroit reprendre une impulfion violente avant d'avoir dépaffé les cacaoyers ; il faut, dans ce cas, faire planter une pareille rangée de bananniers & d'arbres au milieu de la piéce, pour la divifer en deux : il n'en coutera pour cela qu'un rang de cacaoyers, qu'on aura de moins.

Mais la même raifon oblige à avoir de plus l'augmentation de précaution qu'on va indiquer ; & cela dans tous les cas, que la piéce foit grande ou non : il faut dans toute fon étendue ne pas négliger de faire planter des rangs de ces mêmes arbres frui-tiers, de la maniere fuivante.

D'abord, il faut n'avoir aucun égard à la pofition des côtés de la piéce, par rapport au Nord & à l'Eft, mais diriger feulement ces rangs du Nord-eft au Sud-Oueft à peu près, fans égard non plus à ce qu'ils traverfent les planches ou non , & dans quel fens.

Ainfi, en commençant par l'extrémité de la piéce, fuppofons celle de la droite, on plantera un rang de ces arbres fruitiers éfpacés de quatre en quatre cacaoyers, & à leur place, dans le cas où leur direction feroit la même que celle des planches ; car fi elle les coupe, comme il arrivera le plus fouvent, il ne faut alors les efpacer que de trois en trois cacaoyers pris fur leur alignement oblique.

Ce rang étant ainfi planté jufqu'au tiers de la longueur qu'il peut avoir, on l'interrompera là ; & de ce point, allant à angle droit vers le Sud-Eft , jufqu'au huitieme rang de cacaoyers, on recommencera le rang d'arbres fruitiers, mais de quelques pieds de cacaoyers plus, en arriere; & on le pourfuivra encore un tiers de fa longueur totale, c'eft-à-dire jufqu'aux deux tiers de la ligne de direction qui fuit en hachûres cette plantation; (k) & l'arrêtant de nouveau à ce point, on ira de même jufqu'au huitieme rang de cacaoyers, pour la recommencer comme on vient de le dire, & la finir entierement.

Ces trois bouts de rangées d'arbres, ou plutôt cette rangée brifée & iuterrompue étant finie, on en fera une pareille au 15e. rang de cacaoyers plus loin; & ainfi dans toute l'étendue de la piéce.

Cette méthode beaucoup plus minutieufe à décrire, qu'à pratiquer, paroit parfaitement convenir pour abrier les cacaoyers autant qu'ils peuvent l'être, & rompre les vents, les divifer, & en diminuer l'effer fur le haut des cacaoyers.

Quoique le cacaoyer demande à être autant ombragé qu'on vient de le voir, il ne faut toutefois pas négliger d'élaguer les bananniers dans ces plantations : il faut feulement obferver de ne commencer cette opération que plus tard, lorfqu'on voit qu'ils gênent les arbres; & il ne faut les détruire tout à fait que la cinquiéme année, lorfque

---

(k) On rompt ainfi ces alignements, ces rangs d'arbres, on les difpofe ainfi en hachûres, afin que les vents ne trouvent point d'enfilades fur aucune direction; fans cette précaution on n'éviteroit qu'une partie de leur effet nuifible.

Quant à la diftance de huit pieds, qu'on a fixée pour les rangs d'arbres qui doivent envelopper la piéce, cet efpacement fera fuffifant pour ceux, dont on fait mention; fi on vouloit fe fervir d'autres efpèces pour faire ces plantations, on les efpaceroit plus ou moins felon que leur nature paroîtroit l'exiger; mais toujours en fuivant les principes ci-deffus.

les arbres leur ferviront d'abri; & qu'il couvriront eux-mêmes le fol.

Il faut agir de même pour les bordures de banannier's dont on a enveloppé la piéce : il faut en diminuer peu à peu l'épaiffeur, à mefure que les arbres commencent à produire, & enfin l'ôter totalement.

Entretien du cacaoyer.

L'entretien du cacaoyer différe peu de celui qu'exige le cafeyer, dont on a parlé fort au long : il eft fujet à pouffer force gourmands, & à avoir plus de mouffe & plus de guis, lefquels nuifent plus à ces arbres qu'aux cafeyers, parce qu'ils corrompent, la mouffe furtout, l'eau pluviale dont elle s'imbibe comme une éponge, & qui coulant enfuite le long des branches, & de la tige, corrode les fleurs, & même les fruits qui viennent de naître, s'il s'en trouve.

Il faut les ôter l'un & l'autre avec un très grand foin; mais en obfervant bien fur cela de ne faire cette opération que lorfqu'il n'y a point de fleurs aux arbres; ce qui demande de l'attention, parce qu'il y en a plus ou moins, pour ainfi dire prefque toute l'année; quoique cet arbre ait deux récoltes déterminées par an; l'une depuis Fevrier jufqu'en Juin, l'autre vers Oftobre & Novembre.

Epoque de fon rapport.

Sa durée.

Le cacaoyer n'acquiert fa grande vigueur, & n'eft en grand rapport qu'à la 9e. ou 10e. année : planté dans de bonnes terres-baffes, parfaitement defféchées, il dure environ 40 ans. Après cet âge, il ne fait guere que péricliter; & il ne tarderoit pas à périr, fi l'on ne prenoit le foin de lui redonner une nouvelle vie, par une opération femblable à celle qu'on a indiqué pour le cafeyer : mais on ne doit pas attendre pour les cacaoyers qu'une piéce entiere délinque ou périclite.

À mesure que les individus vieilliffent, & ne font plus que d'un faible rapport, on doit les couper à 6 pouces de terre, & prendre, pour former deux nouvelles tiges, les deux pius beaux jets de ceux qui auront pris naiffance dans la terre même, & non de ceux qui auront pouffé hors de terre, du tronc : il eft effentiel que ces arbres foient coupés en bec de flûte, & avec les précau- tion indiquées pour les cafeyers.

La meilleur faifon pour cette opération eft auffi le mois de Novembre, & après celle-là, le mois de Fevrier,

Le cacaoyer ainfi renouvellé dure encore 15 ou 20 ans au moins ; & l'on ne fait même pas encore jufqu'à quel âge, avec des foins bien entendus, & des defféchements toujours parfaits, on pourroit pouffer la durée de cet arbre, qui excéderoit peut être celle de deux ou trois âges d'hommes.

Il lui arrive quelquefois un accident, comme à beaucoup d'autres arbres : une mouche dépofe fes œufs dans l'écorce : le ver qui én eft le fruit, la pénétre, & fe tient affez fouvent entre l'é- corce & le bois, ce qui, fans faire périr l'arbre, lui nuit cepen- dant beaucoup : mais quelquefois, il le perce jufqu'à la moélle, & alors l'arbre périt promptement.

Lorfque des arbres périffent, par quelques accidents que ce foit, il faut les replanter à mefure, foit avec des plants, foit de graines.

On a dit & remarqué, en parlant de la culture du cafeyer, combien elle eft intéreffante pour le cultivateur, & à quel point elle eft avantageufe. Celle du cacaoyer ne l'eft gueres moins : le fite de fes plantations, le tableau qu'elles offrent n'eft pas fi riant ;

mais il eft plus noble, plus majeftueux, & a un genre particulier de beauté. Ses plantations ont plus l'air de forêts, mais de
forêts d'une grande richeffe, & qui paroiffent faites pour être
admirées.

Cette culture a un avantage confidérable fnr les deux premieres ;
mais elle eft moins lucrative : elle eft infiniment moins pénible
pour les efclaves, moins couteufe & moins embarraffante pour
le maître ; & l'exploitation de fes produits fe fait avec une facilité & une fimplicité qui pourroient lui faire donner la préférence fur
les autres.

Récolte du cacao. Pour le récolter, il n'y a autre chofe à faire, que de détacher le
fruit de l'arbre, au moyen d'une ferpette emmanchée dans un long
bâton, le faire tomber à terre & le mettre en tas. D'autres
efclaves enlévent ces fruits, & fur le lieu même, dans la piéce,
en caffant la caboffe, féparent la pulpe des amandes, qu'ils
mettent en tas, pour être portées le foir à la manufacture. Là
on ne fait que les jeter dans un back, pour les faire cuver ou
Préparation. fermenter pendant quelques jours ; après quoi, il n'y a qu'à les
faire fécher pour prendre le cacao marchand ; & tout cela eft
l'affaire de 15 ou 18 jours environ.

On obfervera au fujet de cette préparation que, quoique
nous ayons fait mention plus haut, en parlant de la manufacture
à café, des backs en briques qui pourroient fervir à cette manufacture, nous penfons qu'il feroit mieux de faire cuver le cacao
Backs de bois. dans des efpèces de backs de bois.

Il n'y auroit pour cela qu'à faire plancheyer une partie du rez
de chauffée de la manufacture, & avec des efpèces de tirants plats, ou

des piéces de bois en forme de madriers épais, faire des cadres de la grandeur qu'on voudroit : on en poferoit plus ou moins les uns fur les autres, pour former momentanément des backs de la profondeur requife, & la quantité dont on en auroit befoin : ils feroient affemblés avec des cléfs, pour pouvoir les démonter après la récolte.

Cette fermentation n'a d'autre utilité, & on n'y a d'autre but, que de détruire l'acidité des parties qui enveloppent la fêve ou amande, & la difpofer à fe débarraffer de fa partie aqueufe, excepté de fon huile qui dans cette opération paroît fe débarraffer auffi de fes parties les plus groffieres. Mais fi cette fermentation dure trop long-temps, le cacao s'échauffe trop, & perd de fa qualité; c'eft pourquoi on eft obligé de le remuer tous les jours.

Un back en brique, ou creufé dans la terre, ne peut que ralentir cette fermentation & en prolonger la durée : au lieu que, dans ces backs de bois, le cacao fe trouve cuvé très promptement; ce qui ne peut qu'être auffi avantageux, que les moyens font peu couteux : en fe fervant de ces backs de bois, il faut remuer le cacao foir & matin.

A Surinam, on ne fait que le mettre en des tas confidérables; & au lieu d'y remuer le cacao, on change le tas de place tous les jours : cette méthode tient encore plus au vice qu'on voudroit éviter.

Enfin, les Efpagnols dont le cacao a tant de réputation, le font fermenter dans des cuves de bois.

Après fa préparation, le cacao eft fujet à fe gâter, s'il n'eft transporté dans peu de temps hors du climat de la Guiane; ce qui y contribue, outre l'humidité, c'est que, lors de la cuvation l'odeur vineuse attire une multitude de mouches qui y déposent leurs œufs, lesquels joints à ceux que contient toujours abondamment l'athmosphére, produisent une grande quantité de vers qui le piquent, après qu'il leur a servi de matrice.

On prétend avoir réussi à prévenir cet accident en partie, en y mêlant lors de la cuvation, de la cendre, ou de l'eau de chaux qui, par leurs parties alkalines empêchent en grande partie que l'incubation ait lieu : c'est ce qu'on pratique depuis un temps fort ancien aux Colonies Hollandoises.

Un homme zélé pour le bien public, vient de publier ici une feuille, pour exposer les avantages de cette méthode, en indiquer les procédés & inviter les habitants à la pratiquer.

Cacaoyer de Cayenne.

Le cacaoyer qu'on cultive à Cayenne, vient de ces forêts de cacaoyers naturels qui sont au-dessus du Camopi, riviere qui verse ses eaux dans le haut de l'Oyapoc.

On croit en distinguer deux ou trois espèces : soit qu'une longue culture du premier qui a été transplanté dans la Colonie, ait un peu changé la forme de son fruit, soit quelqu'autre cause, il est vrai qu'on remarque que celui apporté plus récemment du Camopi, produit des cabosses plus grandes, plus belles, & dont les rainures sont plus profondes, ou les côtes plus saillantes, plus ressemblantes à de petits melons : on doit lui donner la préférence, pour faire de nouvelles plantations.

De Surinam.

C'est de Caraque qu'est venu le cacaoyer cultivé à Surinam. Il est à remarquer qu'il offre la même variété d'espèce; & que celui qu'on estime le plus dans cette Colonie voisine, & pour la beauté

des arbres, & pour le produit, eſt auſſi cette eſpèce dont les caboſſes ſont un peu plus fortement rehauſſées en côtes de melons :
elles ſont toujours au nombre de dix.

Leur cacaoyer paroît être le même que le nôtre : c'eſt à une
culture plus ſoignée, qu'on peut attribuer la beauté des arbres de
leurs plantations, & de leurs fruits, qui ſont parfaitement ſemblables
dans les proportions de leur forme ovoïde.

Les amandes ſont contenues dans la caboſſe, en forme de grappe, Expoſition du fruit
par la pulpe ou chair mucilagineuſe qui les enveloppe. Cette pulpe eſt pleine d'une liqueur douce avec ſeulement une légere acidité : exprimée &
paſſée par un linge, c'eſt une boiſſon très agréable & rafraichiſſante.

Elle entre en peu de temps en fermentation, devient par dégrés
de plus en plus acide, & finit au bout de quelques ſemaines par
être un vinaigre.

Beaucoup de perſonnes la trouve trop douce au moment où
elle vient d'être exprimée, & préférent la boire le lendemain :
les négres l'aiment mieux au bout de quelques jours, lorſqu'elle eſt
plus forte & plus vineuſe.

On peut en tirer une liqueur forte par la diſtillation ; mais, au Liqueur.
moment qu'elle eſt extraite, ſi l'on veut, il eſt poſſible d'en faire
une gelée très ſaine, & on ne ſauroit plus agréable. Gelée.

On compte qu'il faut au moins 12 caboſſes, pour faire une livre Quantité de caboſſes
de cacao, & 15 au plus, dont le terme moyen eſt 13 & demi. à la liv. de cacao.

Une caboſſe, quelque petite qu'elle ſoit, contient rarement
moins de 40 amandes ; les plus ordinaires en contiennent 48 à 50,
les plus grandes 55 environ, mais très rarement au-delà.

Il n'y a point à Surinam d'habitation où l'on cultive uniquement

A a

du cacao : en forte que cette culture étant confondue avec d'autres, on n'a pû s'affurer combien chaque négre travaillant peut entretenir d'acres de cacaoyers ; mais on penfe que ce n'eft pas trop préfumer, que de compter qu'après que les plantations font en rapport, il peut en cultiver & exploiter une quantité double de celle qu'il peut faire dans la culture du cafeyer, c'eft-à-dire, 5 acres, qui font 2 carrés un quart de Cayenne.

A Surinam, les relevés faits fucceffivement pendant plufieurs années, ont donné pour réfultats que les cacaoyers, dans leur vigueur à 9 ou 10 ans, peuvent donner de 4 à 8 livres de cacao par chaque arbre, par an : mais dans le produit général d'une habitation où l'on a des cacaoyers de divers âges, ils rendent à raifon de 3 liv. par pied, & fouvent au-deffus. Les arbres commencent à rapporter à l'âge de 4 ans ; mais fort peu de chofe.

Leur acre ne contient que 275 cacaoyers, plantés à 12 pieds, qui à raifon de 3 liv. font un produit de 825 liv. de cacao par an. S'ils étoient plantés felon la méthode ci-deffus, en déduifant ceux qui feroient remplacés par les arbres fruitiers, l'acre en contiendroit 450 pieds, dont le produit feroit de 1350 liv. de cacao ; c'eft-à-dire plus d'un tiers en fus.

En comptant toujours le produit à 3 liv. par pied, le carré de Cayenne contiendroit 625 cacaoyers plantés à 12 pieds, lefquels rapporteroient 1875 liv. de cacao ; au lieu que, felon la méthode indiquée ici, le carré contiendroit 1000 arbres, & donneroit par conféquent trois milliers de cacao.

Mais, comme on l'a déja dit, ceux qui planteront des cacaoyers dans de bonnes pinotieres, où les deſſéchemens feront faits dans la perfection où ils doivent être, pourront eſpérer un revenu bien plus conſidérable, lorſque leurs plantations auront atteint environ dix ans.

La culture du cacao conviendroit parfaitement à Cayenne : le peu de travail qu'elle exige, lorſque les plantations ont acquis leur vigueur ; l'excédent de quantité qu'on peut entretenir, en compa‑ raiſon des autres, avec un nombre de bras donné ; tout cela fait qu'elle eſt plus analogue à la ſituation actuelle de cette Colonie, à ſes forces, & à la faibleſſe de ſes reſſources.

Convenance de cette culture à Cayenne.

Malheureuſement, cette denrée eſt toujours à un prix très bas ; elle n'eſt même pas recherchée ; & quoique le cacao de Cayenne ſoit d'une qualité ſupérieure à celui des Antilles & autres Iſles, on ne peut dans la ſituation actuelle, en tirer aucun avantage, par le défaut de concurrence dans le commerce.

L'on peut ajouter à cela le préjugé de la nation contre le cacao de nos Colonies en général.

Le chocolat eſt regardé & mis au nombre des grands reſtaurans, par les Médecins les plus célébres : la partie huileuſe du cacao eſt la ſeule qui lui donne cette qualité bénigne.

On prétend qu'on ne peut faire de l'excellent chocolat, ſans mê‑ ler du cacao de Caraque avec celui de nos Colonies, parce que, dit-on, celui ci contient une grande abondance de parties huileuſes : n'eſt-ce pas ſe plaindre de ſon trop de richeſſe ?

Le cacao de Caraque n'eſt pas produit par une eſpèce d'arbre différente de celle qu'on cultive dans nos Colonies ; c'eſt abſolu‑ ment le même ; mais, dans cette contrée Eſpagnole, la nature du ſol lui fait produire du cacao maigre peut-être, contenant beau‑

Cacao de Caraque.

coup moins de parties huileuſes, enfin beaucoup moins riche; ou un plus grand dégré de fermentation occaſionne l'évaporation d'une plus grande quantité de parties huileuſes, & le rend tel. Ils le préparent du reſte de la même maniere que nous; mais ils le conditionnent moins bien; & ſouvent, pour le tranſporter en Europe, une partie eſt ſeulement jetée en grenier dans les Navires : auſſi a t-il un très mauvais coup d'œil; & nos Marchands avouent même que ce n'eſt qu'à cela, qu'ils peuvent le diſtinguer de celui de nos Colonies.

Il faut encore obſerver que le cacao de Caraque eſt bien plus long-temps à parvenir en Europe; ce qui lui fait perdre encore beaucoup.

Enfin, à bien conſidérer cet objet, on voit que le cacao Eſpagnol ne ſert qu'à dégraiſſer le nôtre, lorſqu'on en mêle pour fabriquer du chocolat.

Il ſera moins agréable, dira t-on : cela peut être; mais, à coup ſûr, il ſera plus nourriſſant & bien meilleur pour la ſanté. On ne mêle déja que trop de choſes dans la compoſition du chocolat, où il ne devroit entrer abſolument que du cacao & du ſucre.

Il faut conſidérer encore que ce préjugé n'a été produit que par notre luxe; il y tient uniquement, à cet eſprit de rafinement créateur de toutes nos ſuperfluités.

Obſervation politique ſur le préjugé qui préfere le cacao de Caraque au nôtre.

Que réſulte t-il de là ? Que nous qui aurions du cacao à vendre à l'Eſpagne, nous en achetons d'elle; que notre propre commerce vend lui-même une partie de notre cacao pour du cacao de Caraque, & gagne ainſi ſur le public, en tirant parti de ſon erreur; que l'Eſpagne même en achette beaucoup, ſurtout en temps de guerre, & le revend pour production de fes Colonies ; & qu'enfin, pour un préjugé abfurde, le cultivateur des nôtres eft le feul lézé en cela : ce qui jette le découragement dans fon ame, & eft très facheux, furtout pour Cayenne, dònt le cacao, comme on l'a dit, eft d'une qualité fupérieure.

Le cacao procure une nourriture trop falutaire & trop précieufe, pour ne pas défirer qu'il devienne d'un ufage plus général dans le Royaume, & chez les autres Nations ; mais il faut faire ici une obfervation de la plus grande importance, fur laquelle nous follicitons toute l'attention du lecteur : c'eft que la préparation du cacao fe fait ici très imparfaitement dans tous fes points : il faut le laiffer mûrir davantage, & ne le cueillir que lorfque la caboffe, après avoir jauni, aura pris en tout ou en partie, une couleur d'un jaune rougeâtre : il faut faire fermenter les amandes, dans des backs ou cuviers de bois, avec de la cendre ou de l'eau de chaux; il faut pouffer cette fermentation à un plus grand dégré; & enfin le faire fécher très parfaitement. Le cacao qui n'a pas affez fermenté & qu'on appelle cuvé rouge, a un plus beau coup d'œil, & eft plus pefant que le cuvé brun, & le commerce le préfere : cependant il eft certain, qu'il produit un chocolat âcre, ce qui n'arrive pas en employant du cuvé brun approchant de la couleur de maron : c'eft donc à ce point qu'il faut pouffer la fermentation.

Le cacao de Cayenne ainfi préparé, acquerra une réputation plus avantageufe, peut-être égale à celle du cacao de Caraque. Ce n'eft auffi qu'autant qu'on feroit déterminé à perfectionner fa préparation, que nous en confeillons la culture, comme très avantageufe.

Attention fur la préparation.

a a 2

CHAPITRE X.

De la culture du Coton.

L A culture du cotonnier étant une des plus connues, on n'en parlera ici que fuccinctement, en examinant celles des terres-baſſes de la Colonie qui lui conviennent le mieux.

Les terres-baſſes dites de paletuviers paroiſſent les plus propres à le faire profpérer & fructifier dans les premiers temps, lorſqu'elles ſont nouvellement défrichées : de plus, déja même avant le defſéchement, elles ont l'avantage particulier de préſenter une furface parfaitement unie & nivelée, ſans aucun creux ni égalité; ce qui épargne beaucoup de travail, & facilite infiniment les écoulements dès les premiers temps des deſſéchements.

La quantité de ſel marin dont elles ſont imprégnées, furtout au bord de la mer, paroît favoriſer ſingulierement la végétation dans le cotonnier, & le pouſſer furtout à la fructification : auſſi voit-on que, plus ces terres ſont nouvelles, plus elles ſont récemment miſes en valeur, & plus elles ſont productives pour cette eſpèce de culture.

L'air ſalin de la mer, lorſqu'on cultive cette plante à portée d'en reſſentir les impreſſions, produit encore ſur elle un effet très ſalutaire, & facile à appercevoir.

Ces ſortes de terres tiennent & participent abſolument aux plus ou moins bonnes qualités qui conſtituent la nature de la vaſe. Toutes celles appellées aujourd'hui pinautieres, qui leur ſont ſi ſupérieures & pour la richeſſe & pour la durée, & qui ſont elles-mêmes fi différentes entr'elles, & fi variées, quoiqu'on n'en diftingue ex-preffivement que de 3 ou 4 efpèces ou qualités, n'ont été inté-rieurement que des terres-baffes de paletuviers, qui n'ont pû acquérir, dès ce principe ou commencement, qu'un dégré de fertilité ou de richeffe proportionnée à la nature de cette vafe.

De la quantité immenfe de ces terres-baffes de paletuviers, qui bordent les côtes de la Guiane Françaife, il n'y a que celles qui font à notre proximité, dont nous puiffions tirer parti; & de celles-ci, la plus grande quantité ne peuvent être cultivées qu'après une augmentation confidérable de population : telles font celles de toute la côte entre Mahury & Aprouague, & de là à Oyapoc.

Depuis la riviere de Cayenne, jufqu'à celle de Kourou, dans une étendue de huit lieues & demie, il y a une bande de ces terres-baffes, qui n'ont commencé à être formées par les alluvions que depuis environ 25 ans; & cette bande paroît continuer à s'agrandir.

Avant l'époque actuelle, une fuite d'habitations dans toute cette étendue, avoient leur établiffement tout au bord de la mer, laquelle a mis depuis ces terres-baffes entr'eux & elle.

Le fol de ces établiffements confidéré comme une terre haute, & cultivé comme tel, n'eft dans la plus grande partie de cette étendue, qu'une efpèce de Dunes, qui ont fervi pendant long-temps de borne à l'Océan.

Les terres-baffes qui terminent maintenant la vue à ces établiffements, & qui font devenues pour eux d'une incommodité infoutenable pour quiconque ne s'y eft pas patiemment habitué, feroient très propres à la culture du cotonnier.

Bien plus fur toutes les côtes de la Guiane, de l'Amazone à l'Orenoque, on ne peut citer aucune partie dont la fituation foit plus avantageufe ; mais furtout, il n'y en a aucune dont l'exploitation foit auffi facile, à caufe des établiffements anciens qui les touchent : il eft étonnant que les Habitans de ces quartiers n'y aient encore exécuté aucun defféchement, aucun défriché, ni entrepris aucune culture.

La grande facilité qu'ils auroient de faire ces travaux fans fe gêner, fans fe déranger de chez eux ; l'avantage que leur donne déja pour cela une efpèce de canal qu'ils font dans l'obligation d'entretenir à travers ces terres-baffes, pour avoir une communication avec la mer, qu'ils n'auroient qu'à agrandir pour avoir une augmentation de terres propres à former une digue pour un côté du defféchement ; & qui vers la mer leur ferviroit pour placer avec avantage leur coffre d'écoulement ; la commodité qu'ils auroient d'entretenir la culture de leurs terres hautes, jufqu'à ce que leurs terres-baffes fuffent en produit, & de les conferver même toujours en partie s'ils le défiroient, pendant que le temps & le repos bonifiroient le refte, pour fervir plus utilement à des plantations de vivres ; tous ces avantages auroient dû inviter fortement les propriétaires de ces établiffements à ce travail, prefqu'auffi utile à leur fanté qu'à leurs intérêts. Tant de facilités & d'avantages ne peuvent être regardés que comme un concours heureux qu'on ne rencontre peut-être nulle part.

Les pinautieres propres à toutes les cultures, ne le font pas moins à celle du cotonnier : l'abondance de leurs fels fécondants remplace amplement, & peut-être trop dans les premiers temps pour la végétation, l'abfence du fel marin dont elles ne font plus imprégnées.

Il faut obferver cependant, qu'à moins que les abattis n'ayent été faits long-temps à l'avance, la furface des pinotieres eft trop inégale, trop pleine de creux, & hériffée de troncs d'arbres, pour que la culture du cotonnier y foit alors praticables.

Cet inconvénient n'empêcheroit pas les arbres d'y parvenir à une grande beauté; mais les écoulements s'y faifant trop lentement, pour ne pas nuire à cette plante fragile, elle poufferoit beaucoup de bois, produiroit même des fruits abondamment, mais qui n'atteindroient leur point de maturité que trop tard, pour ne pas être atteints eux-mêmes par la faifon des pluyes, laquelle comme l'on fait, rend inutiles les productions du cotonnier.

C'eft néantmoins dans des pinotieres de médiocre qualité, que l'on cultive le cotonnier à Surinam; mais il faut remarquer que ce n'eft qu'après qu'elles ont rapporté des vivres pendant quelques années; ce qui produit l'effet à certains égards, des abattis exécutés à l'avance: on fait tout le contraire à Démérary.

Ufage de Surinam.

Dans cette derniere Colonie, on ne cultive le cotonnier que dans les terres-baffes de paletuviers, & à mefure qu'on les défriche; & ce n'eft qu'au bord de la mer que cette branche de denrée eft cultivée dans une grande étendue le long de la côte : auffi, la qualité du fol, l'avantage de la plus heureufe pofition, concourent à leur faire rendre des produits infiniment fatisfaifants.

De Démérary.

On ne fauroit dire les procédés de détail qu'ils employent pour cette culture; & ce n'eft pas principalement de là que peuvent dépendre de plus ou moins abondantes récoltes : cependant on expofera ici fuccintement ce qu'on fuit prefque généralement à Surinam, parce qu'on y trouvera des pratiques utiles.

B b

Ordinairement, ils ne laiffent croître qu'une feule tige, tout au plus deux par chaque pied de cotonnier : auffi-tôt aprés la récolte de l'Été, ils les étêtent tous légerement : mais lorfqu'ils voyent qu'une piéce délinque, ils effayent de les couper à un pied de terre, pour le revivifier ; & dès que les produits ne répondent pas à leur efpérance, ils les coupent au pied, dans le mois de Novembre.

Loifque la végétation a produit des pouffes, on remarque alors plufieurs jets fortis de la partie fupérieure de la fouche, & d'autres de la partie inférieure qui eft en terre ; & c'eft de ces derniers fortis de la terre, qu'on prend pour former de nouvelles tiges, extirpant au contraire tous les autres comme fuperflus.

Lorfqu'une piece périclite de rechef, après toutes ces reffources, on laboure la terre, & on la replante de nouveau.

Nous penfons que, pour donner au cotonnier, dans les terres-baffes, une culture parfaitement analogue à fa nature, à fa maniere de produire, & aux accidents auxquels il eft fujet, il faut commencer par le confidérer comme une plante d'une durée courte, pendant laquelle il faut tâcher d'en tirer tout le parti poffible.

D'abord, on ne devroit jamais lui donner moins de deux tiges par pied, & jamais plus de trois : enfuite, il faut les entretenir avec un foin particulier, ne leur laiffer abfolument ni gourmands, ni bois morts, dont les arbres font toujours beaucoup chargés, fi l'on a le moindre relâchement à cet égard ; à quoi on ne fait que peu ou point d'attention dans cette Colonie : il faut ne pas mettre moins de foins à entretenir les piéces bien farclées.

On croit qu'il convient de ne les étêter que légerement ; & cette opération doit être faite dans le courant du mois d'Avril, ni plus tôt, ni plus tard, pour éviter les vents de Nord sur les jeunes pousses ; & parce qu'elle laissera le temps de faire la récolte du mois de Mars, s'il doit y en avoir une, & qu'elle ne peut d'un autre côté que faciliter la floraison pour la grande récolte.

Lorsqu'on n'est plus satisfait des récoltes d'une piéce, on ne doit point balancer à couper tous les cotonniers au pied ; mais dans ce cas, ce doit être dès aussi-tôt que la récolte est finie, afin que les jeunes pousses deviennent assez fortes pour n'être pas endommagées par les vents de Nord, & pour acquérir une vigueur capable de produire une abondante récolte.

Ensuite on choisira, comme on l'a vû plus haut, parmi ces jets ou nouvelles pousses, les trois plus vigoureux de ceux qui seront sortis de terre du bas de la souche, pour en faire autant de tiges, qu'on étêtera à un hauteur convenable, à la fin du mois de Fevrier, temps précis.

Si cette opération répare suffisamment les cotonniers, pour satisfaire parfaitement les désirs du propriétaire, elle peut être répétée autant de fois, qu'on la trouvera ainsi fructueuse : mais, dès qu'une piece ne donne plus des récoltes abondantes, on doit sans tarder prendre le parti, aussi-tôt que la récolte est finie, de labourer de la même maniere qu'il a été dit, en traitant de la culture des cannes à sucre, & de les replanter tout de suite en cotonniers de graîne, afin qu'on ne perde point de récolte, & pour éviter les vents du Nord.

Si après avoir été labourée & replantée plusieurs fois, une piéce paroissoit trop dénuée de sels, si la végétation y avoit trop peu d'action ; il faut alors sans hésiter, la mettre sous l'eau, la ſubmerger auſſi de la même maniere qu'il a été dit ci-devant afin de la bonifier & de lui redonner une nouvelle fécondité.

A quelles diſtances les planter.

Dans les terres-baſſes bien deſſéchées, en traitant le cotonnier comme on vient de le dire, & le conſidérant comme ne devant avoir qu'une durée très bornée, il convient de le planter à 7 pieds & demi de diſtance, en tous ſens ſur des alignemens faits quarrément, ſans égard pour les petites tranches; c'eſt-à-dire, qu'on ne les mettra à cet endroit qu'au même eſpacement, d'après lequel un quarré contiendroit 1600 cotonniers. (1)

A Surinam, ils les plantes de 6 à 7 pieds, meſure du Rhin; & le plus grand de ces eſpacemens comparativement au pied de Roi, eſt d'environ 9 pouces moindre que celui qu'on vient d'indiquer.

Produit du coton-nier à Surinam.

Ces cotonniers leur rendent environ un quart de livre par pied, ce qui fait un produit d'environ 200 liv. de coton par acre, & pour notre quarré 444 liv. de cette denrée.

Dans toutes les Colonies, le coton ſe cueille auſſi à la tâche : un eſclave doit en ramaſſer un baril par jour, ce qui fait 10 à 11 liv. de coton marchand : au commencement & à la fin de la récolte, ou lorſque le coton ne mûrit pas abondamment, cette

---

(1) Cet eſpacement ſera ſuffiſant, ſi on cultive & entretient le cotonnier comme on vient de le dire. On entend toujours oppoſer ce mot, *les arbres ſe toucheront*; mais ſi dans toutes les cultures on vouloit eſpacer les plantes, de maniere à ce qu'elles ne puſſent ſe toucher, on feroit de pauvres cultivateurs : nous ne connoiſ-ſons juſqu'ici que le cafeyer qui exige abſolument d'être iſolé, les autres plantes peuvent ou ſe toucher ou ſe croiſer juſqu'à un certaint point, ſans nuire à la fruc-tification; & c'eſt le point qu'il faut tâcher de bien ſaiſir.

tâche doit être moindre ; quelquefois d'un baril pour deux perfonnes. Les cotonniers font fujets à une maladie de la peau ou de l'écorce : c'eft une efpèce de galle qui leur préjudicie confidérablement. Ils font fujets auffi à être ravagés par les chenilles.

Toutes ces cafualités font très facheufes, furtout en confidérant que cette culture eft la plus légere de toutes pour les efclaves, & que le coton eft, de toutes nos denreés coloniales, la feule que le cultivateur puiffe conferver long-temps fans perte; avantage inappréciable dans bien des occafions.

Malgré le ravage des chenilles, & tous les inconvénients qui en réfultent, on ne peut s'empêcher de regarder la culture du coton comme très avantageufe. Les années où l'on a ce fléau à endurer, on fait peu de produit fans doute : mais, dans celles où l'on en eft exempt, d'abondantes récoltes font une telle compenfation, qu'en général on fait un revenu fatisfaifant.

Ce n'eft jamais par ces fortes d'obftacles, que le cultivateur eft empêché de réuffir dans les divers genres de cultute : il a un ennemi plus redoutable, & plus ou moins dominant dans toutes les Colonies : c'eft cette inconftance, ce génie flottant, ce caracterre incertain, & cette inquiétnde qui groffit les obftacles & les inconvénients, au lieu de leur oppofer de prompts remédes, & qui jette dans le découragement fans motifs fuffifants.

Celui qui prétend ne devoir jamais être contrarié dans fes défirs & fes efpérances, ne doit pas entreprendre le métier de cultivateur, qui fuppofe une fituation d'ame tout-à-fait contraire : il affujettit à de grandes peines comme il donne de grandes récompenfes.

La culture des Colonies, les grandes cultures furtout, demandent une grande activité, beaucoup de courage, une conftance & une perfévérance inébranlables, enfin une efpèce d'aptitude & d'opiniatreté active, qui font furmonter & vaincre toutes les difficultés.

Les manufactures à coton ne doivent confifter qu'en un Bâtiment fimple, qui puiffe contenir la quantité de moulins dont on a befoin & offrir un efpace convenable pour le triage du coton. Elles doivént avoir un plancher élevé à peu de hauteur, & feulement affez pour avoir la facilité de placer au deffous les tiroirs à couliffes, qui font néceffaires pour fécher le coton à mefure qu'on le cueille : dans le haut doit être pratiqué un magazin ou efpèce de grénier, clos bien exactement & de maniere que les rats & les fouris n'y puiffent pas pénétrer, pour renfermer le coton en attendant qu'on puiffe le paffer au moulin.

Cette opération confifte à faire paffer les caboffes entre deux petites cilindres de bois dur, d'environ 9 à 10 lignes de diametre, pour dégager les graines qu'elles renferment, qui ne pouvant en être faifie & paffer entre, tombent à terre pardevant, pendant que le coton paffe & eft reçu dans un fac, ou une caiffe adaptée par derriere.

Ces cilindres font mus au moyen d'une manivelle par deux efclaves qui les font tourner en fens contraire l'un de l'autre d'une main, pendant que de l'autre ils pouffent le coton pour le faire prendre par le mouvement des cilindres : on fait auffi quelquefois mouvoir ces moulins avec le pied ; alors un feul négre fuffit.

Ceux qui, jaloux d'économifer le temps & les bras de leurs

efclaves, voudroient leur procurer plus de repos, pouroient faire conftruire une machine, qui feroit mouvoir tous à la fois, telle quantité de ces moulins qu'ils croiroient néceffaires.

Comme une telle machine peut être d'une grande utilité, que l'idée peut en être adoptée, & que le plan peut en être facilement faifi, on croit devoir en donner ici la defcription.

Il faudroit un bâtiment comme celui qu'on vient d'indiquer, d'une grandeur proportionnée au nombre de moulins qu'on voudroit y placer; fon plancher feroit élevé de 7 pieds & demi, & dans l'un des bouts, il faut y trouver un efpace affez vafte, pour qu'un cheval y puiffe parcourir un cercle de 36 pieds de diametre.

Un axe de 18 pouces de diametre, placé verticalement au milieu de ce cercle, feroit traverfé au rez de chauffée, à angle droit par deux bras de 38 pieds de long, formant 4 rayons de 19 pieds : cet axe traverfant le plancher, porteroit à l'étage, une roue dentée ou balancier de 8 pieds de diametre, garni de 67 dents.

Une lanterne garnie de 9 fufeaux, engraineroit par deffus le balancier : du côté extérieur du mouvement, l'axe de la lanterne qui eft difpofé de ce côté là, feroit rond dans la partie qui porte fur le chevalet, celle qui doit rouler fur la crapaudine, mais il dépafferoit, il auroit un bout prolongé de 4 pouces & demi, & ce bout prolongé feroit d'une forme quarrée.

Ce balancier feroit placé de telle maniere, que la hauteur ou la diftance du plancher à l'axe de la lanterne, feroit de deux pieds & demi.

A la fuite de cette lanterne & jufqu'à l'autre bout de la manufacture, on difpoferoit un rang, une fuite de chevalets, qui feroient tous affujettis à une même charpente légere, à laquelle ils feroient fortement liés ; & cette charpente devroit tenir le moins de place poffible : ces chevalets difpofés comme par couples, laifferoient entr'eux alternativement des efpaces inégaux comme fuit : après celui qui porte la lanterne, il y en auroit un à la diftance de 9 pouces & demi, après ce dernier jufqu'à un autre, une diftance de 5 pieds & demi, enfuite une de 9 pouces & demi, & encore après de 5 pieds & demi, & ainfi de fuite alternativement jufqu'au bout de la manufacture.

Sur ces chevalets garnis de crapaudines, feroient difpofés exactement à la même hauteur & en ligne droite, depuis le bout de l'axe de la lanterne, une fuite d'axes de fer de deux pouces quarrés : chacun de ces axes occupant l'efpace de 5 pieds & demi entre deux chevalets, auroient auffi après la partie ronde, qui doit porter fur la crapaudine, des bouts quarrés de 4 pouces & demi de long qui dépafferoient les chevalets : chaque axe ayant une partie quarrée qui dépaffe le chevalet de la longueur de 4 pouces & demi, ces chevalets laiffant entr'eux un efpace de 9 pouces & demi, il ne s'en manquera que d'un demi pouce que tous les axes ne fe touchent par les bouts.

Des efpèces de boëtes faites, foit en fer, foit en fonte, qui feroient de la longueur exacte de 4 pouces & demi, feroient percées d'un trou quarré, dans lequel la partie quarrée des axes entreroit jufte : ces boëtes qui doivent être d'une force fuffifante, feroient au milieu de leur longueur percées à travers d'un trou d'un demi pouce de diametre qui fur un des deux bords feroit viffé en forme d'écrou : ce trou feroit garni d'une petite cheville viffée près de la tête feulement, dans une longueur d'un demi pouce, afin de pouvoir la fixer dans cet efpèce d'écrou; la tête feroit faite en forme de clef pour la facilité de la tourner.

Ces boëtes feront gliffées fur la partie quarrée des axes de fe^r pour en faifir deux enfemble; & comme ces axes laiffent un intervalle d'un demi pouce entre leurs bouts, on y pofera cette cheville de fer qui traverfe les boëtes par le milieu : cela les fixera pour que le mouvement de la machine ne les faffe pas gliffer ou couler plus d'un côté que d'un autre.

Tous les axes étant ainfi garnis de boëtes, ils feront tous faifis & ne formeront alors plus qu'un feul axe d'un bout de la manufacture à l'autre : le premier étant faifi de la même maniere avec la lanterne, ils tourneront tous enfemble tout comme fi ce n'étoit qu'un feul & même axe.

Les boëtes ayant 4 pouces & demi de longueur, la partie quarrée des axes ayant auffi cette même mefure, fi en ôtant la cheville de fer qui les fixoit, on gliffent ces boëtes entierement fur l'un des axes, alors l'un pourra tourner librement pendant que l'autre reftera immobile : on pourra donc par ce dernier moyen, ne faire tourner que le nombre qu'on voudra de ces axes; on pourra dans un inftant en arrêter la quantité qu'on défirera.

Chacun de ces axes fera garni de quatre roües ou poulies de deux pieds de diametre; ces poulies auront fur le dos chacune une double rainure propre à recevoir une corde, & elles feront diftribuées ou placées fur la longueur de cet axe, de maniere qu'elles correfpondent aux extrémités des cilindres des moulins à coton, de ceux qu'on appelle vulgairement à double paffe : on placera deux de ces moulins à côté l'un de l'autre & fi près qu'on pourra.

Ces moulins à coton feront faits tout comme à l'ordinaire, excepté feulement que les bouts des cilindres feront garnis d'une poulie de 6 pouces de diametre, ayant une rainure fur le dos, & que ces moulins feront portés par quatre fortes roulettes, qui ne les éleveront qu'à deux pouces de terre ou du plancher. Les cilindres doivent être canelés à leur furface.

Ces moulins feront préfentés en deux rangées de droite & de gauche des axes, en face & devant les poulies correfpondantes; & on paffera une corde des unes aux autres, en obfervant exactement que dans chaque moulin une des cordes doit être croifée, afin de faire mouvoir les cilindres en fens contraires l'un de l'autre.

Pour fixer ces moulins toujours à la même place, deux lifteaux cloués fur le plancher, pour chaque rang de roulettes, formeront une rainure dans laquelle elles rouleront, fans pouvoir fe déranger de la direction convenable.

Afin de pouvoir avancer ou reculer les moulins à volonté, & les fixer de maniere que les cordes ayent toujours le dégré de tenfion convenable, chaque moulin aura pardevant une petite vis de bois qui paffera dans une piéce fixée fur le plancher, afin qu'elle faffe l'office de vis fans fin. Ces vis devront être à peu prés de la groffeur de celles dont on fe fert pour les preffes des Relieurs, ou pour les preffes des établis des Menuifiers.

Les chofes étant ainfi difpofées, un feul mouvement, une feule roüe fera mouvoir tel nombre de moulins qu'on voudra à la fois.

Par cet arrangement chacun des axes de fer occupe un efpace de 5 pieds & demi entre les chevalets, l'épaiffeur de ces chevalets étant de 4 pouces & leur diftance de l'un à l'autre de 9 pouces & demi, il fe trouve que chaque axe de fer occupe un efpace de 6 pieds 11 pouces & demi, près de 7 pieds.

Dans cet efpace de 7 pieds, il y a de chaque côté de l'axe deux moulins à double paffe, qui équivalent enfemble à 8 moulins ordinaires.

Au rez de chauffée, l'efpace que doit occuper & parcourir le cheval, pouvant être placée en partie au dehors du pignon du bâtiment au moyen d'une large gallerie, le mouvement dans la manufacture peut alors n'occuper qu'une étendue de dix pieds dans le bâtiment : en ajoutant à la lanterne 8 axes à la fuite les uns des autres, ils occuperont 56 pieds, & toute la machine 66 pieds environ en longueur de bâtiment : ces 8 axes ou cette machine feroit mouvoir à la fois 64 moulins fimples, ou 32 à double paffe : on pourroit en ajouter un plus grand nombre fi l'on vouloit, tout comme on pourroit en retrancher.

On a établi pour bafe des calculs de cette machine, de faire faire 60 tours par minute aux cilindres des moulins, c'eft-à-dire un tour par feconde : on pourroit leur donner un mouvement plus rapide, même leur donner telle viteffe qu'on voudroit, mais je ne l'ai pas crû utile & je me fuis arrêté à la viteffe qui m'a paru la plus convenable.

L'on pourroit préfenter pour l'exécution d'une pareille machine, une diverſité de plans au choix de ceux qui en auroient beſoin ; entr'autres deux différents de celui - ci , qui feroient d'une facile exécution ; l'un offriroit l'uſage des engrénages , & l'autre celui des balanciers & des manivelles ; mais je crois celui que j'offre ici le meilleur de tous ; il eſt le plus ſimple , celui dont le mouvement eſt le plus doux , le moins ſujet à des réparations , & celui qui couteroit le moins à exécuter.

Les mulets , ceux de la plus grande eſpèce , valent mieux que les chevaux pour le mouvement de toutes les machines quel-conques : ils ont le pas plus égal , ils ſoutiennent mieux la fatigue & ſont plus robuſtes , ils vivent plus long-temps aux Colonies , & coûtent moins à nourir.

CHAPITRE XI.

De la culture des Vivres.

Diverſes eſpèces de Vivres.

Banannier.

CETTE partie de la culture Américaine eſt la plus importante de toutes ; ſans celle-ci , les autres ſont impraticables. Elle ſe borne dans les terres-baſſes à celle du banannier , du riz , de tayoves de la petite & de la grande eſpèce , (cette dernière eſt appelée tayers à Surinam ,) des ignames , des patates , du camanioc , & même du manioc ordinaire , appelé caſſave amere aux Colonies Hollandaiſe.

Le banannier doit être conſidéré comme faiſant la baſe , la principale partie des vivres : il croît dans les terres-baſſes avec une vigueur ſi prodigieuſe , qu'elle peut lui faire ſurmonter une partie des obftacles qu'une culture négligée oppoferoit à fon accroiffement.

Cependant, comme il ne s'agit pas feulement d'avoir des ba-nanniers, mais d'en avoir qui dûrent long-temps, & produiffent beaucoup, il faut en négliger d'autant moins la culture, qu'elle eft très aifée en même-temps qu'indifpenfable.

Elle ne confifte qu'à entretenir les piéces bien farclées, à faire ôter les feuilles mortes dont la plante cherche à fe débaraffer à mefure qu'elle en produit de nouvelles : ces feuilles mortes em-baraffent les touffes, & les tiges auxquelles elles tiennent; elles empêchent la circulation de l'air, & occafionnent une humidité nuifible dans les bananniers. A chaque farclage, on doit donner les ordres les plus précis pour qu'elles en foient proprement nét-toyées; mais il faut auffi chaque fois en couper encore trois ou quatre des vertes les plus baffes, qui font les plus près de fubir le même fort.

Lorfqh'une banannerie n'eft pas affez defféchée, outre que la plante y périclite peu à peu, elle eft encore fujette alors à être attaquée par un ver affez gros, qui fe loge dans l'intérieure de la tige, laquelle fe conferve encore affez long-temps avec cet accident, mais finit toujours par périr, & ce qui eft remarquable, par perdre la faculté de produire fon fruit, fi le ver la pénêtre avant que la végétation ait déterminé fon développement; & s'il furvient après, le fruit fera imparfait & ne parviendra pas à une entiere maturité.

On commet généralement, au fujet des bananneries, une né-gligence à laquelle on fait d'autant moins d'attention, qu'il femble

toujours que la force de la végétation doive mettre la plante au-
deſſus de tous les accidents, & qu'on ne réfléchit jamais aſſez ſur
toutes les ſuites facheuſes que chaque négligence entraine après
elle.

Celle dont on veut parler conſiſte en ce que, pour prendre le
régime de fruits ou banannes, on ſe contente d'abattre la tige d'un
coup de ſabre, à la hauteur la plus commode, & de la laiſſer là :
quelquefois même on ne fait qu'abattre le régime en en coupant la
queüe, & on laiſſe la tige de bout.

Lorſqu'on cueille le régime d'un banannier, il faut au contraire,
couper en même-temps la tige, le plus près de terre qu'il ſe peut,
la tronçonner par quelques coups de ſabre, & couper auſſi les
feuilles. On mettra par deſſus le tronc coupé les feuilles féches
d'abord, & enſuite les autres; après quoi, on arrangera par deſſus
tous les tronçons de la tige coupée : ce ſoin empêchera que l'humidité & l'eau ne puiſſent filtrer juſques dans les racines, & aidera
encore la végétation à ſe déterminer à la production de nouvelles
tiges plus vigoureuſes.

Aureſte, tout ce travail eſt beaucoup plus long à décrire qu'à
exécuter; il n'eſt l'affaire que de deux ou trois minutes au plus.
Cependant, tous les cultivateurs attentifs & judicieux obſervateurs,
conviendront qu'on néglige généralement de le faire pratiquer
ſtrictement; quoiqu'ils ſoient tous perſuadés que le préjudice & le
déſordre occaſionnés par le défaut de cette attention, ſuffit pour
faire péricliter, & perdre enfin totalement une banannerie.

Les eſclaves ont une grande répugnance à s'aſſujettir à ces petits devoirs, dont l'utilité ne les frappe pas aſſez vivement,

pour qu'ils y prénnent quelqu'intérêt : il faut donc néceffairement les y contraindre.

On diftingue trois fortes de bananniers, qui tirent leur nom de celui qu'on a donné à leur fruit : le mufqué, le fimple, & le guinga. *Trois efpèces de bananniers.*

Le premier donne les plus gros régimes : fa tige eft noirâtre comme celle du bacovier. Le fimple n'en donne que de moins beaux.

Dans les terres-baffes, lorfque le banannier eft bien cultivé, un régime contient de 60 à 90 fruits ou banannes : ceux qui en ont 70 à 80, font réputés de beaux régimes. Celui du guinga, n'en contient jamais plus de 7 ou 8, mais ils font beaucoup plus gros.

Pour une plantation de bananniers, il faut comme pour toutes les autres, apporter le plus grand foin au choix des plants, & ne fe fervir que de ceux pris dans les touffes qui ont les plus beaux régimes, & qui rapporent le plus, on doit en exclure abfolument le guinga, qui ne fait qu'occuper inutilement le fol. *Plantation de bananniers.*

On doit faire planter en même-temps beaucoup de bacoviers, auffi utiles aux maîtres qu'aux efclaves : l'efpèce qui porte le plus petit fruit eft préférable.

Le banannier eft une plante infiniment intéreffante : fa defcription fe trouve dans trop d'ouvrages pour qu'on la croie utile ici; mais on ne fauroit s'empêcher de détailler tous les avantages qu'on en retire, furtout de fon fruit. *Avantage que procure le banannier.*

Cette plante en produit avec une grande abondance, c'eft une nourriture très faîne, & d'un goût excellent : il peut tenir lieu de pain, en cas de befoin; & aux Colonies Hollandaifes, on s'en fert pour le fupléer en partie. Ce fruit peut être apprêter d'une grande diverfité de maniere, & facilement : c'eft une véritable manne, un des beaux dons que la nature ait fait aux climats qui lui font propres.

On a vû combien fon ombrage eft utile aux plantations nouvelles : il a encore une autre utilité, dont on n'a pas eu occafion de parler.

Lorfqu'un terrein eft couvert de halliers & d'herbes, qu'à moins d'un entretien trop difpendieux, on craint de ne pas réuffir à y établir une culture utile à laquelle on voudroit bien le deftiner, à caufe de ces herbes dont il eft infecté; on fuppofe encore qu'on veuille avoir un terrein neuf pendant long-temps, fans qu'il y croife qu'infiniment peu d'herbes; dans ces cas, on n'a qu'à le planter en bananniers, efpacés feulement à 8, 9 ou 10 pieds au plus : dès qu'ils fe feront élevés affez pour couvrir le fol de leur ombrage, les herbes une fois détruites, il n'en fera pas infecté de nouveau.

Cette plante d'ailleurs, étant nourie de l'athmofphere, par fes larges feuilles, n'enléve qu'infiniment peu à la terre, qu'elle fouléve en y infinuant les racines, & qu'elle bonifie ainfi plutôt que de diminuer fa richeffe.

Tayers. Dans une bananerie, on peut planter entre les rangs de bananniers, dans une certaine étendue, des tayers, à environ 18 ou 20 pouces de diftance les uns des autres, & plus près fi l'on veut. Elles aideront encore à couvrir d'avantage le fol, fans le détériorer.

Elles font fort utiles aux négres & même aux blancs, pour varier leur nourriture : mais, pour cela, il faut en avoir une affez grande quantité, pour qu'ils ne foient pas obligés de manger le corps, le gros de cette racine, qui forme une efpèce de tige d'environ deux pieds de long & 6 à 7 pouces de diametre, & qui n'eft pas de bon goût; tandis que fon extrémité qui eft en terre, eft fort différente : furtout, elle produit une efpèce d'excroiffance comme des pommes de terre, dont elle s'enveloppe, qui fait une nourriture fort délicate.

Le gros de la racine eft une reffource très utile pour nourrir une grande quantité de cochons.

L'on peut auffi planter de même dans une partie d'une banannerie du *camanioc*, appellé à Surinam caffave blanche; fa culture toutefois conviendroit mieux dans un endroit féparé.

Cette efpèce particuliere de manioc, dont l'eau ou la partie aqueufe n'eft point un poifon, qui donne une caffave plus blanche, plus fubftantielle, & de meilleur goût, eft encore pour un établiffement une reffource auffi agréable qu'utile : fa racine farineufe, rotie fur des charbons, fe mange comme du pain, & en tient lieu dans l'occafion ; elle a un goût de noifette très agréable, & fait en tout une fort bonne nourriture.

A Surinam, on en fert ordinairement en place de pain, ainfi que des banannes & des bacôves, aux blancs employés fur les Habitations : il faut la manger avant quelle foit entierement réfroidie. Il eft étonnant que l'on n'en cultive, pour ainfi dire point à Cayenne, quoique les négres en foient très friands.

Les ignames ne réuffiffent pas, s'il n'y a point de terreau à

D d

la furface du fol : c'eft auffi une nourriture faine & utile, dont on fera bien de planter autant qu'on le pourra.

Quant aux patates, cette efpèce de lianne tout-à-fait préjudiciable aux autres plantes, doit être excluse abfolument de tous les defféchements : il ne faut en permettre la culture que fur les digues d'entourage, c'eft le véritable & le feul emplacement qu'on peut leur deftiner.

Le mays ne gêne point les nouvelles plantations des diverfes efpèces de vivres; ni même guere les jeunes cannes à fucre, lorfque la terre eft riche : on ne doit pas négliger d'en plantar beaucoup ; il eft d'une très grande utilité pour les animaux ; mais on ne croit pas qu'il foit une nourriture faine pour les efclaves.

Riz. Le riz, l'une des nourritures les plus faines pour tous les hommes, qui feul en nourrit une fi prodigieufe quantité, croît dans les terres-baffes avec une vigueur étonnante, & produit beauçoup.

On peut auffi en planter dans les nouvelles bananneries, au moment qu'on les fait feulement; mais fa culture n'eft pas fans inconvénients dans ces terres : après être récolté, il repouffe tellement, les graines tombées à terre fe multiplient à tel point, enfin il eft fi vivace dans les terres-baffes, que ce n'eft qu'avec de très grandes difficultés, beaucoup de patience, de temps, & par conféquent, de dépenfes, qu'on vient à bout de le détruire pour en nettoyer les piéces.

Inconvénients de cette plante. Les récoltes en font très minutieufes, & abforbent un temps infini : ce qui dérange d'autant plus les autres travaux, qu'ils fe trouvent commandés par ces récoltes, lefquelles obligent à les abandonner, en quelqu'état qu'ils foient : & c'eft toujours un très grand inconvénient, que quelque événement vienne les fouftraire à l'ordre des calculs auxquels ils doivent être conftamment foumis.

Cependant, il faut avoir du riz en quantité fuffifante, pour varier la nourriture des efclaves ; mais on penfe qu'il vaut fouvent mieux l'acheter.

Celui qui ne s'occupe que de quelque petite culture, & qui fait du riz, peut trouver un bénéfice fatisfaifant à le vendre 12 livres le baril : mais celui qui fait une grande culture, ne peut que perdre à celle là : chaque baril lui couteroit 5 ou 6 fois le prix ordinaire.

Mais, en fe déterminant à l'acheter, il faut donner exclufivement la préférence au riz de la Colonie : celui qu'on apporte de la nouvelle Angleterre eft moins bon, & fort fouvent il a fouffert du tranfport ; celui qui vient d'Europe ne fauroit être regardé comme une nourriture faine, par bien plus de motifs encore, & de bien plus forts, de la même raifon. (m)

On compte que, dans les terres-baffes, 7 quarrés de vivres, (qui font à peu près 15 âcres & demi de Surinam), bien cultivés, peuvent nourrir cent efclaves de tout âge, y compris les enfants ; car ils ne fuffiroient point pour cent hommes : mais on ne doit jamais borner la nourriture au ftrict néceffaire ; il faut au contraire, toujours en avoir une fort excédente à fes befoins. Il vaut mieux qu'il s'en perde beaucoup, que de s'écartet de cette

---

(m) Le banannier commence à rapporter au bout d'un an ; les taylles font mûres en 13 ou 14 mois ; le manioc en 15 ou 16 ; le camanioc en 7 ou 8 ; le mays en 4, il y a une efpèce qui l'eft au bout de 3 mois ; le riz en 4 mois environ ; les patates en 5 ou 6, & les ignames en 10 mois.

précaution, & de cette maxime inféparable d'un établiffement bien organifé & fagement ordonné, que le maître foit dans tous les temps, dans une abondance complette, pour fatisfaire au premier des devoirs que lui impofent féverement la nature, & fes engagements envers l'humanité.

Il eft en outre néceffaire de remarquer à cet égard que, tefs font le génie & l'efprit des efclaves en général, qu'ils ne croient voir le néceffaire, & ne s'en tiennent affûrés que, lorfqu'ils font convaincus qu'il y a réellement du fuperflu, qu'ils font même dans une efpèce de profufion.

Un attelier d'efclaves employé à la culture, ne fera content de fa fubfiftance que, lorfqu'il pourra la choifir & la prendre à fon aife, fans être furveillé par l'œil du maître; & rien ne leur répugne autant, que d'être appellé à tour de rôle pour recevoir une ration : fut-elle excédente de beaucoup à fes befoins, il ne verra que l'humiliante néceffité de mefurer fon appétit, & la capacité de fon eftomac, fur la volonté de fon maître, & fes fers s'appéfantir jufques fur la premiere loi que peut feule impofer la nature.

Le premier des befoins qui commande à tous les autres dans tous les hommes, frappe bien davantage encore, & intéreffe bien plus particulierement l'efclave : c'eft auffi fur cet objet qu'un attelier aura fingulierement & fans ceffe les yeux ouverts, dans la conduite du maître; & fa prévoyance, fa libéralité à cet égard feront toujours infailliblement la mefure de leur confiance & de leur bonne volonté.

Un maître qui, avec un maintien convenable, traitera généreufement fes efclaves, en fera refpecté, craint, & obéi; celui qui les traitera en avare, ou mefquinement, en fera méprifé.

Malheureufement, dans toutes les Colonies on agit fur ce point avec trop de léfinerie : plus malheureufement encore dans toutes auffi, beaucoup de particuliers manquent plus ou moins fouvent de la quantité de vivres néceffaires à la fubfiftance de leurs atteliers : cruelle conjoncture pour un homme fenfible; & malheur à celui qui ne l'eft pas.

Défaut ordinaire dans toutes les Colonies.

Malheureufement encore, dans toutes les Colonies, beaucoup de perfonnes qui paroiffent pleines d'humanité, la font confifter feulement à ne pas chatier ni punir les efclaves, à leur laiffer comme on dit, *la bride fur le cou*; & dorment en paix fur tout le refte, en difant qu'ils fe tireront bien d'affaire. (n)

Les efclaves connoiffent trop leurs intérêts, pour fe méprendre fur les mots; & raifonnent tout autrement, ils diront : » en ne » pourvoyant qu'incompletement à nos befoins, vous nous rendez » des perturbateurs de l'ordre public; vous nous forcez à troubler » nos voifins dans leurs propriétés; & vous appéfantiffez nos fers » par le fentiment de nos torts qui ne fait qu'aggraver encore » celui de notre mifere.

(n) Il n'eft point rare d'entendre ce mot, qui ne décéle que de la barbarie, telle humanité qu'on puiffe affecter à l'extérieur. Il faut encore remarquer que ce n'eft pas la même chofe dans cette Colonie, d'avoir de l'argent pour acheter journellement des vivres, ou d'en avoir chez foi des plantations fuffifantes. C'eft au Gouvernement à faire veiller, que chaque Habitation ait des plantations de vivres en rapport, proportionnées au nombre d'efclaves qui y font affectés.

» Procurez nous libéralement une subsistance saine, une nourri-
» ture abondante ; étendez sur nous des soins généreux & bien-
» faisants dans tous les temps, mais particulierement lorsque nous
» sommes malades ; maître, & le plus fort, soyez indulgent, mais
» juste surtout : voilà ce que nous autres esclaves appelons de
» l'humanité dans la classe que nous occupons sous votre empire :
» remplissez ces devoirs, & nous remplirons les nôtres avec joie ;
» & persuadez-vous bien que, jamais les justes chatiments que
» vous nous infligerez pour nos fautes, ne nous porteront au
» murmure, ni à l'indisposition contre vous : nous savons très
» bien discerner qu'une police exacte, loin de nous vexer, sert
» au contraire à nous rendre moins malheureux.

Quoiqu'on se soit fait un devoir d'être le plus succint possible
dans le cours de cet ouvrage, on y a cependant traité avec des
détails suffisants, toutes les cultures qu'on peut faire avantageuse-
ment à la Guiane. Si on ne s'est pas étendu davantage sur celle
de l'Indigo, dont les succès sont si satisfaisants, c'est qu'elle dépend particulierement de l'art de l'Indigotier, suffisamment développé par des Auteurs instruits. On n'auroit pû aureste présenter
que des observations sur les différences que le climat de la Guiane
apporte dans les opérations de cette manufacture ; & sur cela, nous
n'avons jusqu'ici pas encore acquis des connoissances dignes d'être
consignées dans ce traité.

Quant à la culture du rocou, on se dispense d'en parler
parce qu'on la croit inutile à la prospérité de cette Colonie, qui
est le seul but qu'on se propose : cette denrée est tout-à-fait dis-
créditée en Europe, & ce qui pis est, elle le deviendra de plus en plus ;

les manufactures qui l'employoient, sont parvenues à pouvoir s'en passer, & elle ne l'employeront plus dorénavant qu'autant qu'il sera au plus vil prix. On doit désirer qu'on veuille ouvrir les yeux sur cette objet, & qu'on abandonne totalement cette culture dans cette Colonie.

CHAPITRE XII.

Des Coffres d'écoulement, & des Batardeaux.

§ I.

Des Coffres d'écoulement.

CETTE machine hydraulique a des avantages si considérables, qu'on devroit la préférer aux éclufes, si elle n'étoit exposée dans la Guiane, à être piquée par les vers & détruite en 3 ou 4 ans, quelquefois plutôt ou plus tard.

On convient également de son utilité dans les Colonies Hollandoifes ; mais on y en fait peu d'usage ; parce qu'on les y fait exécuter avec tant de négligence & d'imperfection, qu'ils ne font point étanches : on les place d'ailleurs avec peu de soin ; desorte qu'en général ils réuffiffent bien rarement comme ils le devroient faire.

Les coffres doivent avoir 20 pieds de long au moins, & 24 au plus ; & c'est cette dernière mesure qui convient le mieux.

Dimenfion & composition des coffres.

On doit leur donner 2, 3, 4, & jufqu'à 5 pieds d'ouverture, felon la grandeur des écoulements auxquels on veut les faire fervir.

On fait les deux côtés de madriers d'une feule piéce, de toute la longueur du coffre, mis de champ les uns fur les autres. Le deffus & le deffous font au contraire de madriers coupés par bouts, & cloués en travers fur les bords de ces côtés.

Les longs madriers doivent donc toujours avoir de longueur celle du coffre, & de largeur 13 pouces, ou tout au moins un pied fur deux pouces d'épaiffeur pour un coffre de 3 pieds; 2 pouces 1 quart pour un de 4 pieds, & d'un pouce & demi, pour un coffre de 5 pieds.

Ceux deftinés pour le deffus & le deffous doivent avoir auffi environ un pied de large; quant à l'épaiffeur, elle doit également être proportionnée à la grandeur du coffre, & avoir auffi, pour 2 pieds d'ouverture, 1 pouce & demi, pour 3 pieds, 1 pouce trois quarts, pour 4 pieds 2 pouces, & pour 5 pieds 2 pouces & demi.

Attention à avoir pour les devis des madriers.

Pour la longueur de ces derniers, il faut faire enforte qu'il n'y ait point de perte en les employant, & pour cet effet, obferver avec attention ce qui fuit.

Pour un coffre de 2 pieds d'ouverture, l'épaiffeur des côtés ajoutés, chaque bout du deffus ou du deffous aura 2 pieds 4 pouces de long : il faut bien eftimer 2 pouces pour que l'ouvrier puiffe en le fciant, lui donner la coupe qu'il conviendra; chaque bout aura donc 2 pieds & demi.

Or, fi l'on veut qu'un madrier donne 4 bouts, il faudra qu'il aît 10 pieds de long ; pour 5 bouts 12 pieds & demi, ainſi du reſte.

Dans l'intérieur du coffre, pour en ſoutenir les côtés, il faut des cadres de 3 en 3 pieds environ, leſquels doivent êtie faits de madriers proportionnés ainſi à la grandeur du coffre : pour 2 pieds d'ouverture, 2 pouces un quart d'épaiſſeur ; pour 3 pieds, 2 pouces un quart ; pour 4 pieds, 2 pouces trois quarts ou 3 pouces ; & pour 5 pieds, 3 pouces & demi : leur largeur doit toujours être d'un pied, parce qu'on le fera refendre par le milieu, pour en faire deux piéces de 6 pouces, largeur convenable des cadres.

Quant à leur longueur, pour un coffre de 2 pieds d'ouverture, il faut 4 bouts de 2 pieds 2 pouces ; par conféquent, un madrier de 8 pieds 8 à 9 pouces, fera 2 cadres ; 8 cadres exigeront 4 madriers de 8 pieds 9 pouces, 12 pouces de large, & 2 pouces un quart d'épaiſſeur ; s'il faut 9 cadres, ce fera 4 madriers & demi, il faut en compter cinq.

D'après ces diverſes dimenſions, il fera aiſé de faire les dévis à donner aux fourniſſeurs, pour toute forte de coffre.

Il faut de plus quelques planches pour la porte, & quelques piéces de bois, qu'on n'indique point ici, parce qu'il en fera fait mention plus loin, pour éviter une répétition.

Il eſt à remarquer que, lorſqu'on dit un coffre de 3 pieds d'ouverture, on entend qu'il eſt fait de trois madriers pour les côtés ; car on n'ajoute jamais de piéce, pour compléter une dimenſion quelconque ; ainſi l'on dit un coffre de 4 pieds, parce qu'il eſt fait de 4 madriers par chaque côté ; s'il en avoit 5, il feroit dit de 5 pieds, &c. &c.

E e

. La maniere de les conſtruire ſera indiquée ici, ſur la ſuppoſi-tion d'un coffre de 3 pieds, & de madriers de côté de 24 pieds de long.

On prendra ces longs madriers, & ſans les raboter du tout, on en fera joindre bien exactement avec la varlope, trois en-ſemble pour un côté, & de même pour l'autre : on coupera *le bec de flûte* pour la porte, à l'inclinaiſon de 26 dégrés & demi, & pour qu'on puiſſe le tracer par une méthode plus vul-gaire, on fera à l'extrémité de ce coffre un trait avec une équerre ; on prendra la moitié de la hauteur du côté qui eſt de 3 pieds, ce ſera donc 18 pouces ; on portera ces 18 pouces en arriere du trait d'équerre, où l'on en fera un auſſi : d'un des bords de ce côté à l'autre, on tracera une eſpèce de diagonale ; & ce ſera la coupe demandée, laquelle ne différe que de quelques minutes de 26 dégrés & demi.

La largeur de ces côtés qui eſt leur hauteur, donne la dimen-ſion ou grandeur de ces cadres, de dehors en dehors. On les aſſemble quarrément ſur leur plat avec un tenon, ou plutôt une queüe d'aronde, en forme d'affourchement.

Celui qui eſt au bec de flûte doit avoir la même coupe ; c'eſt-à-dire que, le deſſus & le deſſous reſtant horizontalement, les côtés ayent l'inclinaiſon de cette coupe. Le coffre ayant 24 pieds de long, il faudra 9 cadres.

Les cadres étant prêts ainſi que les côtés, on les arrange ſur un de ces côtés aſſemblé comme il doit être par terre ſur des bois : on met celui du bec de flûte à ſa place, obſervant de le reculer en dedans de 3 lignes, & un autre à l'autre bout du coffre. Les fept qui reftent font diftribués enfuite également, fur la longueur de ce côté; on les pofe bien à angle droit, avec une ligne, tracée de chaque côté pour appercevoir s'ils ne fe dérangent point.

On prend enfuite l'autre côté du coffre, les trois autres madriers l'un après l'autre; on les arrange bien à leur place en les ferrant fort pour les joindre; & on les cloüe fur les cadres.

On renverfe avec précaution cet ouvrage fens deffus deffous, mettant le côté cloüé en bas, & celui qui ne l'eft point deffus pour le cloüer auffi : cela étant fait, on retourne le coffre dans fa fituation naturelle, les côtés verticalement; puis on coupe des madriers, pour fermer le deffus & le deffous, qu'on fait bien joindre auffi, lefquels doivent être cloüés avec un grand foin & très fortement, même fur les cadres, lorfqu'on les rencontre.

Mais, avant de placer le fond & le deffus, il faut prendre une piéce de bois dur, de l'efpèce la plus incorruptible dans l'eau, dont la longueur excéde de 3 pouces chaque côté de la largeur du coffre : après l'avoir équarri felon la coupe du bec de flûte, & dreffé à la varlope, on la place en travers du coffre, à fleur du bec de flûte, pour faire l'office de premier madrier pour fermer le coffre, & pour recevoir les gonds qui doivent porter la porte, & la porte elle-même.

On l'arrête dans cette fituation par deux chevilles de fer qui traverfent, ainfi que le cadre qui fe trouve directement deffous, par des barres de fer feuillard, qui faififfent les deux bouts de la piéce & font cloüées contre les côtés du coffre, par le cadre même qu'on cloüe en dedans fortement contre la piéce; & par le premier madrier qu'on met après la piéce pour faire le deffus du coffre:

on les lie enfemble avec force; puis on met une autre piéce parfaitement femblable en bas du bec de flûte, laquelle eft arrêtée
de la même maniere.

Lorfque tout cela eft fini, que le deffus & le deffous du coffre
font fermés en madriers, & que les côtés font affez fortement cloüés
contre les cadres; on prend deux autres piéces de bois de 7 à
8 pouces d'équarriffage qu'on place fur le coffre, l'une à l'endroit
du premier cadre après le bec de flûte, c'eft-à-dire fur le fecond
cadre, & l'autre au bout oppofé, auffi à environ 2 pieds & demi
fur le fecond cadre. On les arrête également avec des chevilles
de fer, & des barres de fer feuillard, d'une maniere très folide:
après cela, on dreffe à la varlope, avec la plus grande exactitude tout le bec de flûte, enfemble les piéces de bois.

Pour faire la porte, on prend la longueur du bec de flûte,
fur laquelle on coupe deux piéces de très bon bois bien péfant:
on les difpofe en forme de coin; c'eft-à-dire qu'elles doivent avoir
d'un bout 5 pouces & demi d'équarriffage, & de l'autre la même
largeur, mais feulement 2 pouces un quart d'épaiffeur, le tout
bien dreffé à la varlope.

Les planches pour la porte étant bien dreffées, bien unies, &
exactement préparées & affemblées, on cloüera ces deux piéces de
bois par deffus, c'eft-à-dire les planches contre ces bois, obfervant que le gros bout foit en bas du bec de flûte, & qu'elle foit à
fleur du bout de la porte de chaque côté, au bord du coffre à
fleur, & non du côté du milieu; & encore que la porte ne doit
pas être longue pour defcendre jufqu'au bas & à fleur de la piéce
d'en bas du bec de flûte, mais feulement porter deffus de 3 pouces
ou 2 pouces & demi.

On met enfuite un doublage de planches à cette porte, entre ces deux piéces de bois, le tout bien cloüé; car toutes ces parties demandent à l'être extraordinairement.

On aura de gros gonds & de fortes pentures de fer; celles de fonte ou de cuivre, ainfi que leurs cloux, dureroient bien plus long-temps : toutefois celles de fer, fi elles font faites dans des proportions fuffifantes, durent autant que le coffre; & c'eft tout ce qu'il faut.

Les gonds traverferont la cape, la piéce de bois, & feront arrêtés derriere avec des écroux où des clavettes. La porte fera ferrée avec foin; & les cloux vers le collet des pentures, feront à écrou ainfi que ceux du bout, & quelques uns dans le milieu : ces pentures auront de longueur celle de la porte, moins 6 pouces.

La porte étant pofée & bien conditionnée, on envoye un ouvrier habile dans le coffre, & mieux vaudroit-il y aller foi-même, pour remarquer les petits jours de la porte, s'il s'y en trouve, & ce qui empêche qu'elle joigne : on remarque ces endroits, & la porte étant ouverte, on y paffe une varlope, ou un rabot fin, très légerement : on referme & on examine de nouveau, remédiant ainfi continuellèment au plus petit jour qu'on puiffe appercevoir, enfin jufqu'à ce que la porte fe ferme hermétiquement.

Ce travail fini, on n'a plus qu'à calfater tout le coffre, excepté la porte, comme on fait les Navires; on enbraye les coutures, & on enduit tout le coffre de goudron; alors il eft fini.

En dedans des cadres des deux bouts, on y fait affujettir deux morceaux de bois en croix, qui buttent contre les 4 angles des cadres, pour faire l'effet de guêtres, & empêcher que le coffre ne fouffre, s'il recevoit quelque fecouffe lorfqu'on le pofe , qu'on le defcend dans le trou ou canal d'écoulement. On a foin d'ôter ces deux croix , lorfqu'il eft pofé & le batardeau fini.

Nous avons remis jufqu'ici l'explication de plufieurs chofes , pour ne pas interrompre les détails qui nous occupoient ; nous allons maintenant y revenir : le bout du coffre , le bout des madriers qui forment le bec de flûte, quoiqu'ayant un peu d'inclinaifon , peuvent être confidérés comme n'étant fujets à aucun gonflement fenfible : les deux piéces de bois , celle du haut & celle du bas , qui forment le quarré de ce bec de flûte, ne feront fujettes non plus à aucun gonflement calculable : le bec de flûte aura donc toujours fes quatre côtés également élevés, & à fleur les uns des autres ; il n'y pourra furvenir aucun dérangement notable qui empêche la porte de joindre parfaitement : elle reftera toujours dans le même état.

Si, en fupprimant ces piéces de bois , on eût fait avancer les madriers du deffus & du deffous du coffre jufqu'au bec de flûte , le gonflement inévitable qu'ils auroient éprouvé, auroit fait que jamais le deffus & le deffous de ce bec de flûte n'auroit été égal avec les côtés : la porte auroit fait de l'eau, laquelle formant équilibre avec celle du dehors, eût empêché la preffion ; & le coffre eût été inutile, ou à peu près.

Les deux piéces de bois qu'on a clouées fur la porte , le gros bout vers le bas , font le double effet de l'empêcher de fe déjetter & de fe foulever , de balancer fur les gonds , lorfqu'il furvient ce petit clapotage qui annonce le commencement du flot. Cela l'oblige de refter fermée tant qu'elle n'eft pas pouffée par les eaux intérieures du canal d'écoulement , fans néantmoins que ce poids l'empêche d'être facilement ouverte par l'impulfion de ces eaux : avantage qu'elle reçoit de la coupe du bec de flûte ; au lieu que par celle qu'on leur donne dans les Colonies Hollandaifes, qui eft à peu près la diagonale du quarré, il faut un volume d'eau confidérable pour faire tant foit peu ouvrir la porte ; & les eaux extérieures n'ont qu'un très petit poids, ne font aucune preffion pour ainfi dire fur cette porte. Les eaux qu'elle laiffe paffer intérieurement, font équilibre avec celles du dehors ; alors la porte ne ferme qu'imparfaitement ; le coffre ne fait prefque point fon office ; & les foffés, les canaux d'écoulement s'empliffent d'eau pendant le flot.

Ce qui contribue encore à cet inconvénient, c'eft l'efpèce de pentures & de charniere de bois, avec lefquelles on fufpend cette porte, au lieu de pentures en fer : celles-là ne pouvant être exactes, & d'ailleurs fe gonflant, ne fauroient retenir la porte à fa vraie place.

Le fer fe rouille, dira-t-on, & dure peu : d'accord ; mais il vaut mieux faire une dépenfe néceffaire, que d'avoir un coffre qui a coûté beaucoup & devient inutile.

Lorfqu'on prend le foin de faire les coffres tels qu'ils viennent d'être détaillés, ils rempliffent parfaitement leur office : ils ferment fi bien, & d'eux-mêmes par la preffion des eaux de la marée, qu'ils ne font aucune eau.

Il faut feulement avoir l'attention, comme pour tous les coffres d'écoulement poffibles, de les faire vifiter fouvent, pour voir fi la marée n'a point apporté quelques petites piéces de bois qui fe feroient prifes entre les mouvements de la porte ; ce qui pourroit lui faire effort, en forçant un peu les pentures. Dans ce cas, c'eft l'affaire d'un moment que d'y remédier, en refferrant les pen-

Attention à avoir pour tous les coffres.

tures & les mettant en l'état où elles doivent être, par le moyen des écroux, ou des clavettes, avec lesquels on peut ferrer les gonds à tel point que l'on veut.

Modéle de coffre remis par l'Auteur au Commandant de Rochefort.

En 1781, lorfqu'après avoir dû être chargé en chef du defféchement des marais de Rochefort, il fut décidé enfuite par le Miniftre qu'au lieu de les exécuter, je repafferois dans la Guiane, je fis conftruire un petit modéle de ces coffres, pour fervir au befoin, ainfi que des batardeaux, lequel fut remis à Mr. le Commandant de la Marine de ce département.

Inftallation de ces coffres.

Le coffre étant fini, on fouille fon emplacement pour le pofer : fi c'eft au milieu de la belle faifon où l'on n'appréhende point la filtration des eaux, on peut fe contenter de creufer un trou dans l'alignement de la digue dans laquelle on veut le placer ; finon il faudra en même-temps ouvrir le bout du canal jufqu'à la rivierre.

Lorfque le trou eft fouillé bien de niveau à la profondeur de la baffe-mer, on approche le coffre du bord, on le couche en arriere, de maniere que le deffous ou le fond fe préfente le premier vers le trou ; on met deffous deux piéces de bois qu'on avance affez pour qu'elles anticipent de quelques pieds fur le trou : on fixe à chaque bout du coffre un palan qu'on a le foin d'accrocher foit à un fort piquet, foit à un tronc d'arbre : on pouffe le coffre avec des léviers ; on le tient ferme lorfqu'il culbute avec les deux piéces de bois, & fe remet dans fa fituation naturelle, puis on le defcend doucement au fond du trou. Toute cette opération eft l'affaire d'un petit quart d'heure, & peut être faite même en quelminutes, fi tout eft bien préparé.

Dès que le coffre eft à fa place, il faut le charger dans le milieu de fa longueur, de beaucoup de terre ou de vafe, & en combler le trou de chaque côté, à cet endroit, jufqu'au niveau du deffus du coffre; étant très effentiel qu'il foit auffi bien fortement chargé, & fixé par les côtés, dès le premier inftant qu'il eft en place; mais on le répéte, vers le milieu de la longueur feulement, & dans une étendue de 8 ou 9 pieds feulement.

On doit fe rappeller ici deux piéces de bois qui ont été fortement fixées fur le deffus du coffre, l'une fur le fecond cadre du devant, l'autre fur le fecond cadre de derriere : il faut à l'alignement du bord de ces piéces, faire mettre à angle droit avec le coffre, un cordeau en travers du trou, & faire fouiller de chaque côté un petit bout de foffé qui aura 10 pieds de long, au delà du bord du canal, & d'un pied & demi de large, à la profondeur de fix pouces ou un pied plus bas que le deffus du coffre.

Ces quatre bouts de foffé étant prêts, on y defcendra à chaque bout du coffre une forte piéce de bois qui foit affez longue, en traverfant par deffus le coffre, pour atteindre l'extrémité des petits foffés, c'eft-à-dire pour excéder de chaque côté d'environ 10 pieds la largeur que devra avoir le canal : ces piéces de bois doivent être rondes d'environ un pied de diametre; & il faut avoir eû foin de fe les procurer fur les lieux, à l'avance.

Elles doivent d'abord être pofées en dedans de chacune des piéces de bois fixées, comme on l'a vû, fur le coffre, & les toucher, porter contre pour en prévenir l'écartement & le dérangement du batardeau, par le ferme appui de leur contiguité.

Ces groffes piéces de bois ou lambourdes, doivent porter de tout leur poids fur le coffre, & non par les bouts feulement, au fond des petits foffés, où elles ne doivent qu'être retenues. On fait chaffer dans ces foffés quelques piquets à l'extérieur de ces piéces de bois, pour en retenir encore l'écartement ; & l'on comble de terre les petits foffés avec foin.

En dedans de ces lambourdes, & le long de chacune, on plante une rangée de bons piquets, dont les têtes ne dépaffent que d'un pied, mais également le deffus de la lambourde, & s'ils ne fe joignoient pas affez bien les uns les autres, on en feroit planter ou chaffer de plus minces par derriere, pour boucher les iffues qu'il pourroit y avoir.

Mais il reftera un efpace fans piquets, parce qu'on ne peut y en mettre ; c'eft l'intervalle occupé par le coffre : pour le remplir, il faut mettre à chaque extrémité, à ces endroits fur le coffre, des portions de madriers en travers du coffre, dont les bouts prendront derriere les premiers piquets. On peut même fe contenter d'y mettre des bouts de piquets couchés en travers les uns les autres, & entaffés ainfi en rang jufques en haut.

Après cela, on n'a plus qu'à combler tout le trou de vafe, d'abord jufqu'à un pied au deffus du niveau des piquets du batardeau; enfuite on éléve le milieu, en laiffant un talus fort incliné aux terres pour former la digue.

Il eft effentiel d'élever la digue fur le coffre : d'abord, d'environ deux pieds plus haut que celles du defféchement qui viennent y y aboutir, pour le charger beaucoup dans les premiers moments ; afinque les terres des batardeaux fe compriment fortement, & que leur affaiffement qui doit arriver à cet endroit, n'oblige pas à y revenir de fitôt.

Les détails de cette opération auront paru longs fans doute, à ceux qui n'en connoiffent pas la néceffité; mais ces coffres font d'un ufage indifpenfable pour le cultivateur qui voudra entreprendre de nouveaux défrichés, former un nouvel établiffement, & jufqu'à ce qu'il ait le temps & les moyens de conftruire des éclufes, ils doivent lui en tenir lieu. C'eft donc parce qu'il eft de l'importance la plus effentielle pour lui de réuffir completement à en faire d'affez bons, & à les pofer affez exactement, pour que fes defféchements ne laiffent rien à défirer de ce côté, qu'on a crû devoir examiner attentivement tout ce qui tient à leur perfectibilité.

Les petits coffres qui fervent à l'écoulement des eaux, lorfqu'on Des petits coffres fait des foffés, des canaux, ou tous autres ouvrages hydrauliques, dont les fouilles pourroient fe remplir d'eau fans ce moyen, ne font faits que de quatre madriers cloués enfemble, en forme de caiffe. Le bec de flûte a la même proportion, la porte faite & ferrée avec grand foin, a auffi deux piéces de bois deffus, tout comme le grand coffre, à la différence près des proportions relatives aux dimenfions de chacune de ces machines.

Il faut auffi remarquer que les branches des pentures à couplets qui fufpendent la porte, doivent y êtres clouées par deffous, & non en deffus, & les branches qui tiennent au coffre, au contraire par deffus.

Toutes les fois qu'on a befoin d'un coffre de médiocre grandeur, ou d'un efpèce de petit coffre, foit pour contenir les eaux dans un baffin, un étang, un vivier, ou toutes autres piéces d'eau, qu'on défire vider en tout ou en partie, de temps en temps, foit auffi pour laiffer couler d'un réfervoir ou canal une quantité d'eau quelconque pour les befoins des manufactures, jardins, maifons, &c, il y a une autre efpèce de coffre, qui y eft plus propre que les premiers, & dont nous croyons devoir préfenter ici la conftruction.

Lorfqu'on aura déterminé le volume d'eau qu'on doit y faire paffer, lequel fera fuppofé ici de 6 pouces, on choifira un arbre d'un bon bois, de la longueur que doit avoir le coffre : on le fera équarrir d'un pied d'épaiffeur, & fur une des faces, on le fera creufer de 6 pouces de large & autant de profondeur tout du long, jufqu'à 2 pieds de l'un des bouts, en laiffant cette tête entiere, & à l'autre bout, le creux fera ouvert.

On aura alors une efpèce de dalle fermée par une extrémité, dont les bords & le fond auront 3 pouces d'épaiffeur : en la tournant fens deffus deffous, il faut percer fon fond derriere & près de la tête : on aura eû la précaution de laiffer à cet endroit du fond une efpèce de renflement ou bourelet de 2 ou 3 pouces, pour le renforcer. Ce trou aura 5 pouces un quart environ, s'il eft quarré, & 6 pouces s'il eft rond. Mais cette grandeur de l'ouverture eft celle du bas, à la partie inférieure, vers le dedans de la dalle ; car elle doit être en forme conique, & plus large d'un pouce dans le haut.

Ce trou étant fait & bien poli, on y ajoutera un tampon d'un bois très dur & péfant, qui joindra bien exactement en traverfant le fond, & pénétrant de quelques pouces dans la capacité de la dalle. Il aura 8 pouces quarrés dans le bas, au-deffus de l'endroit qui entre dans le coffre, & dans la longueur de quelques pieds ;

mais la partie fupérieure fera équarrie plus mince fur deux faces, & formera un efpèce de manche de 8 pouces fur 3 d'épaiffeur.

On retournera enfuite cette efpèce de dalle fens deffus deffous, le creux en haut ; on dreffera à la varlope le deffus des deux bords du creux ; & l'on appliquera un bon & fuffifant madrier cloüé par deffus, pour fermer le quatrieme côté du coffre.

Pour pofer ce coffre, après avoir commencé par déterminer à quelle élévation les eaux dont on a befoin, doivent être portées pour le placer à cette hauteur, on fait à travers la digue un efpèce de foffé dans lequel on le pofe, le bout ouvert en dehors, & la tête où eft le tampon, en dedans du canal ; puis on le garnit de vafe avec précaution, & grande folidité.

Pour affujettir le tampon dans la direction perpendiculaire, on plantera deux bons piquets qui porteront deux traverfes, à la hauteur du niveau de la digue, lefquels paffant par deffus le trou du coffre, formeront par des entailles correfpondantes, une efpèce de large mortoife, dans laquelle paffera le manche de ce tampon : on en mettra auffi deux pareilles plus bas.

Le manche fera percé de plufieurs trous, vers la traverfe d'en haut, pour fervir au moyen d'une cheville, à foutenir le tampon foulevé & ouvert autant & fi peu qu'on voudra, pour ne laiffer échapper à la fois que la quantité d'eau dont on aura befoin : l'on mettra ainfi une forte & longue cheville au bout de ce manche pour le foulever à volonté, comme il vient d'être expliqué.

De la digue à cette traverfe, on mettra un fort madrier qui y fera cloüé, & qui fera arrêté fur la digue avec des piquets, pour rendre le tout folide, & fervir de pont pour accéder au tampon.

f f 2

Placement de ce coffre.

Ces fortes de coffres font infiniment utiles & intéreffants : ils ne laiffent jamais aller ni perdre d'eau ; on en fait paffer auffi exactement qu'avec un robinet la quantité défirée, en foulevant plus ou moins le tampon, ils durent plus long-temps que les autres : leur fimplicité eft caufe qu'ils ne fe dérangent jamais ; & ils n'ont aucun ferrement qui puiffe être détruit par la rouille.

On peut en faire de toute grandeur, depuis 2 pouces jufqu'à 2 pieds d'ouverture : le tout ne confifte qu'à choifir des arbres de dimenfions proportionnées.

C'eft de cette efpèce de coffre, qu'on propofe de faire ufage à la tête du canal navigable deftiné à fournir de l'eau aux cafeyeries : il y en faudra deux, un petit pour fournir les eaux pofé à leur furface dans le canal ; & un fecond plus grand, placé vers le fond du canal, pour en vider les eaux en tout ou en partie, lorfqu'on le défirera.

§ I I.

Des Batardeaux.

Quoique rien ne paroiffe plus fimple que ce qui concerne les batardeaux, furtout pour les Habitans des terres-baffes, que la néceffité met plus ou moins dans le cas d'acquérir une pratique familiere à ce fujet, on ne peut fe difpenfer d'en examiner ici la conftruction, & d'indiquer les précautions à prendre, pour qu'ils réfiftent au poids des eaux, auxquelles on les oppofe.

Rien au reste n'eft plus commun, que de voir fur les habitations des batardeaux fe rompre, être endommagés, avoir des filtrations, & éprouver tous les accidents qui les détruifent au moment où l'on y penfoit le moins; d'où il réfulte quelquefois des défaftres, & toujours une perte de temps qu'on doit auffi toujours regretter.

Les batardeaux dont on a befoin pour les établiffements de culture font de deux fortes : d'abord, ceux qu'on fait à demeure pour empêcher les eaux des pinotieres, ou celles de la marée, d'inonder les habitations, & ceux qui coupent ou barrent un foffé ou un canal dont on n'a plus befoin; enfuite, ceux qui ne fervent que momentanément pour garantir des eaux les ouvrages hydrauliques qu'on eft dans le cas de faire exécuter ou réparer : on place toujours dans ceux-ci un petit coffre, pour vider les eaux qui gêneroient les travaux.

Deux fortes de batardeaux.

Pour apprécier la maffe ou la force que doit avoir un batardeau, il faut confidérer l'étendue du lieu qu'il doit occuper, c'eft-à-dire, fa longueur & la hauteur des eaux qu'il doit foutenir.

Avant d'expliqner ceci, il convient d'obferver que les batardeaux dont il eft ici qucftion, font faits d'après une nouvelle méthode : ils font compofés de deux parties, d'un batardeau, & de deux fous-batardeaux, un de chaque côté qui en augmente la bafe de deux tiers; deforte que, lorfqu'il fera fait mention ici de cette bafe, celle des fous-batardeaux y fera comprife.

Ces batardeaux font fur une nouvelle méthode.

On pourra prendre pour régle générale, dans tous les cas qui peuvent fe préfenter relativement aux terres-baffes de la Guiane, qu'un batardeau doit avoir de bafe 3 fois la hauteur des eaux qu'il à à foutenir, plus le dixieme de fa longueur.

Régle générale fur leur bafe.

Ainsi, nous suppofons avoir à barrer une crique de 40 pieds de largeur, & que les grandes marées de l'équinoxe s'y élévent à 12 pieds : cette hauteur donne 36 pieds ; le batardeau ayant 40 pieds de longueur, le dixieme eft quatre pieds, qui ajoutés à 36, donnent 40 pieds pour la bafe totale du batardeau, que l'on conftruira comme on va l'indiquer. (o)

On partagera cette quantité en 3 parties, qui feront de 13 pieds 4 pouces, dont une fera la largeur du batardeau, & les deux autres partagées à chacun des fous-batardeaux.

On placera en travers de la crique, perpendiculairement à fon cours, deux groffes piéces de bon bois rondes & brutes, affez longues pour porter de 10 pieds fur chaque côté ; on les éloignera l'une de l'autre de 13 pieds 4 pouces ; & au moyen d'un petit foffé, ou plutôt d'une entaille dans le fol, on les baiffera à un pied au deffous de fa furface : vers chaque extrémité, en dehors, il y aura quelques bons piquets, pour en retenir l'écartement.

Dans l'étendue des 40 pieds qu'occupe la bafe du batardeau, on fera nettoyer la crique avec un grand foin ; on fera même fonder avec une pelle, pour chercher s'il n'y auroit pas quelque bois enfevelis fous la vafe, qu'il faudroit faire retirer.

On garnit enfuite en dedans de bons & forts piquets, chacune

(o) Les perfonnes inftruites fentiront que ces batardeaux ont une force fupérieure au poids des eaux qu'ils ont à foutenir ; on doit leur obferver qu'il ne s'agit pas de réfifter à ce poids feulement, mais qu'il faut par leur conftruction prévenir toute filtration d'eau & toute réparation pour l'avenir : la dépenfe en journées pour leur donner cette folidité fera toujours une vraie économie.

de ces deux piéces de bois ou lambourdes ci-deſſus dites ; leſquels piquets feront enfoncés profondément, & les têtes à la même hauteur, n'excéderont pas d'un pied le deſſus de cette lambourde : cela fait on comblera le batardeau, juſqu'à la hauteur des lambourdes feulement.

De chaque côté du batardeau, à 13 pieds 4 pouces, on mettra une autre lambourde, mais au fond de la crique, en fouillant l'eſpèce de talus naturel occaſionné par les éboulements, pour l'y faire entrer ; après quoi on la garnira de piquets enfoncés ou chaſſés le plus profondément qu'on pourra, en laiſſant toujours excéder la tête d'un pied au deſſus de la lambourde : les deux côtés étant ainſi préparés, on fera combler ces deux ſous-batardeaux, en obſervant qu'au bord extérieur ils ſoient comblés juſqu'au haut des piquets ; & de là en montant par un talus couché ou eſpèce de glacis, juſqu'au haut des piquets du batardeau.

Après que les ſous-batardeaux auront été ainſi comblés & finis, on comblera le batardeau juſqu'au haut de ces piquets d'abord ; enſuite on élevera la digue, en lui donnant, à partir de ces piquets, un petit talus de chaque côté.

On doit élever d'abord ces batardeaux de quelques pieds plus haut que ne le font les digues de l'habitation, pour procurer aux terres une grande compreſſion, & eû égard à ce qu'elles s'affaiſſent beaucoup, & qu'ainſi ſans cela, il faudroit dans peu de temps y faire une réparation.

Tous les batardeaux expoſés à l'action des marées, doivent être traités comme on vient de le preſcrire, de quelque longueur qu'ils ſoient d'ailleurs.

G g

Tous ceux qui, par leur pofition au bord d'un canal, ou toute autre qui ne permettra pas qu'il y ait deux fous-batardeaux, & ne pourront ainfi en avoir qu'un d'un côté, auront deux fois & demie la hauteur ci-deffus défignée, dont la moitié fera pour le batardeau, & l'autre pour le fous-batardeau.

Mais s'il étoit queftion de foutenir des eaux ftagnantes, comme celles de pinotieres, on lui donnera alors trois fois la hauteur de ces eaux, dont une moitié fera également pour le batardeau, & l'autre pour le fous-batardeau : & dans ce dernier cas, ceux qui n'auront point de fous-batardeau, auront deux fois & demie la hauteur dite.

Batardeaux non exposés aux marées.

Dans toute autre expofition, dans laquelle leur longueur n'excédera pas 15 pieds, ils feront faits fans fous-batardeaux ; mais dans ce cas, on leur donnera pour épaiffeur une fois & demie de la mefure de la hauteur des eaux qu'ils ont à foutenir.

Batardeaux momentanés.

Les batardeaux qu'on fait pour préferver les ouvrages momentanément, peuvent avoir un tiers moins d'épaiffeur ; & on leur donnera une attention proportionnée à leur grandeur, à leur importance, & à la durée du temps qn'ils doivent fervir.

Conditions réquifes pour un batardeau.

Pour qu'un batardeau auquel on fuppofe d'ailleurs toutes les proportions convenables, foit bien fait ; il faut :

1°. Que l'endroit où on doit le conftruire, foit parfaitement nettoyé d'herbes, d'halliers, & qu'on en ait fait fonder exaɛtement le fond pour s'affurer s'il n'y a aucun bois ; fans quoi, quelqu'épaiffeur qu'on pût lui donner, il feroit fujet à avoir des filtrations, caufe prochaine de deftruɛtion.

2°. Que les piquets foient plantés & enfoncés bien perpendiculairement le long des lambourdes. On eſt aſſez dans l'uſage de les incliner contre la lambourde, & de les faire ainſi plus étroits en bas qu'en haut : c'eſt une faute nuiſible : le poids des terres agit alors ſur les lambourdes, les fait plier & les écarte; d'ou il réſulte un dérangement total dans la maſſe du batardeau, des crévaſſes, & ſouvent ſa ruine.

3°. Qu'ils ne ſoient comblés qu'avec de la vaſe franche, & qu'on n'y mêle point par inattention les herbes, halliers, ou brouſ-ſailles, dont le ſol où l'on prend la terre pourroit être couvert.

On doit avoir l'attention, lorſque c'eſt à barrer les eaux de la marée qu'on travaille, ſi c'eſt au bord de la rivierre, de ne combler le batardeau que, lorſque la mer eſt preſque baſſe, ou d'expédier ce travail aſſez preſtement, pour qu'il ſoit fait avant la haute-mer; afinque le flot ne vienne pas à le franchir pendant qu'on y travaille : il faut qu'un batardeau ſoit comblé dans l'intervalle d'une marée à l'autre.

Si c'eſt un batardeau dans l'intérieur des deſſéchements, il faut autant qu'on le peut, choiſir pour le faire exécuter un temps où il n'y ait point d'eau dans le canal ou foſſé, dans lequel il doit être élevé.

En rempliſſant les batardeaux, il n'eſt jamais beſoin de fouler les terres pour les affermir, parce que la vaſe priſe à peu de profondeur, eſt dans la belle ſaiſon toujours aſſez molle pour ſe pétrir, ſe lier & faire corps par ſon propre poids; & les coups & les ſecouſſes que les travailleurs occaſionent en le jetant de force de deſſus leur tête & en marchant deſſus, aident auſſi à la preſſion.

Lorſqu'on eſt obligé de faire des tranſports de terres dans la faifon pluvieufe, les négres en marchant gâtent auffi-tôt le chemin par où ils paffent, au point de le rendre impraticable : foit qu'on faffe des batardeaux, foit qu'on ait des ruptures de digue ou autres tranfports de terres à faire dans cette faifon là, il faut auparavant faire couvrir tout les chemins defquels on doit fe fervir, avec des feuilles de pinots ou de balifiers d'environ trois ou quatre pouces d'épaiffeur. Cette petite précaution fera fuffifante pour éviter ce facheux inconvénient.

CHAPITRE XIII.

Des Eclufes & des Citernes, avec un nouveau modele de conftruction pour ces dernieres.

§ I.

Des Eclufes.

Eclufes.

IL y a dans l'établiffement des éclufes, trois parties princi-pales à confidérer, favoir : la fouille des terres, ou le creufage de leur emplacement ; les fondations en charpente, ou le grillage, & la maçonnerie.

Pour que les détails de chacune de ces parties puiffent être mieux faifis, on les expofera ici dans le même ordre qu'elles doivent être exécutées.

Grillages.

Les grillages doivent toujours être prêts, avant que l'on commence la fouillle des trous. Quoiqu'il femble qu'on pourroit travailler à ces différents ouvrages en même-temps ; il vaut mieux prendre la précaution qu'on vient de prefcrire ; parce que, auffi-tôt que cette fouille eft finie, il faut à l'inftant même pofer le grillage, & pour cela il ne faut pas s'expofer au moindre retard de cette partie.

On comprendra mieux la manière dont il doit être fait, en décrivant celle dont il doit être placé dans le trou deftiné à le recevoir ; c'eft pourquoi, nous remettrons à en parler davantage à l'article où nous traiterons de ce dernier objet : & nous commencerons par indiquer ici la conduite qu'il faut tenir pour fouiller l'emplacement de l'éclufe.

Ces entreprifes ne doivent être faites que dans la belle faifon : autrement, les dépenfes ou faux fraix, les accidents ou autres inconvénients, la feroient peut-être excéder de cinq ou fix fois celles qu'elle auroit dû coûter : mais comme cette belle faifon eft fort courte, & qu'il ne faut pas s'expofer à être atteint par les premieres pluies, il conviendra de commencer la fouille vers la fin du mois d'Août, ou le commencement de Septembre. *Creufage de l'emplacement des éclufes.*

On commencera à l'endroit où l'éclufe doit être placée, par tracer un efpace de 28 pieds quarrés, en marquant les quatre angles par quatre bons & forts piquets. *Fouille des terres.*

A l'entour de ces quatre piquets, on tracera quatre autres lignes à 14 pieds de diftance, pour circonfcrire un quarré au premier : on le marquera auffi de bons piquets : cette enceinte eft l'extérieur du trou qui aura alors 56 pieds.

Ces 14 pieds à l'entour du petit quarré font pour l'efpace deftiné aux talus ; & le quarré de 28 pieds, au milieu eft le trou, l'emplacement de l'éclufe, qui doit être fouillé à la profondeur où doivent être pofées les fondations.

Il ne faut pas que les éclufes foient placées tout-à-fait au bord des rivieres ; mais elle ne doivent auffi jamais en être à une plus grande diftance que 60 à 70 toifes, à moins de caufes particulieres.

Canal de l'éclufe à la riviere.

Lorfque l'emplacement de l'éclufe fera ainfi défigné & marqué, on tracera delà à la riviere, un canal de 15 à 18 pieds, qu'on fera ouvrir d'abord à la profondeur de la baffe-mer ; fur lequel à la diftance de 24 pieds du trou ou emplacement de l'éclufe, on placera de fuite un petit coffre d'un pied d'ouverture qu'on garnira d'un bon batardeau.

Evacuation des terres du trou.

Cela étant ainfi préparé, on commencera à fouiller le trou, en tranfportant toutes les terres à 24 pieds de diftance du trou : il ne doit point y en avoir des dépofées plus près qu'à cet éloignement, tout à l'entour du trou.

Lorfqu'on a fouillé environ un pied de profondeur, on rétrécit le trou d'autant fur chacune des quatre faces, afin de former un efcallier. On continue la fouille de cette maniere, en rétréciffant toujours d'un pied à chaque pied de profondeur, pourque cet efcallier en même-temps qu'il fait l'effet d'un talus, ferve à l'enlévement des terres.

Profondeur définitive.

Pour favoir quelle doit être la profondeur définitive, on doit obferver qu'ayant pris le niveau de la baffe-mer, dans le temps des grandes marées, le deffus du pavé, ou le fond de l'éclufe doit être placé 6 pouces au deffous, fi les marées font de la force ordinaire ; mais eû égard que dans cette faifon, on fe trouve aux approches ou au temps de l'équinoxe, fi la marée eft très forte, on mettra l'éclufe au niveau de la baffe-mer.

Le grillage, comme on l'expliquera tout à l'heure, aura 20 pouces & demi de hauteur, & la fondation en briques 10 pouces & demi, ce qui fait 2 pieds 7 pouces pour sa totalité : il faudra donc approfondir le trou de 31 ou de 32 pouces, au deſſous du niveau de la baſſe-mer, ſelon les obſervations qu'on vient de preſcrire ſur la diverſité dans la force des marées.

Le trou étant à la profondeur indiquée, on placera ſur le devant, du côté de la riviere, une piéce de bois de 25 pieds de long, ſur 10 pouces d'équarriſſage, de maniere qu'elle ſoit en travers de la direction du canal d'écoulement, ainſi que de la ligne de chaſſe, & qu'elle faſſe avec lui un angle droit.

A 20 pieds de diſtance de dehors en dehors, en allant vers le derriere du trou, on en placera une pareille qui lui ſera parallelle; & par deſſus ces deux piéces, on en mettra cinq autres en ſens contraire, c'eſt-àdire dans la même direction que le canal, faiſant un angle droit avec celles de deſſous: une ſera placée au milieu; deſorte que ces fondations ont 20 pieds ſur toutes les faces.

Ces cinq dernieres pieces auront 8 pouces d'équarriſſage ou d'épaiſſeur : elles ſeront aſſemblées dans les premieres, à queues d'aronde dont la profondeur ſera de 2 pouces à chacune ; ce qui les fera entrer de 4 pouces l'une dans l'autre, & on les arrêtera par de bonnes chevilles.

On coupera des madriers d'un pouce & demi d'épais, de 4 pieds de long, pour faire des *palles-planches*, qu'on chaſſera dans la vaſe, devant & derriere les fondations, tout le long des premieres pieces; avec la précaution qu'elles ne ſoient pas tout-à-fait

enfoncés jusques là, & que les têtes de ces palles-planches dominent de quatre pouces les secondes piéces, celles de dessus :
on les clouera fortement le long des piéces d'en bas.

Après cette opération, on emplira très exactement avec de la
vase l'entre-deux de toutes ces piéces de bois, jusqu'au niveau des
secondes ou dernieres.

On prend alors des tirants de 10 pieds de longueur, & de 6
pouces sur 5 d'équarrissage; on les place en travers de la direction du canal, en travers & au dessus des secondes piéces, mais
on fait toucher celles-ci les unes aux autres comme un plancher,
dans toute l'étendue de la fondation ; & elles sont toutes fortement
chevillées sur ses secondes piéces.

On a dit plus haut qu'on avoit laissé dépasser les têtes des
palles-planches : c'est pour les clouer encore avec une égale force
contre le premier de ces tirants posés en forme de plancher ; après
quoi, on ne fait plus que plancheyer le tout, en travers de ces
tirants, avec des madriers bien joints & bien cloués.

Voila en qnoi consistent les fondations en charpente : on a déja
dit qu'elles devroient être faites d'avance ; & si l'on a parû les
travailler & les assembler ici en les plaçant, c'est pour éviter des
répétitions que le défaut de plans ne multiplie déja que trop.

La charpente étant finie d'être posée & placée, on maçonne
à chaux & ciment tout ce plancher, ainsi que toute l'écluse, avec
une brique de plat : après celle-ci, un autre en croisant les joints,
& ainsi trois de suite.

En briques.

Description & di-
mension de l'écluse.

Après cela, on dessine sur ces briques, on trace en grand le
plan de l'écluse : dans le milieu de sa longueur, on lui donne

7 pieds d'ouverture ou de largeur ; & à cet endroit, les côtés feront paralleles dans une longueur égale de 6 pieds ; mais de ce point, ils feront dirigés obliquement, de maniere que l'éclufe ait 9 pieds de large aux deux extrémités.

Cette largeur eft fuffifante pour un grand établiffement : ce n'eft p la capacité exceffive des éclufes qui facilite le prompt écoulement des eaux ; c'eft la grandeur des canaux, la jufte proportion des foffés, & la propreté qu'on doit y entretenir.

En traçant ce plan, on donnera de 28 à 30 pouces d'épaiffeur aux murs, felon que la dimenfion des briques le comportera : leur longueur fera de deux pieds moindre que l'étendue de la fondation de 18 pieds.

Au milieu de la longueur, & derriere ces murs, vis-à-vis de celui qni doit porter les grandes rainures pour la porte ou paile, on marquera de chaque côté de l'éclufe un contrefort de 2 pieds & demi d'épaiffeur, & 4 pieds de longueur à fa bafe, & qui n'auroit que le tiers de cette faillie à fon fommet.

On tracera aux quatre extrémités des murs, toujours derriere, de petits contreforts, ou efpèces de retours d'angle, de 16 à 18 pouces d'épaiffeur, & trois pieds de longueur à leur bafe, & d'un pied feulement au fommet.

Dès que ce tracé fera fini, on commencera à élever ces murs de la hauteur de deux briques feulement, & on fera avant d'aller plus loin, le pavé de l'intérieur de l'éclufe en briques pofées de kant ; fur quoi il faut obferver qu'aux deux extrémités de ce pavé, dans une largeur de deux pieds, les briques doivent être placées felon la longueur de l'éclufe, & dans la direction du canal ; ainfi

H h

qu'au milieu où on doit frapper la porte ; & l'on commencera à faire ces parties avant le reste; après quoi on pavera le tout, en plaçant les briques dans un sens contraire.

Après cela on élevera les murs, en observant de former en même-temps la rainure pour la porte : elle doit avoir 5 pouces & demi de largeur, & 6 de profondeur.

Il faut aussi observer que ces murs soient élevés à plomb par derriere, & que par devant ils forment un talus tel que le mur, allant toujours en diminuant, ne doive plus avoir qu'un pied d'épaisseur au sommet. Ils auront ainsi toute la force nécessaire pour résister à la poussée des terres, quoiqu'au dessous des proportions ordinaires, parce que la forme évasée de l'écluse, le ciment & la qualité des matériaux balancent, & au-delà, le moins d'épaisseur qu'on donne aux murs.

Élévation de l'écluse On éléve ainsi l'écluse jusqu'à la hauteur des digues ; c'est-à-dire, qu'elles doivent excéder d'un pied le plein des plus fortes marées de l'équinoxe.

On laisse sécher un peu la maçonnerie, avant de combler de terre le derriere de l'écluse ; c'est-à-dire, on n'en mettra point pendant qu'on les éléve ; mais à l'instant qu'elles le seront, on transportera une hauteur de 3 pieds de terre ; quelques jours après, encore 2 pieds ; & au bout de 12 jours, on comblera le tout : & ces intervalles successifs seront suffisants pour un asséchement convenable de la maçonnerie : ces terres au surplus, ne doivent point être battues.

A Surinam, on donne moins de talus aux écluses, & on apporte moins de précautions à les construire ; parce qu'on se repose sur la forte liaifon , & fur la bonté & la qualité des matériaux qu'on ménage moins; mais la principale raifon en eft que perfonne d'inftruit ne s'en mêle, & que cette partie eft abandonnée à de fimples ouvriers dénués des connoiffances réquifes pour calculer la force des murs : auffi voit-on fouvent manquer des éclufes.

Les proportions que la ftricte régle impofe pour ces murs font, que pour la hauteur de 12 pieds, ils ayent 3 pieds 9 pouces d'épaiffeur à leur bafe, & un pied 9 pouces à leur fommet : ce qui donne un talus de 2 pieds; mais comme on vient de le dire, on peut fans inconvénient les réduire à la proportion qu'on a établie ci-deffus.

On peut même encore réduire d'un quart les proportions qu'on a affignées pour les murs, pourvû que, laiffant les contreforts dans les mêmes dimenfions, on termine le haut de l'éclufe par une voute.

Alors, & dans ce cas on ne leur donneroit qu'un talus d'un demi pouce par pied d'élévation.

On pourroit trouver des raifons d'économie pour adopter cette méthode, parce qu'on pourroit réduire de beaucoup les dimenfions générales : il fuffiroit qu'une éclufe eût 15 pieds de longueur, au lieu de 18; les murs feroient faits paralleles l'un à l'autre ; ce qui réduiroit la largeur totale. La voute en plein ceintre peut être recouverte de terre, à l'épaiffeur de 5 pieds; ce qui porte fa naiffance à 4 pieds du fond de l'éclufe; par conféquent les murs n'auroient que cette derniere hauteur, excepté 3 pieds de long à l'endroit de la porte, qui devroit être également élevée, ainfi que le contrefort à la hauteur ordinaire.

Il faudroit encore élever à cette même hauteur quatre petits murs fur la voute, un à chaque extrémité & de chaque côté de la porte; laiffant un pied de vide entr'eux pour fon paffage : ces murs font néceffaires pour contenir les terres qui couvriroient les voutes, & former le corps total de l'éclufe : mais quelque compliqués que puiffent paroître ces détails, cette méthode exigeroit moins de matériaux.

Comme le frottement de la paile contre les rainures de briques les ufe plus ou moins, & dégarnit leurs jointures de leur ciment, nous défirerions qu'on voulût faire venir d'Europe des pierres de taille toute travaillées & portant ces rainures toutes faites. Il faudroit ajouter des blocs de la même pierre, qu'on maçonneroit dans la pavé où la porte frappe en tombant.

Eclufes en pierres de taille. On peut auffi faire les éclufes en pierres de taille ; on pourroit même les faire travailler en france, de maniere qu'on n'auroit ici qu'à les pofer fur un grillage. Elles couteroient même beaucoup moins ; furtout fi on les faifoit conftruire dans les provinces où cette matiere eft abondante & à bon marché, & encore à proximité des ports de mer, par exemple en Normandie.

Il faudroit pour cela envoyer des plans bien exactes, & même y joindre un modele fur une échelle affez grande pour qu'on pût en diftinguer les plus petits détails.

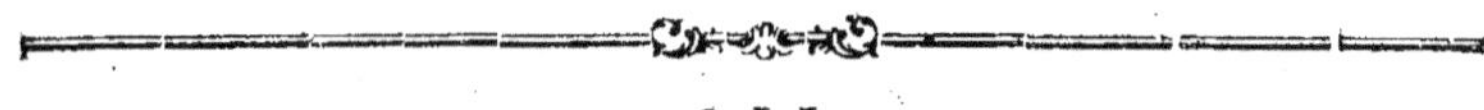

§ I I.

Des Citernes.

LEs citernes qu'on a faites jufqu'ici dans les établiffements des terres-baffes confiftent en de vaftes réfervoirs, couverts d'une voute & de terre par deffus, avec une ouverture en travers, un foupirail pour la communication de l'air, & un autre en forme de puits, pour fervir à puifer l'eau.

Cette méthode eft difpendieufe, & ne nous parait pas fufceptible d'une propreté fuffifante pour la confervation de bonnes eaux; celles qu'elles renferment étant d'ailleurs couvertes d'un air trop ftagnant.

Nous propoferons en conféquence une nouvelle méthode, qui paroit réunir tout ce qui peut conftituer une bonne citerne, & contribuer à procurer continuellement des eaux épurées, & telles qu'on peut raifonnablement les défirer dans ce cas là. Nous lui fuppoferons ici les dimenfions convenables à un grand établiffement, qu'on pourra réduire à telles proportions que chaque convenance particuliere pourroit exiger. Méthode nouvelle.

Cette citerne confiftera en un baffin quarré de 21 pieds de vide, & de 5 pieds & demi de profondeur, lequel fera moitié dans la terre, & moitié dehors. Il fera partagé en croix dans le milieu par deux murs, qui fe croiferont à angles droits, portant environ un pied d'épaiffeur; ce qui formera quatre baffins de 10 pieds quarrés chacun.

Un feul fera réfervé pour y puifer l'eau; celui qui y fera adjacent fur la même face, fera auffi l'unique qui recevra les eaux, par des dalles : les murs tout à l'entour de ce dernier feront élevés de trois pieds plus que les autres. La partie de celui qui féparera ces deux baffins, aura ici plus d'épaiffeur : on lui en donnera deux pieds, pour éviter toute filtration.

Nous fuppofons que, fur la face qui fe préfente à nous, le

baſſin à droite ſoit celui dans lequel on puiſera l'eau ; & nous l'appellerons Nᵒ· 1 : celui à gauche, ſera celui dans lequel les eaux tomberont & ſera appellé Nᵒ· 2.

Le fond du baſſin Nᵒ· 2 ſera élevé de 3 pieds, plus que celui du Nᵒ· 1, qui eſt le plus profond ; & ce fond du même Nᵒ· 2, ſera auſſi élevé de 2 pieds plus que le Nᵒ· 3, celui encore de ce dernier de 6 pouces plus que le Nᵒ· 4, & celui-ci auſſi 6 pouces plus que le Nᵒ· 1.

Il y a ſelon la conſtruction du plan, auſſi trois autres murs de ſéparation, celui entre les Nᵒˢ· 2 & 3, celui entre les Nᵒˢ· 3 & 4, & un entre les Nᵒˢ· 4 & 1. Le fond de ces murs de ſéparation ſera conſtruit juſqu'à la hauteur d'un pied ou de 15 pouces, avec des blocs de pierre de taille, de l'eſpèce de ces pierres à filtrer qui nous ſont apportées des Canaries ; & le reſte du mur pourra être élevé en briques à l'ordinaire : il ſeroit bien mieux néantmoins, qu'on pût les faire tout entiers de ces mêmes pierres, qui ne doivent pas être chères.

Ces blocs ſeront plus minces que les murs, dont l'épaiſſeur eſt d'un pied : ils peuvent n'avoir que 7 à 8 pouces, & pour éviter que l'effort ou le poids des murs ne faſſe éclater ces blocs, on fera faire à chacune des extrémités, & dans le milieu, un petit pilaſtre en briques, leſquelles ſupporteront tout cet effort : mais on le répéte, il faut tacher de faire ces murs en entier avec de ces pierres.

Ne pouvant y avoir aucune filtration entre les Nᵒˢ· 2 & 1, par ce moyen, le Nᵒ· 2 dont le fond ſera élevé de 3 pieds, plus que le Nᵒ· 1, dont les murs ſont plus élevés, & qui a plus de hauteur que les autres, devant feul recevoir les eaux, elles diftilleront par ces pierres à filtrer dans le N°. 3, dont le fond fera deux pieds plus bas; de celui-ci, dans le N°. 4, dont le fond fera encore 6 pouces plus bas que le précédent; & delà enfin dans le N°. 1; divifion qui a le plus de profondeur, où on puifera l'eau ponr le befoin.

Il réfulte de cette difpofition que toute l'eau fera filtrée trois fois, pour parvenir dans le baffin, où elle doit être puifée pour l'ufage, fans qu'on y donne aucun foin, par le feul moyen de la conftruction de la citerne.

Il conviendroit de planter des arbres tout au tour, affez rappro- chés l'un de l'autre pour que les branches fe touchent, & fe croifent même, & affez près de la citerne pour qu'elle en foit totalement ombragée.

Plantation d'arbres autour.

Il faut auffi la garantir d'être infectée par les crapauds, les ferpents & les animaux, & par tous les infectes qui donnent de la répugnance: comme cette citerne ne doit être couverte d'au- cune maniere, nous penfons que pour cet effet le moyen le plus convenable feroit de faire tout à l'entour, fur les murs extérieurs de la citerne, un exhauffement en cloifon de planches de 6 pieds de hauteur, avec des portes pour communiquer dans chaque baffin. (p)

(p) Tout cet arrangement n'offre que le léger inconvénient des feuilles mortes de ces arbres, qui pourront tomber dans la citerne. Cependant la néceffité de la laiffer à découvert, pour conferver les eaux pures, eft abfolue; on pourroit obvier en partie à cet inconvénient, en faifant incliner un peu vers l'intérie ur la cloifon de planches,

Par ce moyen fimple, toute communication nuifible fe trouve interceptée, même de la part des hommes; ce qui eft auffi un point effentiel.

Une pompe eft indifpenfable pour tirer l'eau : on ne doit jamais permettre dans aucun cas, qu'il en foit puifé avec quelque vafe que ce foit; ou bien il faut renoncer à la propreté, & dès là à la bonne eau.

Fondations. Les fondations de ces citernes feront faites différemment de celles des éclufes : avec quatre piéces de bois de 7 pouces d'épaiffeur, on affemblera un quarré égal aux dimenfions extérieures, ou de la grandeur de toute la citerne ; enfuite on affemblera à tenons & mortaifes dans ce quarré de quel fens on voudra, des tirants de même groffeur, à diftance d'environ 18 pouces l'un de l'autre ; fur cette platte-forme fera fait un plancher en madriers de deux pouces d'épaiffeur, de toute la longueur de la fondation, c'eft-à-dire d'une feule piéce.

Lorfque le trou fera fouillé, comme on l'a remarqué, à la profondeur de 5 pieds & demi, laquelle comprend la mefure de 2 pieds 9 pouces, pour la moitié de la hauteur de la citerne, & d'un pied 3 pouces pour l'épaiffeur des fondations, on pofera le grillage, & on remplira exactement avec de la vafe tous les entredeux de ces tirants, jufqu'à leur niveau ; après quoi, on clouera

---

de fes quatre côtés en forme d'entonnoir renverfé, & couper fucceffivement les branches d'arbres qui avanceroient fur la partie ouverte, ou cette efpèce d'orifice, ou même feulement en élevant ces cloifons perpendiculaires, de manière que le foleil ne pourroit atteindre la furface de l'eau, qu'un inftant à midi; ce qui ne pourroit l'échauffer que bien peu.

fortement le plancher avec de grands clous. Il faut obferver qu'il eft du refte affez indifférent que les citernes foient autant enterrées ; on peut les mettre toutes hors de terre.

Sur ce plancher on maçonnera fix rangs de briques de plat, avec chaux & ciment, ainfi que toute la citerne ; & fur cette efpèce de maçonne ou carrélage, on commencera les murs des quatre faces de 20 pouces d'épaiffeur, ainfi que ceux de féparation ; en faifant en même-temps les fonds inégaux des quatre baffins, après quoi on pavera encore le fond intérieur de ces quatre baffins d'une autre brique, & d'un carreau également de briques par deffus, le tout toujours à jointes croifés.

C'eft ici que l'on doit placer l'affife de pierres à filtrer dans les trois murs de féparation qui doivent en avoir, ainfi qu'il a été dit ci devant ; enfuite on continuera l'élévation de tous les murs de la citerne à la fois, en leur donnant quatre pouces de talus à l'extérieur ; mais ils feront d'à-plomb en dedans.

Lorfqu'elle fera finie, on laiffera fécher les murs, avant de combler les terres au tour : fi néantmoins on craignoit la pluie, ou fi la fin du beau-temps menaçoit, on auroit la précaution de voir fi les baffins font pleins d'eau jufqu'à moitié ou au tiers au moins, parce que fans cela, fi le trou venoit à être rempli par la pluie, la citerne pourroit être en quelque façon foulevée & perdre de fon à-plomb : que fi étant vide elle étoit tout-à-fait dans la terre, & le trou plein d'eau, elle flotteroit.

Dans ces fortes de travaux, lorfque tous les murs font finis, il refte une opération importante à faire : elle confifte à retirer d'entre

Opération impor-
tante.

Ii

250

les briques, pierres ou matériaux quelconques le mortier ou ciment, à la profondeur de 3 à 4 lignes dans tous les joints.

Lorsque cette partie est finie, avec une truelle faite exprès qui n'a qu'environ 3 lignes de large & bien polie, on *rejointoye* de nouveau tous ces joints, en y faisant entrer du ciment à force, en le pressant jusqu'à ce qu'il soit à peu près sec : avant de le poser, on a eu soin d'injecter d'eau tous les joints; & ils doivent être encore humectés ou mouillés, à mesure qu'on applique le ciment, au moyen d'un espèce d'escouvillon qu'on secoue pour en élancer l'eau

Une citerne de la grandeur qu'on vient de voir, qui auroit 21 pieds de vide, dont il faut déduire l'épaisseur des murs de séparation, en la supposant remplie à la hauteur moyenne qui répondroit à celle de 4 pieds également pour tous les bassins, parce que celui qui reçoit l'eau étant plein, les autres le feront moins à proportion de celui là, une telle citerne, dis-je, contiendroit 280 bariques de Bordeaux, quantité d'eau suffisante pour l'usage d'un grand établissement.

Si on vouloit en étendre l'usage aux esclaves, il suffiroit qu'elle eût une grandeur à peu près double de celle-ci; parce qu'ils ne s'en servent que pour boire, & faire bouillir leur manger, tandis que les blancs en ont un besoin infiniment plus étendu.

Si l'on trouve que l'eau n'a pas besoin de trois filtrations, elle n'en subira que deux, en divisant la citerne en trois; si l'on en désire encore moins, la division en deux ne donnera qu'une filtration.

Si l'on objecte encore, qu'il seroit peut-être difficile de se procurer de ces pierres . . . . . mais à bien prendre, tout est difficile jusqu'à un certain point; & les plus petites choses comme les plus grandes, sont également accompagnées de plus ou moins grandes difficultés.

D'ailleurs, on se procure ces pierres toutes creusées & préparées exprès pour distiller l'eau, qu'on appelle *pierres à filtrer*; dans le besoin ne pourroit-on pas se procurer des blocs de ces mêmes pierres, ou se servir de ces mêmes pierres à filtrer ?

Pour avoir de bonnes eaux, on doit laver les citernes aussi souvent que les saisons peuvent le permettre. Celles dont nous venons de proposer la méthode, auront l'avantage de rendre potables & pures les eaux qu'on est obligé quelquefois de se procurer & de rassembler à la hâte, soit des pinotieres, soit d'ailleurs, lorsqu'on en manque par accident dans quelques circonstances.

Laver les citernes.

Ces citernes auront la propriété de mieux conserver leurs eaux, parce qu'elles ne seront point fermées ou couvertes par dessus; enfin, elles coûteront moins de matériaux & de façon ; & c'est un avantage encore réuni à tous les autres.

CHAPITRE XIV.

Des Bâtiments pour logement, & des Cases nègres.

ON ne se propose point d'offrir ici des plans de maisons : le goût de chacun doit décider de celui qui peut lui convenir, & des dimensions qui lui sont propres. On ne s'occupe donc en ce chapitre que d'obſervations ſur les objets d'une utilité générale, qui intéreſſent également tout le monde. (q)

Sur toutes les habitations, la principale maiſon, celle du maître, & celle deſtinée aux blancs qui y ſont employés, doivent être bâties à étages : c'eſt une néceſſité indiſpenſable, puiſque dans tous les lieux du monde, il y a une différence ſi ſenſible, entre l'air qu'on reſpire au rez de chauſſée & celui des étages : elle doit être bien plus conſidérable encore dans un climat ſi prodigieuſement humide, ſur tout ſur un ſol bas, lequel malgré les meilleurs deſ-ſéchements, conſerve une très grande humidité radicale.

Il eſt donc inconteſtable que, dans la Guiane en général, il faut avoir la prudence de n'habiter que le haut des maiſons.

Un étage ſeulement ſera très ſuffiſant pour ſe loger d'une maniere convenable, parce qu'on peut pratiquer des appartements à coucher dans le grénier, pourvû qu'en conſtruiſant le comble on ait l'attention de ſuivre un plan qui en facilite la diſtribution : celui qui paroît convenir le mieux eſt un comble à pignons droits, avec ſes deux côtés en manſarde.

(q) On peut auſſi dans les terres-baſſes, conſtruire des maiſons avec la même ſolidité que dans les terres-hautes : ceux qui ne voudront pas faire la dépenſe de fondations en maçonnerie, n'auront qu'à faire les poteaux de 2 ou 3 pieds plus longs & les aſſembler dans des ſolles : on fera des foſſés de cette profondeur, on y jetera un peu de ſable, ſur lequel on poſera les ſolles de niveau, & l'on comblera ces foſſés dès que la maiſon ſera montée. Cette méthode, quoique ſi ſimple, ſera ſuffiſante pour aſſurer la ſolidité de toutes ſortes de bâtiments ; on ne doit dans aucun cas jamais ſe ſervir de pilotis dans les terres-baſſes : ce ſeroit une dépenſe inutile qui ne procureroit aucune ſolidité : il ne faut faire uſage que de la méthode qu'on indique ici, ou des grillages qu'on a indiqué ci-devant.

On invite à ne pas négliger un moyen de se procurer avec très peu de dépense, des logements aussi utiles pour la santé, qu'agréables en même-temps pour la vue.

Les bas des maisons peuvent alors servir de magasins pour la denrée, & pour d'autres effets dont la quantité & la multiplicité exigent des lieux propres à les y déposer.

Les citernes sont aussi un objet d'utilité qu'on ne peut se permettre de négliger, dès qu'on a les moyens; & dans ce cas, on feroit bien de leur donner une grandeur assez considérable, pour qu'elles puissent suffire à l'usage du maître & des esclaves, pendant le temps des sécheresses.

Des citernes.

On doit de plus rechercher avec grand soin à se loger commodément, à rendre le séjour d'une habitation le plus agréable, & le plus aisé à pratiquer qu'il soit possible: plusieurs choses peuvent y concourir, & contribuer à le rendre tel, par exemple, des alentours d'établissement bien desséchés, un peu élevés par des apports de sable, de coquillages, de rocailles ou de roches qui peuvent être brisées pour garantir ces lieux d'une trop grande humidité, & pour les rendre propres; des chemins bien entretenus; des allées d'arbres fruitiers, dont la distribution soit agréablement variée, & dont la diversité joigne l'agrément à l'utilité extrême dont ils doivent être pour le maître & pour les esclaves, auxquels il convient d'avoir l'attention de procurer le précieux avantage de pouvoir jouir d'une grande abondance des meilleurs fruits, si utiles & si nécessaires à la conservation de leur santé.

Allées d'arbres fruitiers.

Il faudra donc les multiplier autant qu'on le pourra sans occasionner la stagnation de l'air: car les arbres doivent être considérés

comme des ventilateurs précieux & néceſſaires ; & ce doit être la
baſe des combinaiſons pour la diſtribution des allées : d'après ces
obſervations , les eſpacements uniformes n'offrent pas plus d'utilité
que d'agrément. Il faut çà & là faire ces plantations par groupes
très rapprochés ; & ailleurs de divers manieres. (r)

Autres acceſſoires intéreſſants.

Il ne faut rien négliger non plus pour ſe procurer les choſes
qui peuvent facilement contribuer à l'aiſance ; telles qu'un bon
jardin potager , une ſavane ſuffiſante couverte de bétail, de moutons
& de cabrites ; une bonne baſſe-cour , des colombiers , & des parcs
à entretenir une grande quantité de cochons : il ne faut pas ſe
borner à une partie de ces objets ; il faut tacher de les raſſem-
bler tous & abondamment.

Utilité d'une vie ſimple , mais aiſée.

On n'a pas encore obſervé avec attention qu'une vie ſimple ,
mais très aiſée, doit être le partage du cultivateur , & qu'elle
peut contribuer infiniment à la proſpérité des établiſſements.

Les premiers beſoins conſiſtent dans les moyens d'exiſter , &

(r) Si l'on veut que ces groupes ayent toute l'utilité qu'on peut déſirer , il
faut donner très peu d'eſpacement aux arbres : ceux qui exigent ordinairement un
eſpacement de 18 à 20 pieds ; il ne faut les eſpacer que d'une dixaine de pieds ,
alors ils s'éleveront davantage & formeront des ombres complets ; on ne connoît
point encore tout l'avantage & l'agrément qui réſulteroient de ces combinaiſons & de
ces diſpoſitions.

On devroit pour les Villes & les Bourgs avoir la même attention, celle de ſe procurer ſoit des places publiques, ſoit des promenades infiniment bien ombragées & agréablement variées : les mœurs y gagneroient beaucoup, ainſi que la ſanté. On eſt
étonné que cela n'eſt point encore été aſſez fortement ſenti & qu'on ne l'ait pas mis
à exécution dans toutes les Colonies.

c'eft dans leur ufage que fe trouve la premiere jouiffance : quand celle-ci eft incomplete, les autres ont bien peu de valeur. Le cultivateur qui vit dans la gêne, qui ne voit autour de lui que le tableau d'une efpèce de mifere, qui n'eft ainfi frappé de toutes parts, que de l'afpect de triftes objets, en recevra fucceffivement des impreffions de plus en plus facheufes, qui feront naître en lui le dégoût, germe des négligences & du relachement d'où provient la ruine des établiffements.

Celui qui eft dans une fituation oppofée, fent au contraire l'aifance écarter loin de lui les petits foucis qu'enfante journellement l'impuiffance de fe fatisfaire; il jouit plus completement de fes facultés : l'ame fatisfaite, il eft fenfible à l'attrait de l'ordre, & appliqué à l'entretenir fans ceffe, il conferve toute fon énergie & fon activité; tout ce qu'il fait l'intéreffe, & flatte fon amour propre, il a enfin tout ce qu'il faut pour créer dans fes établiffements l'organifation la plus propre à les faire profpérer. (f)

Autant on doit rechercher les commodités, l'aifance & l'agrément, autant doit-on porter un foin extrême à éviter tout ce qui ne tiendroit abfolument qu'au luxe : d'abord, parce qu'il nuiroit par fes dépenfes onéreufes, & par fes influences; enfuite, parce qu'il feroit ridicule & inutile dans un établiffement de culture, qui n'eft

Néceffité d'éviter le luxe.

(f) D'ailleurs l'aifance du maître en répand fur les efclaves qui font autour de lui & reflue jufqu'à ceux qui font éloignés, jufqu'aux malades furtout & ceux qui ont befoin de ce fecours. Bien plus, l'amour-propre & la vanité des efclaves en tire avantage, au lieu qu'une efpèce de pauvreté ou d'avarice, les humilient au de-là de tout ce qu'on peut dire.

uniquement qu'un lieu de travail, dont les divers détails vraiment importants font affez multipliés, pour refter quelquefois inéxécutés en partie faute de temps : la deftination d'une habitation eft fans contredit toute oppofée; mais la confervation de la fanté, la douceur de la vie, le bien-être général en un mot, demandent également qu'on en faffe un féjour le plus fain, & le plus agréable qu'il foit poffible.

Cafes-négres.

Les logements deftinés aux efclaves, ou cafes-négres, follicitent auffi une attention particuliere. On les loge plus ou moins mal dans les unes ou les autres Colonies : en général dans toutes, on n'y met ni la dépenfe néceffaire, ni les foins convenables; & on les néglige totalement dans quelques-unes.

Vices de quelques-unes de Surinam.

A Surinam, plufieurs propriétaires ont foigné avec une attention & une dépenfe dignes de leur fenfibilité & de leur défintéreffement les cafes de leurs établiffements : il eft facheux qu'ils n'y ayent pas ajouté une maturité de réflexions qui les eût conduits à faifir la meilleure forme pour leur conftruction.

Ils les ont fait bâtir en corps de cazernes, & ont voulû les faire contribuer à la fimétrie & à l'embelliffement de l'établiffement total.

Goût des efclaves à cet égard.

Ils n'ignoroient cependant pas que l'efclave a une répugnance invincible pour de pareils logements, & qu'il préfere être dans une mauvaife & miférable cafe, à demi-clofe, & couverte de chaume, dans un lieu un peu plus ifolé, à en habiter une bâtie folidement, fût-ce même avec une efpèce de luxe, mais dans laquelle il ne peut rien faire, ni proférer une parole avec fa femme & les fiens, fans être entendu de fes voifins.

En les bâtiſſant avec la même ſolidité & le même ſoin , il n'en eût coûté que bien peu de dépenſe de plus , pour ſéparer les caſes en logements iſolés , pour chaque famille ou ménage.

Il ſeroit à déſirer que tous les propriétaires qui en ont les facultés, vouluſſent faire conſtruire leurs caſes-négres en bois , & aſſez élevés avec un eſpèce de demi-étage pour que tous les négres puſſent coucher à leur aiſe dans le grénier : une partie du bas leur ſerviroit de cuiſine; & le ſurplus, à loger leurs effets, & les outils de culture dont on les pourvoit : on ſe trouvera bien de ſuivre ces principes qu'on ne ſauroit aſſez recommander. Leur établiſſement le plus convenable.

On doit en élever le ſol autant qu'il eſt poſſible : l'humidité qui peut ſe joindre à la fraicheur de l'air, pendant la nuit, ne ſauroit être que très nuiſible à des gens grévés de laſſitude, dans leſquels, le relachement des pores & des nerfs , eſt proportionné aux fatigues qu'ils ont eſſuyées pendant tout le jour. Par la même raiſon les caſes cloſes avec trop de préciſion , où l'air ne ſe renouvelleroit pas aſſez , & qui ſeroient par conſéquent trop chaudes, leur ſeroient très nuiſibles & elles ſeroient impropres à la réparation de leurs forces. Il faut encore avoir une grande attention , & prendre tels arrangements qu'on croira les plus propres pour garantir les négres qu'ils ne ſoient piqués des chauves-ſouris pendant la nuit, ſoit en leur donnant des couvertures, ſoit en faiſant fermer aſſez exactement l'endroit de leur caſe où ils couchent pourque ces animaux n'y puiſſent pas pénétrer, & de maniere cependant que la circulation de l'air ne ſoit ni interceptée ni gênée. On ne ſauroit imaginer à quel point les piquûres des chauves-ſouris exténuent les négres, & combien de maladies il en réſulte & même de perte

K k

258

d'efclaves, d'enfants furtout, parce qu'on n'en foupçonne pas la caufe.

Les cafes-négres doivent autant qu'il eft poffible, être placées à proximité des canaux navigables, afin de leur en faciliter l'ufage.

On doit auffi les diftribuer de maniere à prévenir que l'incendie d'une cafe ou d'une partie, fe communique aux autres, & le local doit être garanti par des haies ou des barrieres fuffifantes, de l'approche du bétail & des animaux.

Il faut bien fe perfuader auffi, qu'il eft du devoir d'un maître de prendre un foin extrême de loger fes efclaves de la maniere la plus convenable pour la fanté : il ne faut pas en apporter moins, à leur procurer les moyens d'être couchés affés bien, pour qu'un repos agréable puiffe réparer leurs forces, & les mettre en état de reprendre chaque matin les travaux pénibles auxquels on les affujettit : les hamacs méritent la préférence fur les efpèces de lits ou de grabats dont ils font ufage; ils font auffi plus convenables pour la propreté : rien ne pourroit les remplacer dans ce cas ; les efclaves s'en trouvent fort bien, & leur goût fur cela eft parfaitement d'accord avec l'intérêt du propriétaire dont le grand but doit toujours être leur bien-être & leur confervation.

L'hôpital demande auffi une grande attention ; on doit éviter autant qu'il eft poffible de mettre les malades au rez de chauffée ; il faut d'ailleurs qu'un hôpital foit difpofé de maniere à être bien aëré, & à faciliter les moyens de le tenir dans une très grande propreté par l'arrangement & les diftributions les mieux entendues, qui doivent en outre être telles, que les hommes foient absolument féparés des femmes, qu'il y ait une chambre pour accouther les négreffes, une pour paffer aux remédes, une cuifine, un endroit pour baigner les malades, & des latrines. Il fera aifé de trouver toutes ces piéces dans un bâtiment d'une moyenne grandeur, parce qu'on y peut faire fervir le grénier; & que la cuifine, la pharmacie & la chambre de bains peuvent être au rez de chauffée.

CHAPITRE XV.

Réflexions fur les Blancs employés fur les Habitations, & fur la régie des Efclaves.

LA médiocrité des atteliers, par une conféquence de celle des fortunes dans cette Colonie, a éloigné de la méthode de faire régir les habitations par des Econômes, comme il eft affez géné-ralement pratiqué dans les autres; & les propriétaires mêmes d'at-teliers affez confidérables pour comporter ce régime, n'en ont malheureufement le plus fouvent point entretenus. (t) C'eft ainfi

Des Econômes ou Régiffeurs.

(t) En outre, les petites habitations où il n'y a que quelques efclaves, font prefque toujours abandonnées au foin des négres feulement; il feroit indifpenfable pour le bon ordre qu'il y eût un blanc réfident fur chacune; & que pour les autres, on fuivit à peu près cet ordre : pour 80 efclaves deux blancs, trois pour 200, quatre pour 300, cinq pour 400, ainfi proportionnellement : ce qui feroit d'ailleurs utile pour former un plus grand nombre de cultivateurs, & conforme à l'efprit de l'article 42, de la derniere Ordonnance concernant les milices.

qu'outre les pratiques générales , néceſſairement communes à toutes les Colonies, chacune d'elles en a encore de particulieres , auxquelles elle a été entrainée par un uſage originellement fondé ſur des ſituations plus ou moins gênées ; & à ce ſujet le développement des richeſſes à la Guiane Françaiſe , rencontre ainſi des obſtacles produits par une ancienne pauvreté, qui a trop long-temps contrarié l'opinion commune ſur les moyens de proſpérité.

Cette claſſe de cultivateurs ſubalternes qui manque à Cayenne, par les raiſons qu'on vient de voir, eſt cependant plus importante à toutes les Colonies qu'on ne le penſe peut-être ; c'eſt à elle que preſque toutes doivent leur opulence & leur ſplendeur.

Pourquoi les bons ſont ſi rares généralement.

Toutefois , ſi d'un côté elle leur eſt ſi utile, ou plutôt ſi elle eſt ſi néceſſaire à leur proſpérité, de l'autre, elle ne laiſſe pas auſſi d'occaſionner ſouvent des déſordres : la pluſpart n'ayant pas reçu une éducation qui les exhauſſât au niveau des grands intérêts qui leur ſont confiés ; c'eſt une tâche d'abord au-deſſus de leurs forces qu'ils entreprennent, au riſque des capitaux commis à leurs ſoins, & de l'intérêt même de la choſe publique. (u)

____

(u) Les jeunes gens deſtinés à paſſer aux Colonies , pour y faire le métier de cultivateur, devroient faire un cours de géométrie , ſurtout de phiſique & de chimie. Il faudroit auſſi enfin ſe déſabuſer ſur ces préjugés, qu'il ſuffit de paſſer aux Colonies ou de les habiter pour être capable de commander aux autres ; ce ne ſont que des négres auxquels on commande , dit-on ; mais ils ſont des hommes. Les Colonies ſe ſont élevées & ſe ſont ſoutenues ci-devant par la ſeule prépondérance de leurs richeſſes , il n'en ſera pas de même dans la ſuite , elles ſe ruineront ſi on n'y établit un nouveau régime propre à y accumuler les connoiſſances & à donner d'autres principes pour la conſervation des eſclaves.

Deplus, ils n'acquerrent prefque jamais cette délicateffe, cette fagacité de fentiment, pour ainfi dire, fi néceffaire à leur place, qui dans la perfonne du dernier efclave, font refpecter tous les droits de l'humanité : ainfi, c'eft à eux dans les grandes Colonies, que doivent s'appliquer les reproches qu'on fait en général aux Américains fur ce point, & fur les abus de confiance trop multipliés.

Cependant, de cette foule de blancs qui paffent aux Colonies, dont une quantité confidérable s'y deftinent à la culture, un plus grand nombre deviendroient des cultivateurs paffables, peut être même précieux, fi l'on daignoit les mieux inftruire.

Tout ce qui tient à la culture Américaine eft fi nouveau pour les Européens, dans les premiers temps de leur arrivée aux Colonies, que tous ceux qui entreprennent le métier de cultivateur, font obligés de l'apprendre, & d'acquérir avec étude de fuffifantes connoiffances fur cet objet. Ils doivent encore étudier avec une longue & continuelle attention, l'importante & pénible fonction de conduire les efclaves. Il faut en un mot, qu'ils reçoivent une nouvelle éducation, laquelle porte entierement fur des objets tout-à-fait étrangers aux idées qu'on perçoit en Europe.

Mais le foin de la leur donner, exige un affujeftiffement de peines, qu'en général on ne prend qu'autant qu'on y eft déterminé par l'intérêt perfonnel du moment. Tout particulier, foit propriétaire, foit géreur ou économe, ne l'eft gueres que par ce reffort : il eft malheureufement trop ordinaire de manquer de cette fenfibilité expanfive, par laquelle les hommes fe pénétrent de cet inrérêt général qui doit les lier entr'eux, & à la chofe publique.

Une des caufes qui nuifent à l'inftitution de bons économes, eft que la plufpart des propriétaires perdent habituellement de vue combien il leur importe de donner un relief convenable à ces hommes, vis-à-vis les négres qui doivent leur être foumis : on les traite avec hauteur, fouvent même avec un dédain mortifiant; l'habitude de commander à des efclaves, fait oublier facilement jufqu'au ton qu'on doit prendre avec ceux qui ne le font pas.

Souvent encore, par une inconféquence ridicule, on ajoûte à tout cela, à la place de témoignage de bonté & d'égards, une familiarité déplacée; ce qui eft le comble du pis.

Une faute effentielle que l'on commet encore, c'eft de ne pas mettre affez de diftinction entre les fujets, & de ne pas donner des encouragements proportionnés au mérite & à la capacité de ceux qui en manifeftent, ou qui paroiffent en annoncer. Cependant, il eft ordinaire de voir tel géreur ou économe, dont la régie inepte ou vicieufe tournera au dépériffement du bien qui lui fera confié, loin d'en tirer un parti avantageux, n'en rendre pas moins le fort des efclaves infiniment à plaindre; tandis qu'un autre homme faura l'adoucir le plus que leur état puiffe le comporter, tout en augmentant de beaucoup les revenus du propriétaire.

Quelle différence mettra t-on entre ces deux régiffeurs, qui en auront élevé une de cinquante mille livres peut-être, dans les produits du bien de leurs maîtres, & une non-moins confidérable, & bien plus appréciable encore, dans la fituation de leurs efclaves? fouvent aucune; prefque toujours, du moins dans une difproportion qui la rend prefque nulle.

On peut configner ici une obfervation bien importante; c'eft que, dans tous les états, il eſt aſſez rare de rencontrer des hommes doüés par la nature, d'une organiſation heureuſe & d'une forte & vigoureuſe conſtitution ; c'eſt qu'il eſt très rare que de tels hommes poſſédent en même-temps des connoiſſances & des talents ; & bien plus rare encore qu'ils joignent à toutes ces qualités un grand courage, une bonne volonté ardente, un véritable zèle ; qu'enfin ceux qui réuniſſent tous ces avantages à celui d'une réflexion ſûre, d'une élévation d'âme ſenſible & délicate, & toutes les qualités morales qui diſtinguent les hommes d'une maniere tranchante, ſont infinimeut difficiles à trouver : ce ſont des êtres accomplis, dont la nature eſt ſans doute exceſſivement avare ; & elle ſemble par là, reprocher qu'on ne les mérite pas, parce qu'on ne ſait pas les apprécier.

Si, au lieu de conſidérer les hommes en maſſe, comme on ne le fait que trop ordinairement, on les examinoit ſous ce point de vue, il en réſulteroit un grand bien : cette vérité eſt trop ſenſible, pour qu'on ait beſoin d'y ajouter des réflexions.

Il réſulte, ce me ſemble, évidemment de celles qu'on a préſentées ici, que l'égoïſme, en nuiſant à la choſe publique, tourne contre lui-même tous les moyens dont il voudroit s'approprier excluſivement l'avantage, & qu'une conduite oppoſée porteroit au régime des Colonies un changement bien favorable.

Quant au reméde, c'eſt aux perſonnes qui ont le plus de lumieres à le chercher à s'en occuper. Je vais en attendant, propoſer un moyen qui me paroît propre à faire naître un meilleur ordre de choſes ; & je crois que l'application en feroit fort utile à Cayenne.

Ce moyen feroit l'inftitution d'une fociéte économique , protégée par le Gouvernement & infpectée par fes repréfentants , laquelle feroit compofée de tous les propriétaires d'habitation qui y feroient admis d'après une information , à la pluralité des voix. Elle auroit des ftatuts authentiques , dont le premier lui attribueroit le droit de cenfure furtout ce qui concerne la culture , le régime des efclaves , & la régie des établiffements ; le fecond établiroit une furveillance déterminée fur l'inftruction des nouveaux cultivateurs ; d'autres enfin prononceroient des encouragements & des récompenfes qui feroient inftituées pour les auteurs de nouveaux moyens d'amélioration , d'inventions utiles , de découvertes remarquables & avantageufes , pour ceux qui fe feroient diftingués dans leur état ; même des témoignages honorifiques pour ceux qui auroient porté un établiffement confié à leurs foins au plus haut dégré de tous les avantages.

Il feroit à défirer que la fociété pût fe charger des fraix d'éducation des orphelins , qui fe trouveroient dénués des moyens de fe la procurer.

Enfin, fon objet unique & conftant feroit la félicité publique , la profpérité & la richeffe de la Colonie.

Quels avantages ne retireroit-on pas d'un pareil établiffement, qui feroit confidérer une Colonie comme une grande famille , étendroit les rapports de l'union générale , en les multipliant , lieroit les individus par un nœud indiffoluble , en les pénétrant fans ceffe de cette vérité de fentiment & de fait, que la perfection du bonheur particulier ne peut qu'être la fuite du bien général ?

Quelle émulation ne réfultera-t-il pas d'une inftitution toujours occupée à récompenser les belles actions! Que de procès encore, que de diffentions inteftines ne feroient pas prévenus, ou anéantis dès leur origine! que d'attentions, de fecours mutuels au contraire, ne dériveroient-ils pas de cette bienveillance réciproque, de cet intérêt tendre qui fe feroit emparé de toutes les âmes, & feroit devenu l'afcendant le plus puiffant de tous les efprits!

On ne voit pas ce qui pourroit s'oppofer à une pareille inftitution; aucun obftacle ne paroît s'élever contre. Un intérêt égal attache tous les colons à leur bien-être; un fentiment unanime doit leur infpirer le défir de voir la gloire de leur Colonie s'étendre par une vafte renommée : & ce moyen eft un des plus puiffants pour opérer ce grand & mémorable effet.

Que fi l'éloignement des diftances, qui femble ifoler une partie des habitants, dans une Colonie d'une immenfe étendue, répugne à un tel établiffement en un monument unique, qui empêche de le divifer alors par de pareilles affociations diftribuées dans chaque grand quartier.

A Surinam, les habitants s'affemblent journellement dans des cercles ou cotteries qu'ils appellent *Colléges* : quoique ces affemblées ne foient deftinées qu'au délaffement, il arrive cependant que la réunion fi fréquente d'un grand nombre d'hommes, donne lieu à des réflexions & difcuffions fur l'intérêt général; & très certainement, ces affemblées inftituées pour le plaifir, ne laiffent pas d'avoir beaucoup d'influence fur l'opinion publique. Dans une pareille Colonie où il n'y a qu'un chef-lieu, où tous les propriétaires font domiciliés, ils n'auroient qu'un pas à faire pour

colléges de Surinam

L l

rendre ces affemblées infiniment utiles, fans rien leur ôter de leur agrément.

En attendant qu'on puiffe voir conftituer formellement dans cette Colonie les difpofitions qu'on vient d'indiquer, toutes les perfonnes qu'intéreffe la profpérité générale, verront dès à préfent avec une vive fatisfaction, que tous les habitants nouvellement établis à Aprouague y vivent dans une fociété fi intime, qu'elle rapproche beaucoup leur habitude du plan que nous avons propofé.

Ils fe raffemblent fréquemment dans des moments de loifir, chez les uns & les autres tour à tour, avec la double intention de fe procurer un délaffement néceffaire, & de s'inftruire réciproquement par des queftions & des difcuffions fur des points intéreffants de leurs établiffements ou de leurs entreprifes.

Cette efpèce d'inftructions, dont l'honnêteté, la franchife & la confiance font la bafe, toujours infiniment utile, peut furtout produire un dégré de perfection confidérable à la régie des efclaves : & cet objet qui fait le plus fouvent la matiere de ces intéreffantes converfations, eft auffi le plus important de tous pour un cultivateur.

Beaucoup de gens ignorants, & de ceux qui font infenfibles, ne trouvent point la régie des efclaves difficile : ordonner & punir, voila tout, vous difent-ils. De pareilles idées qui tiennent à une extrême dureté, ne méritent pas d'être examinées. Il n'eft pas moins vrai que la régie des efclaves offrent réellement de grandes difficultés à vaincre ; on en rencontre à chaque pas : il faut un efprit capable d'une grande jufteffe, & habitué à réfléchir pour favoir faifir toutes les convenances qui doivent fervir de guide pour allier la bonté avec la févérité qu'on eft forcé d'employer.

Dans quelques Colonies, il n'y a en général que 10 négres Régie des efclaves.
pour un blanc; mais fur les habitations, ils fe trouveront fouvent
dans le rapport de 50, quelquefois de 100, & plus à 1. Or
la force d'une difcipline auftere & coactive pouvant feule fuppléer
à la force du nombre, on fent quelle puiſſance d'énergie il faut
déployer dans la régie; & c'eft bien ce qui la rend difficile.

Si l'on employe les moyens modérés auxquels on eft porté
par l'humanité, les efclaves cherchent auſſi-tôt à s'en prévaloir;
d'où il s'enfuit un relachement toujours dangéreux. Ainfi la févérité devenant plus néceſſaire encore qu'elle ne peut répugner,
malheureufement on eft trop fouvent réduit, fans pouvoir s'en
difpenfer à la mettre en pratique. Enfin ce n'eft que par la force
de la difcipline, que l'on contient dans l'ordre les armées les
plus nombreufes.

Pour bien conduire un attelier d'efclaves, pour en rendre même
la régie auſſi aifée qu'il foit poſſible, le feul moyen peut-être eft
de s'acquitter foi-même envers eux de tous les devoirs d'un bon
maître.

Il faut premierement, comme on l'a déja dit, & on ne fauroit Les bien nourrir &
trop le répéter, il faut les fubftanter d'une nourriture faine & foigner &c.
& abondante, & fournir convenablement à tous leurs befoins rai-
fonnables. Il faut les traiter *avec des foins bienfaifants, lorfqu'ils*
font malades (x); *& toutes les fois que la bonté du maître*

(x) La conduite qu'ont beaucoup de maîtres envers les négres attaqués du mal
d'eftomac, eft affreufe : de ce que par une dépravation extrême, ils font portés à

peut être leur reſſource : ſa ſenſibilité lui en fait un devoir. Sur quoi il faut bien remarquer qu'il ſe trouve toujours dans un attelier un nombre d'individus qui pour leur conſervation, & pour qu'ils ne ſoient pas en ſouffrance, ont perpétuellement beſoin d'une atten-tion particuliere, aſſiduement ſoutenue de la part du maître. Il

---

manger toute ſorte d'ordûres, de la terre ſurtout, au lieu de ſe convaincre qu'il ne faut que les guérir, on croit qu'ils ont formé le projet de ſe détruite, & on em-ploye des châtiments violents pour les en empêcher; c'eſt une crüauté atroce, ou plutôt cela ne peut être conſidéré que comme un véritable aſſaſſinât. Depuis quelques années on employe avec un grand ſuccès, pour guérir cette maladie, le reméde ſui-vant : dans partie égale de jus de citron & d'eau-de-vie de cannes, on met ſur chaque pot une couple d'onces de macheſer pilé, on laiſſe fermenter le tout au ſoleil dans une dame-jeanne pendant environ un mois. Plus ce reméde vieillit, plus il eſt efficace, deſorte qu'on peut en préparer à l'avance pour s'en ſervir au beſoin. La doſe eſt la hauteur d'un bon pouce dans un gobelet ordinaire, donnée le matin à jeun, & le ſoir lorſque la digeſtion eſt faite. Il y a des ſujets qui n'en peuvent ſupporter qu'une doſe par jour dans le commencement du traitement qui dure environ un mois plus ou moins. Ce reméde fait aller par haut & par bas & fatigue les ma-lades pendant les premiers jours; on ne doit leur donner que de bons aliments.

La variété d'opinion ſur le traitement des ulcères, eſt auſſi extrêmement nuiſible. Souvent on eſt obligé de chercher à en détruire les cauſes, en purifiant la maſſe du ſang & des humeurs, mais quant aux emplâtres aucun ne pourra être comparé au magnoc gragé : on lave légerement l'ulcère avec l'eau qu'il contient, on applique deſſus du magnoc gragé imprégné de ſon eau, & lors du panſement qui doit être tous les vingt-quatre heures, on preſſe encore & fait couler de cette eau pour détacher cet eſpèce de cataplaſme, qui doit être épais afin qu'il ne ſe deſſéche pas trop promptement.

De ce que j'ai crû utile de recommander ces pratiques trop peu générales dans ces deux cas, les gens de l'art ne croiront pas ſans doute que mon intention ait été d'entrer dans des détails qui doivent ſeuls les concerner.

faut encore avoir celle que certains efclaves dont le défaut de facultés morales peut les rendre le jouet des autres, n'en foient point moleftés.

Secondement, il faut avoir un foin particulier des vieillards : l'humanité en fait un devoir fans doute ; mais ceux qui ne feroient pas affés pénétrés de ces principes, doivent du moins confidérer que leur intérêt perfonnel les follicitent vivement en faveur de ces malheureux.

Puifque parmi nous le vieillard eft quelquefois négligé au fein de fa famille, il n'eft pas fort étonnant que le vieil efclave foit fouvent dans l'abandon le plus affreux. Mais des maux qui affligent l'humanité, il en eft qui ont un terme ; on doit efpérer que celui-ci en aura un ; que le vieil efclave dont les cheveux ont blanchi par les années, dont les membres engourdis, defféchés par de longs travaux, font devenus inutiles, dont la décrépitude marque la fomme des peines que les richeffes d'un maître lui ont coûté, dont les infirmités & les douleurs n'ont d'autre terme que la tombe, dont l'état enfin préfente le tableau où toutes les miferes humaines font raffemblées, ne fera plus abandonné comme un animal inutile.

Outre tous les befoins phifiques qu'ont les autres efclaves, les infirmités des vieillards leur en donnent de particuliers, fur lefquels l'attention du maître ne doit jamais fe relâcher. En général les négres ne manquent pas de refpeét pour leurs vieux parents, mais ils manquent de facultés pour les foulager dans leur mifere, & leur reffource ne peut être qne dans la bonté, dans la générofité du maître ; il doit donc fe faire un devoir d'aller continuellement au devant de tous leurs befoins réels.   I l 2

Un maître bien pénétré de fenfibilité, étendra fes foins jufqu'à leur donner les confolations qui font à leur portée ; il les encouragera à fupporter leurs infirmités, il les foutiendra pour ainfi-dire de fa propre énergie, en tachant de leur infpirer le contentement & & la gaieté qui peut être propre à leur âge.

On ne doit jamais parler aux vieux efclaves qu'avec une décence qui annonce la fatisfaction, la bonté & la fenfibilité compatiffante dont on eft pénétré. On voit fréquemment & malheureufement que trop, les maîtres leur parler d'un ton ironique & moqueur, ou avec dédain. Les malheureux fentent vivement ces fortes d'infultes, & on ne fait quels bienfaits pourroient réparer, contre-balancer de pareilles duretés, & effacer de leur mémoire l'indignation qu'elles y auront gravée.

Dangers qu'il y a de mécontenter les vieillards.

Il eft important de remarquer que parmi les vieux efclaves, il s'en trouve un grand nombre qui jouiffent jufqu'à la fin d'une très bonne organifation & d'un grand fens ; qu'il eft affez ordinaire auffi de voir dans les habitations qu'ils y font confidérés, & fouvent comme des efpèces d'oracles par les autres efclaves, qui alors affez ordinairement ne fe conduifent que par leurs confeils : or, on fent quels peuvent être les réfultats de confeils donnés contre l'intérêt d'un maître dont la conduite leur déplairoit & dont ils auroient à fe plaindre, ou des confeils donnés de maniere à faire aimer, refpecter celui qui, occupée de leur bien-être, aura eû l'attention de les contenter ?

On doit donc bien fe perfuader, qu'en rempliffant tous les devoirs que peut prefcrire l'humanité envers les vieux efclaves, on a des grands motifs de le faire d'une maniere propre à fe les attacher, à s'en faire véritablement aimer : en leur infpirant la plus grande confiance, il faut leur accorder une forte de confidération qui les flatte toujours infiniment, & les convaincre que leurs intérêts & ceux de leurs enfants, font étroitement liés & inféparables de ceux du maître & de fa profpérité.

En les traitant comme on vient de le dire, on apprendra aux jeunes à les refpecter davantage, & on leur doit cette leçon : l'efpoir d'être traités avec la même bonté fi l'âge les conduit à en avoir befoin, fera pour eux un encouragement qui influera puiffamment fur leur conduite, même fur leur population : ils banniront de leur efprit cette inquiétude naturelle, qui naît toujours de l'extrême mifere fur le fort des nouveaux-êtres qu'ils doivent procréer; s'ils n'ont d'autre perfpective que de les confidérer comme devant être exceffivemeut malheureux; ceux dont l'âge eft déja avancé, n'étant point livrés à des réflexions affligeantes fur l'avenir, vivront dans une parfaite fécurité : ils ne verront dans leur maître qu'un bienfaiteur qui mérite toute leur confiance, qu'ils doivent fervir par affection & par attachement.

Une bonne conduite envers eux, doit influer fur la population.

Que de puiffants motifs on a pour remplir tous fes devoirs en-vers l'humanité d'une maniere auffi fatisfaifante ! que de maronnages, que de défordres de toutes efpèces on auroit prévenus dans toutes les Colonies, fi l'on avoit généralement fuivi les principes dictés autant par la juftice que par l'intérêt & la néceffité !

Troifiemement, il faut veiller avec une obfervation continuelle, à ce que les efclaves ne foient pas furchargés de travail; qu'il foit équitablement réparti felon les forces & les facultés de chacun.

Il faut que , fans aucune furcharge dans l'attelier, le temps foit parfaitement employé , & entierement mis à profit.

C'eft là un des grands talents à défirer dans un cultivateur , ainfi que celui de ne jamais faire de faux travaux, jamais rien qui ne foit à propos, enfin, de n'avoir jamais un moment en perte. Outre que cela eft utile pour atteindre au but qu'on fe propofe , qui eft la profpérité d'un établiffement, cela l'eft auffi pour faciliter la bonne police des efclaves & pour leur encouragement : ils travailleront toujours avec une forte de répugnance aux chofes qui deviennent iuutiles par l'ineptie de celui qui commande, & ils trouveront toujours de l'injuftice à être chatiés pour quelque perte d'un temps qu'on ne fait pas foi-même mettre à profit : pour bien conduire un grand attelier, il faut plus de fageffe & de capacité qu'on ne le penfe communément ; nous ne faurions nous empêcher de le répéter.

Il y a beaucoup de perfonnes qui, de ce qu'il faut ménager les efclaves, ne favent alors plus les employer : ils fe tourmentent vainement eux-mêmes, fans avantage pour la progreffion des travaux ; & les efclaves ne s'en trouvent pas mieux ; parce que partout où il y a défaut d'ordre, il ne fauroit y avoir ni bien-être, ni repos affûré pour eux.

Les enfants. Quatriemement, les enfants exigent furtout, & méritent des foins particuliers, une continuelle attention : & pour rendre ces procédés auffi utiles qu'ils peuvent l'être, il convient d'établir une négreffe, dont l'unique occupation foit de foigner tous ces enfants comme les fiens propres, pendant que les peres & meres font au travail.

On aura un endroit couvert convenable, qui fera uniquement deftiné pour la demeure des négrillons pendant le jour, & pour fervir aux négres de l'attelier, lorfqu'ils voudront danfer & s'amufer les dimanches & les fêtes.

Tous les matins, dans le temps que les négres vont au travail, cette négreffe fe chargera de tous les enfants, & vers les 7 heures, elle les fera baigner tous avec foin, & viendra enfuite les préfenter pour fouhaiter le bonjour au maître, lorfqu'il fera de retour de la vifite des travaux, afin qu'il puiffe jetter un coup d'œil fur les foins qu'on en prend, & fur ce qui intéreffe leur fanté : après quoi, elle les conduira à l'endroit qui vient d'être défigné, que j'appellerai *Collége*.

Là, la négreffe occupera ceux qui en font capables, à faire bouillir & préparer le manger, qui fera fourni de la maifon du maître, pour qu'il foit fûr que ces enfants feront nourris abondamment & d'aliments fains.

Les petites négrittes feront enfeignées à coudre, les négrillons à faire pour leur amufement, de petites chofes utiles, comme petits paniers, &c. &c. & tous à apprêter leur manger avec propreté, & de la manière la plus convenable à leur fanté.

Il y aura des heures deftinées à la danfe, d'autres à apprendre à nager, & d'autres à l'exercice de la courfe vers un but.

On aura foin de ne pas leur fouffrir une chique, de leur apprendre à les tirer, de leur infpirer l'habitude & l'amour d'une propreté extrême, & de veiller fans ceffe à leur fanté, en prévenant furtout le ravage des vers, par des vermifuges donnés, même dans le temps qu'ils fe portent bien, fans atten-

M m

dre qu'ils en foient malades : c'eſt la feule méthode pour pouvoir les en garantir. (y)

Enfin on les fera fouper à fix heurs , & on les remettra à leurs parents, lorfqu'ils auront fouhaité le bonfoir aux maîtres , après qu'ils auront été bien occupés & bien amufés durant le jour, qu'ils auront été bien nourris , & baignés au moins trois fois ; habitude qu'il faut leur faire prendre pour toute leur vie.

Cette négreffe leur fera réciter foir & matin pour premiere & derniere action, une priere courte, mais à laquelle elle leur fera porter toute l'attention que leur âge pourra comporter, pour en attendant celui de l'inftruction, les pénétrer de bonne heure des idées de la Religion, dont les principes feront toujours pour les efclaves, la plus douce confolation de leur fort, & les fentiments les plus précieux & les plus propres à leur donner le courage néceffaire pour fupporter la mifere de leur condition : en leur faifant ainfi fucer ces idées avec le lait, pour ainfi-dire, cette négreffe aura l'attention & un grand foin de les pénétrer auffi d'une parfaite obéiffance, & d'un grand refpect pour le maître. C'eſt ainfi qu'une méthode utile aux intérêts du propriétaire, le deviendroit infiniment aux efclaves ; & fi elle étoit généralement

A rendre leurs hommages journallers au maître.

Leur faire faire la priere & leur infpirer de bonne heure le fentiment de la Religion.

Et d'une parfaite obéiffance pour leur maître.

(y) Le tetanos enléve beaucoup d'enfants , mais prefque tous ceux qui meurrent, après avoir réchappé à cette funefte maladie, périffent par le ravage des vers ; il eſt bien malheureux que le plus ordinairement on ne s'en occupe que lorfque le mal eſt pour-ainfi-dire fans reméde. On doit efpérer que MM. les Officiers de fanté de toutes les Colonies, s'emprefferont de publier des inftructions pour tâcher de prévenir ces accidents facheux, en réveillant l'attention des maîtres.

adoptée & fuivie, elle pourroit opérer pour une autre génération, des changements très favorables. (z)

Si ce régime eſt établi d'une maniere méthodique & invariable, on aura des enfants fains, une jeuneſſe forte & vigoureuſe; & on en perdra peu. Ils regarderont toujours leur maître, comme un bienfaiteur tendre, qu'ils ſe feront accoutumés à chérir; leur maître de ſon côté, s'y fera progreſſivement attaché de plus en plus, d'habitude & de fenſibilité, par tous ces petits rapports journaliers que nous avons préſentés; & les peres & meres tout eſclaves qu'ils ſont, fentiront un nouveau motif qui les entraînera puiſſamment à le reſpeéter, lui obéir & l'aimer.

Cependant, cette négreſſe ne peut donner ſes ſoins qu'aux enfants qui ſont ſévrés; il y a encore tous ceux qui ſont entre les mains des nourrices, qui ne demandent pas moins d'attention;

(z) Aux divers ſoins qu'on prendra pour l'éducation de cette jeuneſſe, il ſeroit utile d'ajouter celui de les préſerver des préjugés auxquels la crédulité des négres peut donner lieu; ſurtout de ceux qui ont pour objèt les piayes ou eſpèccs de prétendus fortilèges, dont les plus rufés ſe fervent pour abuſer quelquefois le grand nombre. La meilleure maniere de combattre, détruire & déraciner le germe de ces miſérables fottiſes, c'eſt de les méprifer, & lorſque l'occaſion s'en préſente, de les ridiculiſer d'une maniere riſible & dédaigneuſe. Malheureuſement il y a encore des maîtres aſſez bornés pour au contraire les accréditer par une forte d'impertance qu'ils leur donnent, & en en parlant fréquemment. Tout comme il y en a auſſi, qu'on peut regarder comme des eſpèces de foux, qui ont une peur continuelle d'être empoiſonnés : ſi des maîtres devoient l'être par leurs eſclaves, ce qui eſt hors de toute vraiſemblance ou plutôt impoſſible, ce ſeroit à coup ſûr ceux qui leur en auroient ainſi fait naître l'idée & la volonté, à force de pareilles tracaſſeries : un maître eſt toujours dans tous les temps, à toute heure, dans un défert comme ailleurs, parfaitement en ſûreté au milieu de ſes eſclaves.

& dans un établiffement, rien n'en mérite autant que tout ce qui peut concerner la population ; or c'eft l'encouragement des mariages, l'enfance des efclaves, & les befoins des familles, qui exigent le plus, la bienfaifance & la protection immédiate du maître. (a a)

Sur tous ces objets, il faut qu'il établiffe des régles générales, dont la bonté foit toujours le principe. Par exemple, il fera utile d'obliger les négreffes, à déclarer leur groffeffe dès qu'elle eft certaine, afin d'ordonner au commandeur de ne leur pas laiffer lever des fardeaux péfants, & faire des efforts qui pourroient les bleffer; mais il ne faut les retirer du grand attelier qu'à cinq mois de groffeffe ; & à cette époque, on les claffera dans le petit attelier pour le temps de deux mois encore, & depuis ce temps jufqu'à leurs couches, on les occupera de quelque léger travail dans la maifon : cette méthode ne peut point leur nuire; elle leur fera au contraire utile : on fent bien qu'il y a des individus qui exigent des exceptions; rarement cependant.

Des négreffes groffes.

(a a) Parmi les efclaves, le célibat n'offre pas les mêmes inconvénients, il n'eft pas auffi pernicieux & funefte que dans nos fociétés; mais il eft évident qu'il contrarie néantmoins infiniment la population ; cette raifon, fi elle étoit feule, feroit encore bien fuffifante pour déterminer le propriétaire éclairé à fe donner les peines & les foins convenables, pour tâcher d'infpirer le goût du mariage à fes négres, & à faire les facrifices d'une légère portion de fon revenu pour favorifer leur union. Mais pour parvenir à un but fi défirable, dont une grande population doit être le réfultat, il faut que fur une habitation, le nombre des femmes excéde toujours celui des hommes, dans la proportion de 8 à 7 au moins : ceci eft fondé fur ce qu'il y en aura toujours un certain nombre, ou trop libertine, ou d'un caractère peu propre au mariage, même à aucune population.

Lorfqu'une négreffe eft accouchée, & qu'elle a reçu tous les
fecours néceffaires à fon état, il faut la laiffer libre de fes volontés pendant fix femaines, fans exiger d'elle aucun travail, afin
de faciliter la réparation de fes forces, & de lui procurer une
bonne fanté ainfi qu'à l'enfant, après quoi, on la claffera dans
le petit attelier, pour le temps de trois mois, où des travaux
légers lui laifferont le temps de foigner parfaitement fon enfant
dans cet âge tendre, à l'aide d'une petite négritte qu'on deftinera
à cette occupation : à l'expiration de ces trois mois, cette nour-
rice fera mife au grand attelier. Mais elle ne devra fe rendre
qu'une heure plus tard au travail, & elle le quittera une heure
plutôt.

Pour que les enfants de ces nourrices ne manquent pas de
foins, il faut établir encore une autre négreffe qui en fera chargée durant la journée : elle fe rendra avec les autres négres fur
le lieu du travail ; & là, fur un chemin ou dans un endroit le
plus propre, on aura une petite tente légere & portative, qui
puiffe couvrir un efpace de 7 ou 8 pieds quarrés, pour fervir
à les garantir du foleil & de la pluie ; là, cette négreffe leur
donnera tous les foins d'une mere tendre ; elle aura auffi avec
elle une petite négritte pour l'aider, qui lui fervira furtout à
aller appeller les meres, lorfque les enfants auront befoin d'être
allaités. De cette maniere, ils ne manqueront pas d'être foignés
convenablement ; & les meres, en recevant ainfi un grand fou-
lagement, ne feront pour-ainfi-dire point détournées de leur travail ;
objet effentiel, qui peut parfaitement s'allier avec l'humanité compatiffante, & qui eft très néceffaire, car tous les travaux devant

m. m. 2.

être faits par tâche, il faut qu'alors les nourrices puiſſent remplir la leur, ſans avoir d'excuſes à alléguer.

Un grand moyen encore de favoriſer la population, & d'exercer les principes d'humanité dont les propriétaires ſenſibles ſont pénétrés, c'eſt de récompenſer toutes les meres par des bienfaits, & ſurtout celles qui font beaucoup d'enfants, en leur donnant la liberté (b b) à l'époque où elles en auroient élevé un certain nombre, comme celui de ſix ou ſept, dont trois ſeroient au travail. Mais, pour rendre complette une bienfaiſance ſi juſtement méritée, il ne faudroit pas ſe borner à l'affranchiſſement de ces négreſſes, il s'en trouveroit alors qui ſeroient hors d'état de ſe procurer leur ſubſiſtance : il faudroit donc encore la leur aſſûrer ſur l'habitation pour toute leur vie ; ces ſortes de dépenſes ne peuvent d'ailleurs jamais être conſidérables. En ſuivant le plan qu'on vient de propoſer & tout ce qu'on a dit à cet égard, on pourra compter ſur une très grande population qui égalera au moins les pertes d'eſclaves ; & c'eſt à cet avantage inappréciable qu'on doit s'efforcer d'atteindre, afin que cette population ſuffiſe pour les remplacements ; mais elle peut aller au de-là.

Donner quelques petites fêtes aux eſclaves.

Le cultivateur expérimenté, le maître bienfaiſant ne bornera pas ſes ſoins & ſes bontés aux objets de néceſſité premiere & abſolue pour ſes eſclaves : ſa généroſité s'étendra encore, même par quel

---

(b b) Il y a auſſi des négres qui par leur conduite & par des ſervices, méritent cette récompenſe ; mais on devroit ſurtout donner la liberté à preſque tous les mulâtres, qui dès lors ſont deſtinés à ſervir utilement à la Police générale : à Cayenne, le Gouvernement eſt intéreſſé à encourager ces affranchiſſements.

ques facrifices, à leur procurer quelques petites jouiffances extra-ordinaires. (c c)

On a déja vû qu'il a été deftiné un lieu pour fervir de Collége aux enfants, & pour la récréation de tous les efclaves par la danfe : il faifira de temps en temps les occafions que lui fourniront fes négres mêmes, pour leur donner par récompenfe ou encouragement, un jour de recréation & de danfe. Un cochon, quelques volailles, du pain, quelques boiffons, du taffia, & quelques gros firops, formeront toute la dépenfe qu'il lui en coûtera,

Il ne dédaignera pas d'aller paffer quelques inftants avec eux, pour prendre part à leurs amufements : fa bonté augmentera leur plaifir, & lui en fera goûter à lui - même, à proportion de fa fenfibilité.

Il eft des circonftances qui femblent rapprocher les hommes les plus éloignés par leur fituation refpective, & beaucoup plus même qu'on ne fauroit peut-être le penfer communément : les lignes fi frappantes de féparation entre les conditions & les états,

---

(c c) Ces fortes de fatisfactions, la fécurité fur leur fort pour l'avenir, les petites propriétés qu'on peut leur donner, le bien-être & l'aifance des ménages, l'union des familles qu'on a le foin d'entretenir, tout cela les attache infiniment au fol qu'ils cultivent, qu'ils arrofent de leurs fueurs & qui les nourrit : une conduite oppofée le leur fait détefter; & furtout rien ne leur répugne autant, & ne s'oppofe plus à la population & à la profpérité publique, que le démembrement des atteliers; une loi devroit le défendre : un établiffement de culture quelconque ne devroit pouvoir être vendu qu'en maffe; aucun négre ne devroit pouvoir en être détaché, à moins d'une permiffion expreffe du Gouvernement, & feulement dans le cas où la police y feroit intéreffée.

font toujours mifes à une trop grande diftance entr’elles ; la nature cherche fans ceffe à les réunir, même à les confondre ; & les préjugés, à les éloigner : un maître ne verra pas fans être ému, fes propres efclaves pénétrés par le plaifir & la joie, au point d’oublier leurs fers, & de fe croire véritablement heureux. (d d).

A tous ces plaifirs, il fe joint une fatisfaction qui flatte leur amour propre, & exalte leur vanité, fentiment dominant en eux : c’eft que cette maniere de les traiter, fait penfer à ceux des autres habitations, que le maître n’agit qu’en raifon qu’il a lieu d’en être content ; & ils ne manquent pas d’infinuer eux-mêmes, qu’on les traite comme ils le méritent ; & il réfulte de tout cela un encouragement pour eux. Enfin, on peut de leur plaifir même tirer un grand parti pour fa propre fatisfaction, & la profpérité de fes établiffements.

Lorfqu’on remplira exactement toutes les obligations que l’on vient de tracer, & que par bienfaifance, on y ajoutera tout ce qui peut le plus exciter l’attachement de l’efclave, par la conviction de la bonté de fon maître, on peut être affûré que la régie fera très fimplifiée & très aifée pour ceux qui auront les connoiffances convenables de fa pratique. C’eft ainfi que l’intérêt même du propriétaire, fe joint encore ici intimement au droit de l’humanité, pour folliciter le plus vivement fa juftice & fa bienfaifance.

(d d) Il y a encore des maîtres & des géreurs qui fe croiroient compromis, de participer à la joie des négres, & qui craindroient qu’ils n’en tiraffent avantage pour être moins refpectueux : ces préjugés fuffifent pour faire apprécier la valeur de tels gens.

Après qu'on se sera fait un plan inaltérable de ces principes, qu'on aura acquis par là le titre incontestable de maître juste & humain, alors avec le discernement que donnent la sagesse & l'expérience, il faudra établir une police strictement exacte, qui soit maintenue avec une fermeté aussi inflexible, que l'objet en doit être invariable & constant.

Il faut bien se persuader que ce n'est qu'en suivant sans aucun écart cette marche généralement uniforme, qu'il est plausible de prétendre à la richesse d'un établissement, & de se flatter même de pouvoir retirer quelque satisfaction fructueuse des principes d'humanité envers les esclaves. La bienfaisance en effet ne peut produire aucun fruit, là où il subsiste le moindre désordre ; & les habitations ne peuvent acquérir & conserver de prospérité, qu'en raison de la bonté de leur régie, & de la stricte & vigilante police qui y sera rigoureusement observée.

Mais, si la régularité de la police doit être universellement austere, la même sévérité ne doit pas atteindre indifféremment tous les individus : tel esclave n'est pour-ainsi-dire, jamais répréhensible ; tandis que tel autre exige une continuelle surveillance sur tous ses mouvements, & peut à peine encore être contenu ; deux esclaves qui commettent la même faute, ne sont le plus souvent pas également coupables : l'un l'aura commise de propos délibéré ; & l'autre seulement par omission, peut-être même y aura t-il été entraîné contre son gré. L'on voit encore néantmoins dans toutes les Colonies des habitants qui composent tranquillement un tarif, sur lequel ils mesurent pour tous les individus également les punitions de toutes les fautes ; & ils appellent cela un code : si **on**

N n

Nécessité d'une police exacte.

Modification de sa sévérité.

pouvoit l'honorer de ce nom, ce feroit un code d'ignorance &
de barbarie; il faut avoir une infenfibilité à toute épreuve, pour
tracer de fang froid, méthodiquement & à l'avance une régle
d'injuftices & de dûretés contre les malheureux. Enfin, l'expérience,
la fageffe & la fenfibilité, apprendront à l'homme qni s'en laiffera
guider, de quel langage, de quelle contenance il conviendra d'ufer
envers chacun d'eux, dans tous les temps; & quelle proportion
ils devront mettre dans les punitions. (e e)

Avantage bien im-
portant entr'autres
d'une bonne régie.

Entre tous les avantages d'une régie ainfi inftallée pour la profpérité des établiffements, il faut apprécier furtout un grand bien
qui en réfulte : c'eft celui de prévenir une grande quantité de
fautes, & par conféquent de corrections : plus une régie eft
méthodique (f f) , & fa police exacte; plus feront rares les pu-

---

(e e) Il faut encore faire la diftinction, qu'il arrive quelquefois aux négres, même
aux meilleurs, d'être dans des moments de dégoût, quoique jouiffant d'une bonne
fanté; foit que le travail qu'on exécute alors leur répugne, foit par d'autres caufes,
ils ne fe trouvent point en état de remplir leur devoir. N'ayant point d'excufe à
alléguer, ils fe préfentent ordinairement pour entrer à l'Hôpital en contrefaifant les
malades. Les maîtres inattentifs ou inexpérimentés ne manquent pas de leur attribuer
de la mauvaife volonté, & les puniffent en conféquence : bien des maçonnages &
d'autres défordres, ont fouvent été la fuite d'une pareille conduite. Dans ces cas-là
il faut au contraire les traiter avec douceur, les occuper à de légers travaux ailleurs
qu'avec l'attelier, à faire de petits voyages fi l'occafion s'en préfente; ou s'ils infiftent
opiniatrement à vouloir être à l'Hôpital, on ne doit pas s'y refufer. Communément
cet état de dégoût ne dure que quelques jours; on doit les renvoyer à l'attelier
dès qu'on les voit bien difpos.

(f f) Plufieurs perfonnes croyent fimplifier la police en diftribuant les efclaves
par compagnies, mais on n'eft pas de cet avis. Il vaut mieux que le maître fe donne

nitions, les châtiments même, que le relâchement au contraire néceſſite, & rend de plus en plus fréquents.

On dira peut-être que, quelque ſageſſe qu'on puiſſe mettre dans la régie d'un grand attelier, il y aura toujours un certain nombre de ſujets qui forceront à exercer des ſévérités preſque continuelles : mais encore doit-on pour ceux là mêmes, uſer de tous les moyens qui peuvent prévenir cet inconvénient, au moins en partie. Il faut pour-ainſi-dire, ſoutenir de la main de tels ſujets ; il faut les raffermir dans leur devoir par des avertiſſements fréquents, journaliers, dans leſquels ils ne voyent qu'une protection active, qui ne pourroit toutefois les ſouſtraire aux corrections que mériteroit une mauvaiſe conduite.

On ne fait que répéter que les négres ſont très difficiles à régir : ils ſont, dit-on, naturellement pareſſeux, voleurs, défiants & diſſimulés ; ils aiment le défaut de police & s'efforcent de l'occaſionner, & ſe plaiſent dans le déſordre ; ils ſe font une habitude conſtante de ſouſtraire à la connoiſſance du maître tout ce qui les concerne, juſqu'aux choſes les plus indifférentes, & de com-

Imputations ordinairement faites aux négres.

---

plus de peines, & éviter les inconvénients d'une autorité trop partagée : ces chefs de compagnie deviennent exigeants, & ils exercent de petites tirannies ſourdes qui échapperont toujours à la vigilance du maître. En général, il faut avoir pour principe invariable que, moins il y aura de perſonnes pour commander, mieux on ſera obéi, & mieux un attelier ſera regi ; & ſur toutes choſes que moins il y aura de prononceurs pour les peines & les châtiments, moins les eſclaves ſeront malheureux ; & qu'il eſt de la plus grande importance de diminuer le nombre de ces prononceurs autant qu'il ſera poſſible : il n'eſt pas rare de voir que par leur moyen, s'ils ſont en trop grand nombre, un négre eſt châtié deux ou trois fois pour la même faute.

poſer tellement leur maintien, qu'ils ne ſe laiſſent jamais pénétrer; ils ſont adroits, inſinuants, menteurs, vains, & portés à l'inſolence; mais ſurtout, par une eſpèce d'eſprit de corps, ils forment une ſorte de ligue perpétuelle, laquelle tend ſans ceſſe à la contradiction & inexécution des ordres du maître, que chacun d'eux cherche encore à tromper en particulier : que ſi quelques individus s'écartent de cet accord général, & déſaprouvent quelquefois en eux-mêmes cette conduite, ils ne laiſſeront pas du moins de garder inviolablement le ſecret de la confédération, & ne ſe trahiront jamais reſpectivement, ſi ce n'eſt par raiſon de vengeance ou de récrimination.

Il eſt vrai qu'on trouve tous ces défauts aux négres, conſidérés en maſſe : avec tous les vices de la pluſpart des maîtres, ils ont encore ceux qui ſont naturels à leurs perſonnes & propres à leur état d'eſclaves; & c'eſt en partie faute d'inſtruction; mais comme on l'a dit, lorſqu'on les régit de maniere à s'en faire reſpecter & craindre; lorſque ſans les ſurcharger de travail, on les occupe de maniere à ce que tout leur temps ſoit employé, preſque tous ces inconvénients diſparoiſſent. On doit au reſte, fermer les yeux ſur ce qui n'intéreſſe pas directement l'ordre & la police, & qui n'eſt pas d'une conſéquence importante pour leur bien-être. (g g)

Ce qu'on doit en penſer.

(g g) En puniſſant toujours les petites fautes, on ne ſait plus quelle proportion mettre aux châtiments des grandes. Ce n'eſt d'ailleurs pas par la rigueur qu'on parviendra à bien régir un attelier, c'eſt au contraire en convainçant les eſclaves qu'on s'intéreſſe véritablement à leur ſort, & qu'on s'en occupe continuellement : le premier pas à faire pour la proſpérité d'un établiſſement, c'eſt d'en rendre les eſclaves auſſi heureux que leur état le comporte.

Au surplus , les négres ne pouvant avoir qu'une inſtruction très bornée, & ne pouvant ainſi s'occuper que d'objets à leur portée naturelle, ils ne peuvent ſe former d'opinion fixe, que ſur les choſes généralement frappantes : de ſorte qu'un homme ſage & expérimenté, ſaura toujours les réduire à l'obéiſſance.

J'unis ces deux qualités, parce qu'il faut avouer que perſonne, comme les eſclaves, ne ſauroit être ni ſi adroit, ni ſi prêt & diſpoſé à profiter des fautes du maître , qu'ils trouvent toujours le moyen de tourner à leur profit. Auſſi l'étudient-ils continuellement avec ſoin : chaque individu l'obſerve ; & ce qui échappe aux uns eſt toujours ſaiſi par les autres : ils ſe communiquent leurs penſées ; & le réſultat de leurs obſervations ſe trouve preſque toujours d'être parvenus à pénétrer parfaitement leur maître & à le connoître abſolument.

Auſſi, la conduite qui convient toujours le mieux avec eux, c'eſt cette franchiſe entiere, qu'on pourroit regarder comme l'eſprit de la bonté ; cet air ouvert plein de ſécurité, qui leur fait voir qu'on ne s'inquiéte de rien, & qu'on n'a rien à leur cacher : en effet qu'eſt - ce qu'un bon maître, un homme intégre, peut avoir de caché pour les eſclaves & même pour le public ?

On a obſervé qu'en général les négres ont l'eſprit gai, & qu'ils aiment beaucoup mieux à leur maître une diſpoſition de gaité naturelle, qu'un caractère ſérieux, un air ſombre & toujours préoccupé. Cependant on doit bannir dans la conduite des eſclaves toute familiarité ; on ne doit jamais leur en permettre, ni s'en permettre avec eux ; mais, en ſe rapprochant autant que peut le permettre la dignité que doit toujours conferver un maître; il eft bon dans toutes les occafions de rire avec eux lorfqu'on y eft invité; ce qui arrive fréquemment: eh! pourquoi n'auroit-on pas du plaifir à rire avec eux?

Les négres aiment l'ironie & le farcafme; ils s'y exercent volontiers, foit par des faillies, foit dans leurs chanfons; car ils ont leurs poëtes, leurs chanfonniers, qui s'acquerrent parmi eux une forte de confidération. Ils s'amufent à chanfonner le maître, les blancs: on ne doit jamais s'en appercevoir, fi ce n'eft pour en rire & en badiner avec eux. Ils ont d'ailleurs le bon efprit de tourner à la plaifanterie tout ce qui peut y donner lieu, tous les petits événemens qui en font fufceptibles.

On obferve auffi qu'en général un homme dont le caractère eft froid & réfléchi, qui fait fe poffeder toujours parfaitement, eft bien plus propre qu'aucun autre à la régie des efclaves d'une habitation, laquelle offre en quelque forte le tableau d'un Gouvernement féodal. Comme la force eft toute d'un côté, il n'eft pas extraordinaire qu'un maître ou un géreur forte des bornes de la modération, & d'autant plus facilement, qu'il ne rend à cet égard compte de fa conduite à perfonne.

Cette modération toutefois eft néceffaire, indifpenfable; & il faut fe faire une loi de ne s'en écarter jamais.

Il faut ufer d'un régime fimple & toujours uniforme.

Il faut furtout s'en faire une inviolable de n'affujettir l'efclave qu'à un régime fimple & généralement uniforme, non à des caprices, à des tracafferies momentanées, mais journalieres. Il faut étendre cette difcrétion jufqu'à ne leur reparler jamais des fautes pour lefquelles ils auront été ou punis ou pardonnés.

Enfin, rien ne peut les inquiéter autant que les détails muni-
tieux qu'on peut ajouter à une police établie, & les répétitions de
gronderies & de reproches qu'on peut leur faire.

Dans ces cas, si un esclave osait, il diroit à son maître :
» en interprétant toujours mal nos intentions & d'après vos soup-
» çons outrés, vous nous troublez par des précautions inutiles
» & insensées, qui ne témoignent que l'inquiétude de votre
» caractère, sans qu'ils puissent remédier à des désordres qui
» n'existent que dans votre tête. Que vous importe ce que nous
» faisons dans l'intérieur de nos maisons, ce que nous pouvons
» dire au sein de nos familles ? Et lorsque vous nous avez punis
» ou pardonnés pour quelque faute, pourquoi nous poursuivez-
» vous encore sans relâche, par des reproches & des propos
» accablants ? Nous sentons assez tout le poids de notre misere,
» sans qu'il soit besoin de nous la remettre incessamment sous
» les yeux. Nous préférerions en vérité, d'être sous une régie
» plus sévère, même dûre, sous laquelle le temps consacré au
» repos fût respecté, & nous appartint strictement. »

Il ne faut pas moins s'imposer la loi de respecter leur propriété,
& d'en écarter ses regards avec la plus entiere réserve ; non-seulement par le principe d'une équité souverainement inviolable, mais
encore à cause de la peine qu'on leur fait, si l'on a l'air de chercher à prendre connoissance de ce qu'ils possèdent. (h h)

(h h) Dans une habitation les négres élévent de la volaille, pour se procurer
quelque argent : si le maître veut prendre l'habitude de la leur acheter toute, & leur
défendre par conséquent d'en vendre ailleurs sans permission, les négres n'en éleveront

Enfin, quelques bizarres que puiſſent paroître leurs mœurs, à certains égards, il eſt de la ſageſſe & même du devoir d'un maître de ſe mettre à leur portée pour les choſes ſur leſquelles il n'aura pû les corriger, & de déférer à leur maniere d'être, dans ſa conduite avec eux.

C'eſt ainſi que pour les travaux, ſa prévoyance & ſa bonté lui feront prendre des précautions qui leur éviteront des châtiments : à des gens qu'on ſuppoſe toujours dans l'intention de faire moins qu'on ne leur ordonne, ce ſeroit tendre une eſpèce de piége, que de leur donner des ordres peu précis, négligemment ou d'une maniere vague, ſans attention s'ils les ont bien conçus.

Toutes les fois qu'on ordonne un travail, ſoit à un négre en particulier, ſoit à des commandeurs, il faut le faire en moins de paroles poſſibles, afin que leurs idées ne s'embrouillent pas ; & cependant ne rien oublier de tout ce qui peut le bien exprimer & le bien faire entendre, enſuite il faut s'aſſurer s'ils l'ont bien

---

plus. Si d'après cette vérité d'expérience, par un principe de bonté, il veut ſe faire une pratique conſtante de n'acheter rien de ſes eſclaves, qu'autant qu'ils viendroient lui offrir, & ſeulement pour obliger celui qui ſera momentanément preſſé de vendre, leur permettant ainſi de diſpoſer librement de leur propriété ; alors, tous s'empreſſeront d'en élever, & de ſe procurer tous les objets qui pourront leur donner quelque profit.

Cela vient d'abord, de ce que ne pouvant diſputer ſur le prix avec leur maître, ils croyent toujours qu'il ne leur paye pas la valeur de leur marchandiſe, leur en donnâ t-il le double ; enſuite de ce que le maître connoîtroit ainſi en partie l'argent qu'ils ont, leurs petites affaires ; ce qu'ils ne veulent pas.

On pourroit citer à l'infini de ces ſortes de faits, à l'appui de ce qu'on dit : mais qui liroit de pareils détails ?

compris. Il faut habituer tous les commandeurs blancs & noirs, à en ufer de même, & à avoir à cet effet une grande netteté dans leurs propres idées, & dans leurs expreffions.

On s'habitue en général à ordonner aux efclaves toutes chofes fur le même ton : c'eft un vice qui fert le plus fouvent à leur faire n'aître l'idée & le projet de défobéir. Par exemple, on ne doit pas leur donner des ordres fur ce qui les concerne directement & perfonnellement, avec les mêmes manieres & du même air que pour les chofes qui regardent le maître, & les devoirs auxquels ils font rigoureufement aftreints.

Il eft d'ailleurs très utile pour la fubordonnation, & pour fe faire refpecter des efclaves, de ne leur rien ordonner ou parler jamais que d'un ton modéré & attentif, & d'éviter cette jactance qu'ont tous les petits efprits, en un mot tout air de hauteur ou de mépris : ces défauts leur font à grande averfion, ainfi qu'à tous les hommes.

De quelque douceur que nous ayons jufqu'ici donné les préceptes ou les confeils, il faut cependant faire cette obfervation importante, qu'il pourroit être très nuifible, & qu'il feroit toujours très imprudent, de convenir pour-ainfi-dire avec les efclaves du plan de modération qu'on aura adopté à leur égard, & de leur publier la méthode de régie qu'on fe fera impofée. Cette indifcrétion auroit pour eux l'air d'une convention, d'un traité dicté par la foibleffe ou la néceffité, & elle donneroit lieu aux abus ou relachement, enfin aux mêmes défordres que pourroit produire

Difcrétion importante à pratiquer à l'égard des négres.

O o

l'incapacité abfolue du régiffeur. (i i)

Il faut pour la police & la fubordination, que le frein qu'on a à leur oppofer, leur paroiffe toujours arbitraire jufqu'à un certain point; qu'un attelier en général voye toujours un châtiment en quelque façon illimité fufpendu fur la tête des coupables. Il doit fuffire à l'efclave d'être convaincu par la conduite de fon maître qu'il eft très modéré, qu'il eft bon & jufte, qu'il s'occupe affidûement de fon bien-être; & il doit l'être également que ce maître exige de l'ordre, de la foumiffion & du travail.

On doit par la même raifon, faire obferver la même circonfpec-tion aux blancs employés fur les habitations; & fi l'on a à les reprimander fur quelques points de leur conduite, furtout à l'égard des efclaves, il faut avoir la plus grande attention, mais fans avoir l'air d'y mettre du miftere, que ces derniers n'en ayent point une connoiffance exacte qui leur faffe connoître des détails, quel-quefois humiliants pour l'amour-propre : il leur doit fuffire de favoir

---

(i i) Les propriétaires qui font régir leurs habitations, devront avoir l'attention, en dirigeant la conduite des géreurs, que la régie des efclaves paroiffe dépendte unique-ment de ces derniers ; & que toute autorité leur eft confiée : c'eft un plan qu'il faut toujours fuivre envers tous les fubordonnés ; mais il faut les contenir s'ils en ont befon.

Des propriétaires s'en font un tout oppofé : ils fe font rendre compte fecrétement par les efclaves de la conduite des fous-ordres ; quelquefois même, ils entrent dans des détails ridicules ; les efclaves intéreffés à toujours déguifer la vérité en ce cas, favent en outre donner de l'importance aux chofes les plus minutieufes ; le maître en fe trompant lui-même, finit par envifager ce petit manége comme néceffaire à fes intérêts ; les négres faififfant fon faible dominent fur fon opinion dont ils fe rendent maîtres: qu'en réfulte t-il ? un défordre, un relâchement total & la ruine de l'éta-bliffement !

qu'on leur rend juftice. (k k) L'on doit en agir de même , fi l'on a quelque correction à faire aux commandeurs négres , pour ne pas diminuer la confidération & la foumiffion des fubordonnés, lefquels fans cette précaution ne manqueroient pas de s'en prévaloir avec le temps, de maniere ou d'autre.

Si la modération eft une vertu néceffaire à pratiquer dans le gouvernement des efclaves, la juftice eft le plus ftrict devoir du maître à leur égard : le moindre écart qu'il pourroit s'en permettre le rendroit inexcufable; le temps du Dimanche & Fêtes appartient à l'efclave : il faut bien fe garder de l'en priver , fous quelque prétexte que ce foit. Ce n'eft pas qu'on ne puiffe les habituer à faire dans ces jours toutes corvées dont on jugeroit la néceffité urgente ; mais il faut inviolablement leur rendre avec la plus fcrupuleufe exactitude , tout le temps qu'on leur aura fait employer ainfi.

Il faut encore tâcher de rendre ces temps là efficacement utile à leurs intérêts , en les engageant à faire quelque travail qui leur porte du profit, après les heures qu'on doit deftiner au fervice divin, dans les moments qu'ils ne voudront pas donner au repos, ou a des travaux utiles à leur fubfiftance. Enfin , il faut toujours

---

(k k) Si les efclaves doivent confidérer avec raifon , le maître fous l'idée d'un protecteur , d'un pere , ils doivent de même , eû égard à leur état & à la police générale , pouvoir compter fur l'entiere protection des loix ; ils doivent connoître & être convaincus , que pour la parfaite affûrance de leur repos & de celui du public , le glaive de la juftice fe proméne également fur toutes les têtes , de quelle condition & de quelle couleur qu'on foit.

avoir préfent à l'efprit, que les efclaves ont infiniment peu de temps à eux, que par cette raifon, il faut leur apprendre à le ménager, & fe faire une loi de le refpecter foi-même. Les momens deftinés à faire la priere le matin & le foir, les jours de travail doivent être fixés à des heures précifes ; on ne devra les retenir qu'un inftant, pour faire une priere courte, mais à laquelle on leur fera porter toute l'attention & le profond refpect dont on doit être pénétré, en invoquant la bonté divine. (11.)

(1 1) Il n'entre pas dans le plan de cet ouvrage, de parler du culte Refigieux, ni de l'inftruction public des efclaves. On obfervera feulement, qu'on ne fauroit fe donner trop de foin pour les bien inftruire des principes de la religion, & qu'à ce fujet on pourroit fe fervir très avantageufement de tout ce qui peut frapper leurs yeux : c'eft par cet organe, furtout à l'égard du culte, qu'on peut les pénétrer & les remplir de cette émotion d'où naît ce profond refpect pour la religion : il faudroit n'offrir à leurs yeux que des Eglifes bâties convenablement, & ornées d'une maniere fimple, mais la plus frappante en même-temps, un culte fait majeftueufement avec une forte de pompe & une très grande dignité ; ajoutons à cela une très grande décence de la part des maîtres qui y affiftent, afin de leur fervir d'exemple

On ne peut s'empêcher de remarquer encore, combien les miffionnaires ont de pénibles devoirs à remplir envers les négres ; & que néantmoins on fe permet peut-être fouvent de critiquer leur conduite, fans faire attention, fans réfléchir, que leurs fonctions demaudent bien plus d'études, de capacité & de réflections qu'on ne le penfe communément. Il eft bien plus difficile qu'on ne le croit, de fe mettre à la portée des efclaves, qui vû leur ignorance ne comprennent qu'une partie des chofes qu'on leur enfeigne ; il faudroit pour-ainfi-dire abfolument fe borner à ne leur parler que de morale, mais de cette morale de l'homme efclave, de celle qui veut mettre l'obéiffance, le dévouement & l'aveugle foumiffion aux volontés d'un maître, au nombre des vertus dignes de récompenfes ; & qui repréfente le maronage, la défobéiffance, la pareffe &c. comme de grands péchés, comme des crimes. A des efclaves, à ceux furtout qui font mécontents de leurs fort, il eft bien moins facile qu'on ne le penfe

Les négres font naturellement infouciants & très négligents, fur ce qui les concerne directement : fi l'on ne fe fait une loi de leur fervir pour-ainfi-dire de pere ou de tuteur, ils n'auront aucun foin de leur propriété, ni de leur petit ménage : il faut donc y veiller pour leur utilité; mais fans y mettre l'air d'une inquifi- tion pour ne pas les affliger, comme nous l'avons dit précé- demment : (m m) fans cette furveillance, ils n'entretiendroient aucune propreté dans leurs cafes, pas même fur leurs perfonnes.

---

de leur faire fans ceffe envifager le mariage & la popnlation, comme un devoir : & furtout cela, il faut dire cette vérité, que le zèle des Prêtres pourroit encore mieux être fecondé par les maîtres.

Ce feroit encore peut-être feconder leur zèle, que d'apporter quelques changements à la maniere dédaigneufe & peu décente d'enterrer les négres. Il en réfulteroit ce bien, que cela aideroit à leur faire prendre une meilleure opinion d'eux mêmes & de leurs maîtres.

A ce fujet on doit ajouter, que l'empreffement qu'on met à enterrer tous les morts, répugne infiniment à la raifon : un homme décédé le matin depuis le lever du foleil, eft déja enterré l'après midi ! Peut-on croire que jamais on n'en a enterrés de vivants ?

Les cadavres font promptement corrompus : if feroit dangereux de les garder dans les maifons autant de temps qu'en Europe, dit-on. Mais faut-il fur cela laiffer frap- per fon imagination, & la laiffer errer fi loin au de-là des juftes bornes ? Tout au moins ne pourroit-on pas remédier aux inconvénients du climat, en établiffant un dépôt, une chapelle, pour y terminer les cérémonies religieufes ; & d'où les cadavres ne feroient enlevés que 24 heures après encore, pour être enterrés dans un cimetière.

(m m) Je fais bien que je me répéte fouvent dans tout le cours de cet ouvrage, dans ce chapitre furtout mais il eft des vérités qu'on ne fauroit trop redire & re- mettre fouvent fous les yeux.

Ils mettent un prix de vanité aux habillements ; leur négligence feroit croire le contraire à ceux qui ne les connoîtroient pas.

Il n'eſt pas inutile de remarquer à ce propos, la néceſſité de leur faire prendre des habitudes convenables à l'économie, & de les aſſujettir ſurtout à celles qui peuvent importer à leur ſanté. Observation importante pour leur ſanté Par exemple : on eſt obligé de les faire travailler dans des temps de pluie ; ce qui ne peut jamais leur faire de mal : il eſt aſſez ordinaire que le négre qui la voit venir, mette ſes habillements, qu'il avoit quittés, parce qu'ils le gênoient ; & il en réſulte qu'étant bientôt imbibés d'eau ils nuiſent à ſa ſanté, par la fermentation qu'ils occaſionnent à la tranſpiration, & parce que le froid le ſaiſit dès qu'il quitte ſon travail, qu'il fait d'ailleurs avec incommodité à cauſe de cette ſurcharge.

Il faut donc les accoutumer au contraire, à reſter pendant toute la continuité de la pluie à laquelle ils peuvent être expoſés, en ſimple calimbé, avec un petit chapeau de laine ſur la tête ; ainſi que les négreſſes avec un travers, & auſſi un chapeau. Cette méthode leur fera trouver lorſqu'ils quitteront leur travail, un plaiſir ſenſible, & ſurtout une grande utilité à reprendre leurs habillements, qui d'ailleurs leur en dureront bien plus long-temps : ils s'en porteront bien mieux, & feront plus propres ſur leur corps. (n n)

(n n) Dans cette Colonie, les négres ne font preſqu'autre choſe que de ſe laver · une grande partie ne ſe lavent même pas tous les jours ; c'eſt un vice infiniment nuiſible à leur ſanté, & qui tient autant à leur pareſſe qu'à la négligence des maîtres. Il faut habituer les eſclaves à ſe baigner régulierement pluſieurs fois tous les jours.

Enfin, les foins d'un maître véritablement occupé de la confervation & du bien-être de fes efclaves, s'étendent à une infinité de détails, qu'il feroit minutieux, & qu'on ne fauroit fe permettre de placer ici, mais qui n'en font pas moins partie de fes plus étroites obligations.

Il faut obferver au furplus, que tout ce qui eft dit dans cet ouvrage, eft relatif au climat de la Guiane, & qu'ailleurs la conduite du maître peut recevoir quelques différences. Mais aucun climat, aucun lieu, ne peut difpenfer ni de la pratique des foins, ni du fentiment des obligations.

Tous ces préeptes font adaptés au climat de la Guiane.

Lorfqu'on fait des travaux dont la bonne exécution peut être d'une grande importance, tels que des labours, des plantations, & autres de cette nature, les commandeurs blancs, les éconômes, doivent y être toute la journée, pour les furveiller : j'ai vû des propriétaires dans ces circonftances, s'y faire apporter leurs repas, pour ne pas les quitter de tout le jour, & s'en trouver bien.

Pratique à fuivre dans la direction des travaux.

Hors ces temps-là, il ne faut pas permettre qu'aucun blanc faffe autre chofe que de fe trouver de grand matin chaque jour, fur le lieu du travail, afinque les négres n'y arrivent pas trop tard, & pour les obliger à fe mettre promptement à l'ouvrage,

---

On obfervera même que, lorfque le temps eft au beau, que le foleil eft bien ardent, fi les négres fe trouvent incommodés d'une trop forte tranfpiration, s'ils font trop abattus par la fatigue, il leur fera utile de fe jetter dans l'eau pendant 5 ou 6 minutes: ils fe trouveront plus difpos, ils auront plus de vigueur pour faire leur travail. On n'a rien à craindre dans ce cas des maladies inflammatoires, qu'une pareille conduite occafionneroit en Europe. Il eft vrai que cela n'eft praticable que dans les habitations qui ont des canaux navigables; mais toutes celles en terres-baffes doivent en avoir.

pour qu'ils profitent de la fraicheur du matin ; ce qui eft d'une néceffité abfolue : enfuite, ces blancs ne doivent plus y reparoître, que fur les 4 à 5 heures de l'après-midi, pour parcourir tous les travaux, & en infpeƈter l'étendue & l'exécution. Ils doivent avertir fur le champ les commandeurs noirs de ce qu'ils y trouvent à redire, & refter fur les lieux, jufqu'à ce que les négres fe foient retirés, pour pouvoir rendre un compte plus exaƈt de tout ce qui eft relatif aux travaux, de l'exaƈtitude des tâches, &c, &c.

Inconvénients de ce que les blancs reftent tout le jour avec les travailleurs.

En fuivant cette marche, tout ira bien ; mais, fi l'on obligeait les commandeurs blancs à demeurer tout le jour avec les travailleurs à les fuivre, ce qui diminueroit l'autorité des commandeurs noirs, & choqueroit leur amour propre, au lieu qu'il faut avoir l'air de s'en repofer fur eux & de leur accorder toute confiance à cet égard, il pourroit en réfulter beaucoup d'inconvénients. Les négres rejetteroit fur le blanc toutes les fautes, toutes les négligences qu'ils auroient pû dérober à fa furveillance ; ils oppoferoient l'injuftice de les punir pour un travail qu'il ne dépendoit que de l'infpeƈteur, qui a été fans ceffe préfent, de faire faire autrement ; ceux qui n'auroient pas completé leur tâche, objeƈteroient qu'ils n'y ont manqué que par le temps que leur ont fait perdre les blancs, en les traverfant & leur ordonnant perpétuellement de nouvelles variations &c, &c.

Des commandeurs noirs.

Ces commandeurs noirs font les agents les plus effentiels & les plus néceffaires pour une habitation. Auffi ne doit-on rien négliger pour les mettre en état de bien remplir leurs devoirs ; & fur cela on doit fe rappeller que les hommes ne naîffent pas avec des talents ; qu'il faut leur donner ceux qu'on défire qu'ils exercent. Cependant, dans le cas dont il s'agit, on fait ordinairement bien peu de chofe pour leur en procurer, fouvent même on fe contente de leur en fuppofer,

Pour qu'ils foient tels qu'on doit les défirer, outre les connoiffances étendues & parfaites furtout ce qui concerne les travaux, ils doivent avoir les qualités qui font toujours néceffaires à ceux qui ont à commander aux autres : un fond de probité & de juftice, de la modération, de la fageffe & des mœurs ; beaucoup d'intelligence, une grande activité, infiniment d'énergie & de fermeté : fi elles fe trouvoient réunies dans des hommes vigoureux, d'une bonne fanté, même d'une taille avantageufe, qui auroient un bon ton de commandement ; s'ils joignoient à tout cela une bonne volonté ardente, s'ils fervoient leur maître par affection & par attachement, on devroit alors les confidérer comme des hommes accomplis en ce genre, comme des fujets précieux pour lefquels le maître qui feroit affez heureux de les pofféder, ne fauroit avoir trop de foins ; ils feroient la premiere & principale caufe de toute profpérité pour lui, l'âme & le foutien de fes établiffements.

On dira peut-être, de tels commandeurs font rares : mais on conviendra du moins qu'on pourroit en trouver ou former de pareils bien plus communément qu'on ne le penfe, fi on vouloit prendre le foin de choifir les jeunes fujets, qui paroiffent joindre les difpofitions convenables à une bonne organifation, & qu'on voulût les élever & les inftruire conformément à cette deftination : mais il faut également convenir qu'au contraire le plus fouvent le

P p

maître lui-même eſt un obſtacle au développem'ent de l'énergie &
de toutes les qualités morales de ces eſclaves , bien loin de ſavoir les apprécier , les faire devenir ce qu'ils peuvent être & d'en
ſavoir tirer parti.

Manière de les trai-
ter.

Lors qu'on en poſſéde d'excellemment bons , il faut ſavoir les
maintenir & les faire valoir; & pour cela la premiere choſe eſt
de lier leur fort à votre proſpérité : il faut les traiter bien & très
généreuſement , relativement à tous leurs beſoins ; il faut les traiter
avec une diſtinction marquée , afin d'inſpirer aux autres eſclaves
du reſpect pour eux , & une ſorte de conſidération aux blancs
auxquels ils ſont ſubordonnés : enfin c'eſt en les traitant comme
des hommes , en leur accordant toute la confiance & l'eſpèce d'eſ-
time qu'ils méritent , en leur donnant une bonne & juſte opinion
d'eux-mêmes , qu'on leur élevera l'âme & qu'on les attachera à
leurs devoirs.

Les commandeurs noirs rendent auſſi compte tous les ſoirs au
maître de l'état des travaux , en venant prendre ſes ordres pour
ceux du lendemain : ſi on a lieu d'être ſatisfait de leur conduite , il ne faut jamais manquer de le leur témoigner , outre que
cela les flatte infiniment , rien n'eſt plus propre à leur donner
de l'émulation & à l'entretenir. Tout cela doit ſe paſſer devant les
commandeurs ou les éconômes blancs , afin de leur donner continuellement ainſi des leçons utiles , & afin de n'être pas obligé de
leur répéter les détails des ordres qu'on vient de donner.

Mais pour atteindre autant qu'il ſoit poſſible à la perfection
de l'exécution générale , pour pouvoir ſe répondre de ſa régie &
de ſa culture, il faut que le maître en perſonne , ou celui qui

commande dans une habitation, s'impose l'essentielle obligation de faire tous les jours deux fois, ou tout au moins une s'il ne peut absolument davantage, le tour entier de son habitation.

Il doit faire ces tournées à des heures différentes, & toujours avoir l'attention de passer auprès des travailleurs pour les inspecter lui-même d'un coup-d'œil, eux & leur ouvrage, & vérifier ainsi malgré toute la confiance qu'il aura en ses gens, la fidélité des comptes qu'on lui rend. Il aura cependant l'attention de n'avoir jamais l'air de faire une inspection par défiance, mais bien plutôt de venir jouir du plaisir de voir travailler & s'assûrer si l'exécution des travaux est conforme à ses ordres, si on les a bien compris. Il fait en même-temps des observations pour sa propre instruction en général, & particulierement sur l'objet des ordres à donner pour le lendemain.

Cette tournée habituelle, ces inspections journalieres d'un établissement, ont d'autres motifs plus puissants encore, d'autres points d'importance qui ne seront peut-être bien sentis que par les cultivateurs déja instruits : on se bornera ici à remarquer, pour ceux qui ne le font pas, que dans un établissement, plus celui qui en est chargé, attache de prix à sa prospérité, plus il trouvera à chaque instant, à chaque pas, à s'instruire & à observer & méditer utilement pour la conduite que cette intention lui impose; & l'on peut assûrer ceux qui voudront faire l'essai de cette habitude pour leurs intérêts, qu'ils n'auront qu'à s'en applaudir. D'ailleurs, sous ce climat brûlant, on éprouve une propension générale vers le relâchement ; & l'homme le plus actif, pourroit commettre des négligences qui sont prévenues par une pareille méthode. P p 2

Aprés avoir parlé jufqu'ici des qualités qui appartiennent à l'intelligence, nous devons dire auffi que celles qui tiennent aux principes de la morale, n'ont pas une influence moins puiffante fur la progreffion des habitations, & que la régularité ou la corruption des mœurs d'un propriétaire, ou d'un régiffeur, peuvent quelquefois en déterminer, ou la profpérité, ou l'irréparable décadence.

Toutes les confidérations que nous avons parcourues fur cet objet, nous induifent naturellement à convenir qu'il n'eft qu'un âge peut-être, où l'homme foit capable d'être un excellent cultivateur dans les Colonies. Cet état exige une vigilance affidue, une grande & perpétuelle activité; la régie des efclaves requiert une forte énergie, une attention fans relâche, une bonté & une fageffe égales : & l'on fait que de ces qualités, les unes ne font pas ordinairement le partage de la jeuneffe, où leur germe eft prefque toujours étouffé par la violence des paffions oppofées; & que l'activité & l'énergie ne font que rarement unies à la condition des vieillards.

Il eft cependant vrai que la profpérité des établiffements eft toujours en raifon de la capacité intellectuelle & des qualités morales de ceux qui les conduifent; & ce proverbe trivial, *tel maître tel valet*, ne fût jamais plus applicable qu'à la régie des efclaves; leur conduite & fes réfultats font prefque toujours la mefure de la valeur du maître.

Toutes ces réflexions font fentir que les bons cultivateurs font plus rares, & que l'inftruction des fujets qui fe deftinent à cet état, tient de plus près à la félicité publique, & lui eft plus importante que quelques perfonnes peut-être ne fe l'imaginent ; que le choix des économes & géreurs, eft bien plus difficile & plus intéreffant que ne le penfe la plufpart des propriétaires ; que tels de ces gagiftes ofent fe préfenter impudemment à leur confiance, dont ils ne font capables que d'abufer, au point que ces propriétaires gagneroient beaucoup à les tenir éloignés de leur bien, à prix d'argent ; tandis que d'autres ne feroient pas recompenfés au delà de leur mérite, par une portion confidérable des revenues produits par l'excellence de leur adminiftration ; qu'enfin les propriétaires qui, dépourvus dés talents néceffaires pour en fournir eux-mêmes une auffi avantageufe, ne peuvent fe difpenfer de livrer à autrui la geftion de leur bien, ne fauroient apporter trop de foins à la recherche des fujets auxquels ils font forcés de commettre ainfi le dépôt de leur fortune, & celui de tous leurs devoirs envers leurs efclaves.

Plufieurs perfonnes peut-être trouveront inutile à publier, & faftidieux à lire une grande partie de ces documents qui ne leur apprennent rien de nouveau ; tandis que d'autres pourront dire qu'on n'entre pas affez dans tous les détails qui auroient pû inftruire davantage ceux qui, en en fentant le befoin, en éprouvent le défir : on ne fait ainfi quelles bornes fe propofer en traitant uu objet auffi intéreffant. Cependant, la maniere dont on a développé la conduite à tenir envers les efclaves, peut en quelque forte fuppléer à des détails ultérieurs qu'on a omis, pour éviter le reproche d'une proxilité diffufe. On fe bornera donc à y ajouter encore quelques obfervations, qui ne font même qu'une extenfion des précédentes, une émanation des mêmes principes.

L'usage des termes injurieux à l'égard des esclaves, est infiniment blamable.

Observation sur le maintien du maître ou régisseur.

En parlant des esclaves, en général ou en particulier, il est des maîtres qui se servent de ces expressions flétrissantes, *coquins, gueux, canaille,* &c. Ils s'en entretiennent en ces termes avec leurs blancs subalternes même, à qui ils en tolerent également l'usage, dont ceux-ci ne manquent jamais d'affaisonner le moindre reproche à faire à un négre, qu'ils accablent ainsi de paroles gratuitement injurieuses. Un tel abus qui tient de la barbarie des anciens flibustiers, doit absolument être banni d'une habitation, où l'on ne doit constamment employer qu'un langage ferme & précis, quelquefois plus animé, mais jamais emporté, mais toujours décent & circonspect, qui ne laisse appercevoir que l'autorité d'un maître, toujours tempérée par la sagesse, même en annonçant son plus grand mécontentement.

On peut observer encore que plusieurs maîtres ou régisseurs, soit par leurs propos & leur maniere de s'exprimer, soit par leur maintien habituel, souvent même par les deux à la fois, ont toujours l'air d'appréhender quelque résistance de la part d'un attelier, même d'un individu; ils semblent, à chaque ordre qu'il donnent, douter s'il sera ponctuellement exécuté. Cette habitude chancelante, cette espèce de perplexité, qui est aussi-tôt saisie & appréciée par l'esclave, lui fait juger qu'il peut en effet hazarder quelque relâchement, sauf à tâcher de se justifier en cas de besoin, avec force grimaces, ou au pis aller, à être atteint de quelque punition, s'il ne peut l'éviter; & il en résulte toujours beaucoup de désordre.

Si l'on suit avec exactitude les principes d'équité & de bonté établis dans ce chapitre, convaincu alors qu'on n'ordonne que ce que les esclaves peuvent & doivent faire, on ne pourra qu'être dans une parfaite assurance sur l'exécution de leur part.

A t-on manqué à quelque partie du devoir qu'on ne puiſſe pas pardonner? Ordonnez ſur le champ une punition proportionnée à la faute & aux circonſtances; & que votre maintien aſſorti à une courte reprimande qui ne doit contenir que quelques mots, laiſſe appercevoir à travers une fermeté inébranlable, l'indignation de regret que vous reſſentez de ce qu'on vous a forcé à punir; & que dès cet inſtant, tout ſoit oublié. (o o)

Surtout, que la punition ne ſoit jamais accompagnée de mouvements de colere, encore moins d'un rire amer & ironique, comme il ne ſe voit que trop : l'un tient à une violence blamable, l'autre, à une barbarie atroce & révoltante, qui témoigne qu'on n'eſt pas fait pour commander, même à des eſclaves.

Enfin, il faut regarder les négres d'un attelier en maſſe, comme une troupe d'hommes qui s'imaginent que leurs intérêts doivent être dans une oppoſition conſtante avec les vôtres; ils ſe trompent

---

(o o) On ne penſe pas qu'on puiſſe conduire les eſclaves ſans châtiment; mais on croit qu'en ſuivant généralement de point en point tous les principes déyeloppés dans ce chapitre, on parviendroit au moins à rendre les punitions infiniment rares; peut-être même à la fin d'un certain temps à rendre les humiliations & les privations ſuffiſantes pour les contenir ordinairement.

Beaucoup de maitres, en confondant pour-ainſi-dire toutes les fautes & les qualités perſonnelles, mettent le plus frequemment un appareil impoſant à chatier les négres, en les faiſant attacher ou lier dans une ſituation très gênée; c'eſt un abus facheux, qui ſeul annonce ou de la dureté ou de l'incapacité: on n'en doit faire uſage que lorſqu'on croit ne pouvoir ſe diſpenſer d'ajouter l'humiliation à une punition; mais cela doit arriver bien rarement: il faut juſques dans les châtiments mêmes ne pas négliger de montrer aux yeux d'un attelier d'eſclaves les diſtinctions qu'on ſait mettre entr'eux.

Les Nègres doivent être envisagés comme des enfants, ou des écoliers.

fans doute, au moins fi l'on confidére leurs intérêts dans le jufte fens qu'ils renfermenr : mais c'eft fous ce point de vue, qu'il faut les envifager, ou mieux encore, comme une troupe d'enfants infouciants, de malicieux écoliers ; & ils doivent de même être inftruits, occupés, conduits, récompenfés, châtiés, pardonnés, contenus, & enfin rendus utiles, autant que peuvent le comporter toutes les circonftances relatives à leur condition.

Une Colonie qui aura adopté dans tous fes points le plan qui vient d'être expofé, n'aura fans doute qu'à s'en applaudir : mais, pour en confolider parfaitement tous les avantages, il feroit à défirer qu'il fut en quelque forte l'effet d'une impulfion déterminée par le Gouvernement ; parce qu'alors ces principes fe trouveroient liés à l'activité d'une furveillance fuprême, & univerfellement bienfaifante. C'eft principalement en effet la conduite du Gouvernement qui peut affûrer à la profpérité publique cette permanence, qui feule en confomme la perfection ; parce que c'eft le Gouvernement feul qui peut l'affeoir fur une bafe inébranlable, en dirigeant les individus qui n'en font que les inftruments, conftamment vers un même but, par une marche uniforme, par une police fage, éclairée, & ftrictement obfervée.

Alors, le colon heureux des récompenfes fi légitimement acquifes par fon travail, & méritées par fon application affidue, jouira paifiblement de richeffes d'autant plus précieufes, qu'elles feront fon ouvrage, & la fin que l'État s'étoit propofée.

Que fi au contraire, par une hypothefe de comparaifon, l'on fuppofe une Colonie dont les Etabliffements livrés à toute la dé-

fectuofité d'une régie défordonnée, pleine de difparates, ne porte-
roient fur aucune bafe uniforme, ne tiendroient à aucun plan déterminé ; où le caprice du propriétaire, érigé en fyftême arbitraire,
feroit la feule régle de conduite des atteliers, fans aucun égard
pour les principes généraux fur lefquels repofe l'ordre effentiel de
la chofe publique ; où un nouveau venu, dépourvu de toutes les
notions néceffaires pour produire un jugement raifonnable, criti-
quant néantmoins, fous le vain étalage d'un fpécieux *philofophifme*,
les ufages les plus généralement inftitués, indiqués par la néceffité
même, s'érigeroit en une efpèce de légiflateur, & s'arrogeroit
impunément jufqu'à la licence de conduire fes efclaves pour-ainfi-
dire, comme des gens libres, & mettant toujours le fanatifme de
fes propres idées en oppofition avec l'ordre général qui conftitue la
fûreté publique, voudroit profcrire abfolument toute correction
quelconque ; une Colonie où il fe promulgueroit force réglements,
& ne s'en fuivroit aucun ; où fans ceffe des confidérations particulieres empêcheroient l'effet de la loi, dont elles auroient ufurpé
l'empire ; où enfin, le légiflateur négligeant de pourvoir d'une maniere efficace à la parfaite exécution de la volonté fuprême, dont
il eft l'organe & le miniftre, ne fourniroit pas les moyens néceffaire à l'activité de la police, ou bien fe difpenferoit de veiller à
l'exactitude de leurs mouvements . . . . . quelle feroit infailliblement la deftinée d'une telle Colonie ? Une perpétuelle & irréparable
pauvreté, nous ne faurions nous abftenir de le prononcer ; un défordre affreux, ou plutôt l'excès de tous les défordres, à travers
lefquels une profanation fcandaleufe feroit vainement retentir les

feroit abfolument
arbitraire.

Suites d'un tel
régime.

Q q

mots d'humanité envers les malheureux efclaves , tandis que les blancs n'en auroient pas même le fentiment entr'eux.

Selon que des principes auftères afttreignent plus ou moins chacun à une uniformité de plan, il fe trouve auffi en plus ou moins grand nombre dans toutes les Colonies , une claffe de propriétaires qui fous une grande apparence d'humanité fe permettent le plus grand relâchement dans la régie de leurs efclaves, & qui en n'exigeant d'eux qu'une petite quantité de travail au deffous de l'ufage établi, réduifent ainfi la fomme de tous leurs devoirs.

Ces efclaves , outre qu'ils font alors en mauvais exemple, ne manquent jamais de devenir bientôt les corrupteurs de ceux des voifins , qui fe confidérent comme tous très malheureux de n'être pas traités fur le même pied ; alors ce mal gagne de proche en proche ; & toute la vigueur de la police la mieux entendue, devenue infuffifante pour en arrêter les progrès, échoue contre le torrent des défordres qu'elle ne peut réprimer ; & la ruine des propriétaires en eft le fruit.

Dans ce cas, un Gouvernement ne fauroit avoir une furveillance trop active, & des principes généraux trop févères , *pour tout ramener à l'unité de plan & de conduite qui feront toujours la bafe de la profpérité* : il doit l'appéfantir fur ceux qui s'opiniatrent à contrarier le bon ordre; il doit ramener aux bons principes, & à cette unité de plan, en faifant fentir à l'homme inepte, à celui qui manque d'énergie, & au vieillard dénué de vigueur, qu'ils font impropres à la régie des efclaves, que c'eft aux dépens de la fûreté, de la tranquilité de leurs vofins , & de la félicité publique, qu'ils cherchent à pallier leur incapacité, en étalant les mots d'hu-

manité & de bienfaifance, que l'homme fenfible fait mettre en
pratique de bien autre maniere.

On ne fauroit trop fe hâter d'eteindre les caufes de pareils défordres, par les moyens de douceur les plus falutaires : ce n'eft
point attenter aux propriétés, que d'en prévenir la décadence &
la ruine ; & tout colon doit bien fe perfuader, qu'il importe fort
peu à l'état que telles habitations appartiennent à telles ou telles
perfonnes ; qu'au contraire il lui importe beaucoup de n'avoir à
protéger que des cultivateurs capables & éclairés, en état de
mettre à profit tous les moyens, & concourir à la profpérité générale par l'ordre établi ; feule voie fûre pour y parvenir. (p p)

Encore une réflexion fur l'objet fi important de ce chapitre,
& nous allons le terminer : *fi les pertes d'efclaves font énormes
dans toutes les Colonies, le défaut d'une nourriture fuffifante
& faine, y a certainement beaucoup de part* : toutes cependant
font également intéreffées à y porter une activité très férieufe,
& à examiner avec la plus fcrupuleufe attention toutes les parties
de leur régime actuel, *afin d'y faire avec le plus grand foin tous
les changements qui pourront être convenables à la confervation de*

Réflexion fur les
pertes d'efclaves,
dans toutes les Co-
lonies.

(p p) Les propriétés de l'Amérique dont les efclaves font partie, ne peuvent pas
être confidérées fous le même point de vue que celles de l'Europe : elles font liées
de bien autre maniere à la chofe publique : l'enfemble des propriétaires forme pour-
ainfi-dire, une efpèce de coaffociation à laquelle les défordres particuliers deviennent
toujours funeftes : on peut même convenir que, fans qu'un homme foit tombé en
démence, une conduite vicieufe, & qui contrarie l'ordre général à un certain point,
peut fuffire pour lui interdire la geftion de fes biens, fi les voies de douceur font
infuffiantes pour le ramener.

q q 2

ces agents effentiels de leur profpérité, laquelle autrement n'aura qu'un terme : eh! ce terme ne s'avance t-il point à grands pas ? (q q)

Sur leur rareté progreffive.

Ce vafte continent, cette immenfe magafin qui nous en fournit depuis fi long-temps, s'épuife : cet épuifement s'accélérera encore en raifon de l'accroiffement des difficultés à s'en procurer fur les lieux, vers les côtes, où ils ne pourront être livrés qu'après de longs & pénibles voyages, durant lefquels ils auront fubi un délabrement extrême, qui contribuera à en faire périr d'autant plus dans la traverfée ; ce que déja l'on commence à éprouver. Les armes que nous leur fourniffons depuis un fi long-temps, deviendront de plus en plus deftructives pour la population de l'Afrique ; la corruption que nous portons chez eux en même-temps que des fers, achevera de produire tous les défordres d'où naîtront de grandes révolutions, qui anéantiront peut être ce commerce d'efclaves. (r r)

Et l'accroiffement de leur cherté,

Il deviendront au refte de plus en plus chers ; & le prix des denrées coloniales ne pouvant augmenter toujours en raifon de fes

---

(q q) On conviendra fans doute qu'enfin il eft indifpenfable de s'occuper d'une toute autre maniere du fort des efclaves, qu'il eft bien temps de commencer à les confidérer comme des hommes : qu'on réfléchiffe de fang froid fi on le peut, fur la prodigieufe quantité de négres nouveaux, d'enfants, d'efclaves en un mot, qui périffent miférablement chaque année, faute de foins & faute d'avoir été affez nourris ?

Les Puiffances qui veulent avoir des Colonies, par conféquent des efclaves, ne fe font jufqu'ici pas affez occupées de leur confervation & de leur population,

(r r) On exprime ce remplacement continuel d'efclaves par le mot de confommation ; qu'on employe avec le même ton & la même infenfibilité, que fi on difoit confommation de farine, de bœuf, &c,

dépenfes premieres, les pertes d'efclaves atteindront de tous les préjudices le colon infortuné.

Toutefois, cette perfpective affligeante, qu'il dépend de lui d'éloigner infiniment ou de faire difparoître, ne doit pas affecter fon zèle, ni rebuter fon courage; elle doit feulement frapper fon efprit, & toucher fon cœur, en lui préfentant l'idée de fon propre intérêt effentiellement uni au fentiment de l'humanité même, pour le preffer par tous les motifs de réunir abfolument & affiduement toutes fes facultés, fur l'objet fi important pour lui de la confervation de fes efclaves; & de leur bonheur, qui feul peut en étendre l'intéreffante propagation, qu'on doit tâcher d'élever finon au delà, du moins au niveau des pertes; c'eft la feule reffource qui refte à nos Colonies pour fe maintenir dans leur fplendeur, la feule économique, & celle qui répugne le moins à la raifon.

Nous avons indiqué ci-deffus, comme une des parties de la juftice diftributive des maîtres à l'égard de leurs efclaves, une proportion convenable dans leurs travaux journaliers : c'étoit nous impofer l'obligation de tracer des principes pour l'établir ; mais la longueur de ce chapitre, & l'intérêt du fujet, nous déterminent à lui en donner un entier. La diftribution des tâches, d'une partie des travaux, fera donc renvoyée au chapitre fuivant. On a tâché dans celui-ci, de préfenter les principes fur lefquels on doit déformais fonder la profpérité de nos Colonies; mais ce fujet demanderoit feul un volume. C'eft à ceux qui par leurs lumieres ont le droit d'inftruire les hommes, à le traiter à fond, & à préfenter convenablement ce nouvel ordre de chofes, en leur en faifant fentir la néceffité ; en leur montrant que tout ce qui n'eft que perfonnel, les paffions qui les ifolent & les concentrent , font contraires à leur intérêt & ne tendent qu'à les rabaiffer ; pendant que l'amour du bien public, la bienfaifance, la bonté, la générofité relévent avec tant de nobleffe la dignité de l'homme : mais on n'eft homme que par les fentiments d'humanité, en faifant du bien , en cédant, en partageant une portion de fon bonheur avec les malheureux : & ceux dont il eft ici queftion, ce n'eft que fur leur mifere que font fondées nos richeffes ?

CHAPITRE XVI.

Des tâches.

IL faut de l'expérience & une grande attention , pour parvenir à régler les tâches dans de juftes proportions : les circonftances du temps & d'autres accidents, peuvent tellement rendre un même travail plus ou moins pénible, qu'un homme équitable & fenfible, fidele en un mot à l'exactitude que comportent tous fes devoirs, ne ceffera d'avoir les yeux ouverts fur cet objet, l'un des plus importants du régime actif des efclaves, afin d'apporter aux méthodes générales toutes les modifications que pourra requérir la variation des circonftances. Cette obfervation, dont le fentiment tient effentiellement à l'humanité, doit fuffire à guider l'homme pénétré de fes principes.

On a déja eû occafion de déterminer diverfes tâches, & en parlant des defféchements, on a été obligé d'entrer dans plufieurs détails fur la mefure du travail du trancheur ; l'on a remarqué que, la tâche ordinaire étant de 500 pieds quarrés de furface, fi la nature du travail offre des facilités accidentelles, cette mefure peut être portée à 550, 600, même 650, & jufqu'à 700 pieds. (s s)

Nous préfentons ici une méthode pour trouver facilement & avec précifion l'étendue de telle tâche que l'on voudra : elle confifte à divifer la quantité de pieds quarrés qu'on fe propofe de donner, par la largeur du foffé ; & le quotient déterminera la longueur de la tâche en pieds.

On fuppofe par exemple, que cette tâche foit de 500 pieds, & que le canal qu'on veut creufer doive avoir 20 pieds de large, il faut divifer 500 par 20, & il viendra 25 pieds au quotient, pour la longueur de la tâche. Si l'on fuppofe la tâche de 700 pieds, & feulement 6 pieds de largeur au foffé, 700 divifé par 6, produifent 119 pieds pour quotient, qui feront la longueur à donner pour la tâche. On fent bien qu'on néglige toujours les fractions dans ces fortes de calculs.

Méthode pour déterminer l'étendue courante de cette tâche.

Exemple.

(s s) On fait ufage à Surinam du pied du Rhin, qui fait 11 pouces 7 lignes, a cinquieme de ligne de notre pied de Roi.

La chaîne dont on s'y fert eft de 66 pieds du Rhin ; ce qui fait 63 de nos pieds, 9 pouces 7 lignes, 1 cinquieme de ligne.

L'acre de Surinam a 10 chaînes de longueur, fur une de largeur. On doit être pourvû fur chaque habitation d'une bouffole, d'un petit graphomètre, de deux chaînes d'arpenteur, d'une toife étalonnée & d'un petit étui d'inftruments.

La méthode qu'ont vient d'expofer, eft générale pour tous les cas poffibles, où il s'agit de trouver l'étendue des tâches.

Celles pour les farclages demandent plus d'attention qu'aucune autre; & l'on ne doit les déterminer qu'après qu'on aura été foi-même la veille examiner à quel point la piéce dont il s'agit eft fale, & combien le travail en peut être pénible ou difficultueux.

Dans cette Colonie on a l'ufage de mefurer ces tâches à la toife : cette pratique feroit inexacte & vicieufe pour ce travail dans les terres-baffes; parce que 1o. on y perdroit pour la quantité de l'ouvrage, 2o. le travail feroit moins bien exécuté, furtout en ce qui concerne les foffés, qui doivent être nettoyés avec une attention extrême, 3o. le mefurage de ces tâches devant être confié à un commandeur noir, il demanderoit trop de furveillance, pour empêcher ainfi qu'il s'écartât jamais de fon devoir. On confeille donc de donner la préférence à la méthode qu'on va indiquer.

D'abord, pour qu'on puiffe régler avec précifion les tâches des farclages, il eft indifpenfable d'avoir un plan exact de l'habitation, fur lequel toutes les piéces foient numérotées; & fur chacune on écrira les dimenfions en longueur & largeur, la quantité de petites tranches qu'elles contiendront, dans le cas où elles ne feroient pas deffinées : enfin, l'on notera auffi fur ce plan la quantité de quarrés que chaque piéce contiendra, & le nombre de planches comprifes dans chaque quarré.

Le mefurage des piéces, & le rapport qu'on fait des planches au quarré, donnent le plus fouvent des fractions; mais encore une fois, on n'y a aucun égard, lorfqu'on veut déterminer & régler les tâches.

Si l'on suppose par exemple, qu'une piéce ait 95 toises de largeur, au lieu de 100, & 290 toises de longueur, c'est-à-dire 190 pas, sur 580; elle contiendra 11 quarrés & un cinquantieme : on abandonneroit donc cette fraction, l'on dira que la piéce contient 11 quarrés.

Si les planches font de 28 pieds de large, & les petites tranches de deux pieds, il y aura 58 planches dans cette longueur de 580 pas; & 58 divisé par 11 donne 5 planches, 3 onziemes pour un quarré : on négligera encore cette fraction, & l'on dira relativement au sarclage, que 5 planches font un quarré. Que si la fraction eût approché de 12 quarrés, on auroit énoncé ce dernier nombre.

Il faut toujours, dans la pratique de ces espèces de travaux, simplifier les opérations de calcul : comme on est le maître d'employer un plus ou moins grand nombre de négres pour sarcler un quarré, cette maniere ne peut éloigner des justes proportions.

Alors, au moyen de la disposition qu'on vient de voir, on dit : un quarré contenant *tel* nombre de planche, il faut *tant* d'esclaves pour le sarcler en un jour; ce qui fait *tant* par planche : il y a *telle* quantité de planches dans la piéce, il faudra *tant* de jours pour la sarcler.

Lorsque les piéces font sales ou remplies d'herbes, on doit compter 25 esclaves pour sarcler un quarré : or, selon l'exemple que l'on vient de présenter, ce sera 5 personnes par planche. Si la piéce n'étoit guere sale, on metroit 20 esclaves par quarré, 4 par planche; & si elle ne l'étoit que très peu, 15 par quarré, 3 par planche; dans le premier cas, chaque négre sarcleroit 100

Nombre d'esclaves par quarré.

R r

314

toifes quarrées par jour; dans le fecond 125, & 166 2 tiers, dans le troifieme.

La tâche qu'on indique, peut être exécutée fans inconvénient; mais on confeille de n'en pas donner de plus fortes, & fi le travail offroit bien des difficultés, de mettre même dans ce cas un efclave de plus par planche. A Surinam elles excédent un peu A Surinam. ces proportions; mais les efclaves y font habitués : ils font plus habiles que les nôtres pour ce travail, & les maîtres plus appliqués à les régir : on met rarement plus de 8 négres & jamais plus de 10 à farcler un âcre dans ce pays là, lorfque les piéces font bien fales; ce qui fait à raifon de 18 à 19 efclaves pour notre quarré, dans le premier cas & 22 à 23 pour le fecond.

En faifant ces farclages, les négres font obligés de nettoyer avec une très grande attention les petites tranches, les foffés que les planches traverfent, ceux qu'elles rencontrent, ainfi que les canaux auxquels elles aboutiffent : tout cela entre dans la tâche. On doit les foumettre & les habituer ftrictement à cette méthode & veiller avec attention à ce qu'ils ne fe relâchent jamais de ces foins.

Pour que les efclaves puiffent facilement exécuter leurs tâches, il eft befoin de quelques précautions journalieres, qui demandent une attention continuellement fuivie, mais avec lefquelles on évite des punitions à ces malheureux, & le retard des travaux; deux chofes qui font toujours d'une grande importance.

On a déja vû qu'il faut les conduire vers leur devoir, comme des enfants infouciants : par une application de ce principe à l'objet dont il s'agit, il faut habituellement qu'un des blancs foit

toujours rendu le premier fur les travaux, comme on l'a déja dit,
pour les forcer à fe rendre au travail de grand matin ; fans quoi
ils n'y arriveront que très tard : il faut les obliger à fe mettre à
l'ouvrage fur le champ ; ou bien ils s'amuferoient à caufer ou à
rire enfemble de quelques anecdotes ou de quelque hiftoire : il
faut les partager, c'eft-à-dire les diftribuer de maniere que les forts
& vigoureux foient mêlés avec les faibles ; & fans ces foins de
détail, on ne parviendroit jamais à faire bien exécuter les tâches.

On entre dans tous ces détails, en faveur des nouveaux cultivateurs, afin qu'ils puiffent fe former fur de bons principes,
& qn'ils apprennent de bonne heure toute l'étendue des devoirs
qu'impofe cet état auquel ils fe dévouent, & de toutes les parties
dans lefquelles il invite l'humanité, la bienfaifance à s'exercer, pour
le bonheur des efclaves, & l'intérêt même des propriétaires, qu'on
trouvera partout conftamment unis, comme nous l'avons déja
obfervé.

Nous penfons que l'objet de ce chapitre ne feroit pas completement traité, fi nous n'ajoutions ici la mefure des tâches pour les
travaux des bois. Nous allons donc les parcourir fommairement
dans leurs diverfes diftributions, & fixer fur les mêmes principes
qui nous ont toujours guidés, l'évaluation des produits convenables
à chaque efpèce de travail en ce genre. *Des tâches dans les travaux des bois.*

Bois équarris.

Un négre peut faire par jour 20 pieds de bois, de 7 pouces
d'équarriffage, & au deffous. *Bois équarris.*

R r 2

Planches.

La piéce de bois étant équarrie & montée , deux négres fçieurs doivent faire par jour 2 planches de 12 pieds de long , un pied de large , & un pouce d'épaiffeur ; en un mot, 2 pieds cubes , foit en planches , foit en madriers.

Planches ou madriers.

Chevrons.

S'ils font obligés d'abattre les bois, chaque négre ne peut équarrir fur deux faces que 8 ou 9 chevrons de 20 pieds de long : il peut en équarrir le double, fi le bois eft jetté par terre.

Chevrons.

Lattes.

Un négre doit rendre 45 à 50 lattes de pinots par jours, dôlées & prêtes à être employées.

Lattes.

Merrin.

Il faut mettre plufieurs négres enfemble , pour faciliter l'ouvrage ; alors chaque négre peut fournir 80 merrins ou douvelles pour boucauds , & 100 piéces, fi c'eft pour les fonds.

Merrin.

Bardeaux.

Deux fçies , c'eft-à-dire quatre fçieurs & un fendeur , doivent enfemble rendre un millier de bardeaux par jour : cette tâche eft un peu forte , furtout pour les négres qui n'ont pas l'habitude de ce travail ; dans ce cas on peut fe contenter de 800 bardeaux. Si au lieu de fçier avec deux, les quatre négres fe mettent fur une fçie , ils avanceront davantage.

Bardeaux.

Piquets pour Batardeaux.

Six négres, auxquels on donne une pirogue ou un acon pour le tranfport, doivent rendre dans leur journée 120 piquets. S'ils ne les tranfportent pas, chaque négre doit en couper 30, & les mettre à un endroit où l'on puiffe les embarquer facilement.

Feuilles de Pinots.

Chaque négre doit rendre 15 paquets, faifant la charge d'un homme ; & 20, s'ils font moins grands.

Jâlons.

Un négre doit en fournir 5 paquets de 40, c'eft-à-dire 200 par jour : ils doivent avoir 5 pieds de long, être droits, & jamais courbes & tortueux : ce négre doit leur péler ou blanchir la tête, dans une longueur de 6 pouces, & les rendre pointus par le bas.

Lorfque les efclaves ne font pas mis à la tâche, ils doivent travailler depuis un peu avant 6 heures du matin, jufqu'à 8 ; ils ont alors une demie-heure pour déjeuner ; aprés quoi le travail reprend depuis 8 heures & demie julqu'à midi ; & ils ont une heure & demie pour diner. Le travail reprend enfuite depuis 1 heure & demie jufqu'à 6 heures.

On compte pour le quarré de Cayenne 100 pas de face en tous fens ; le pas contenant 3 pieds de Roi ou une demie toife. Le quarré contient donc 2500 toifes quarrées, qui font 10000 pas, & 90000 pieds, auffi quarrés.

En multipliant le nombre des pas de la largeur d'une piéce par ceux de fa longueur, on a le nombre des quarrés qu'elle contient, fi l'on retranche les quatre premiers chiffres à droite : par exemple, 190 pas multipliés par 580, donneront 11, 0200. En retranchant pour le nombre appellatif des quarrés, ces 4 fignes qui contiennent une fraction de 200 dix milliemes en plus, on a pour produit de ce calcul 11 quarrés pleins, & 200 dix milliemes ou 1 cinquantieme au delà.

Il nous refte maintenant à préfenter dans le chapitre fuivant quelques réflexions fur le climat de la Guiane, fur le commerce & la fituation de cette Colonie. Nous le ferons le plus fuccintement poffible, afin de ne pas abufer de la patience du lecteur.

Nous n'ajouterons qu'une réflexion à celui-ci : fi l'on veut que tous les divers travaux foient exécutés dans le temps qui leur fera propre & convenable, qu'ils foient en un mot le plus fructueux poffible pour la profpérité d'une habitation, c'eft par un trés grand ordre, par des méthodes invariables qu'on atteindra à ce but qui doit être celui de tout homme éclairé de fes devoirs : il ne faut jamais commencer plufieurs chofes à la fois, ni divifer les efclaves d'un attelier en les occupant à plufieurs endroits en même-temps, à moins qu'on n'y foit abfolument forcé par des circonftances ; il faut toujours finir un travail avant d'en entreprendre un autre ; & furtout, il faut fe faire une loi, de ne jamais diftraire un feul négre d'un travail entrepris, pour quelque raifon que ce foit. L'on ne voit que trop fouvent des maîtres & des géreurs envoyer retirer du jardin durant la journée, & lorfque tous les travaux font diftribués, des négres, foit pour fatisfaire leur fantaifie ou faire des chofes dont l'exécution auroit pû être renvoyée. Rien ne nuit autant à la progreffion des travaux : de pareilles gens ne fauroient mériter le nom de cultivateurs, ni même celui d'hommes délicats, fur les intérêts qui leur sont confiés. Enfin, l'on ne sauroit se flatter de retirer de la régie véritablement tout le fruit qu'on a le droit d'en attendre, si l'on ne se fait pas une régle constante de perpétuellement rassembler tous ses moyens en une masse, & de lui donner toute l'activité dont elle pourra être susceptible, bien loin de la diviser ou d'en distraire habituellement des portions.

CHAPITRE XVII.

Du Climat ; du choix des positions pour les établissements ; de l'air de la mer : diverses réflexions : comparaison de Surinam avec St. Domingue.

O N jouït dans la Guiane d'un très beau ciel, d'un climat doux, absolument exempt de ces coups de vent, de ces orages, ouragans destructeurs, qui ruinent l'espoir de l'habitant dans les autres Colonies, & font la terreur du navigateur, dans leurs parages.

On ne peut reprocher au climat de cette partie du continent Américain, qu'une grande abondance de pluie, une excés d'humidité, qui contrarient quelquefois le cultivateur dans ses travaux, & qui se joignant à la chaleur, contribue à user les corps en général, par le relâchement qu'il opère.

Il occasionne aussi sur eux quelques dérangements particuliers & subits ; rarement néantmoins & seulement dans les années extraordinairement pluvieuses : on remarque alors entr'autres que, vers

Climat de la Guiane.

Remarques dans les années excessivement pluvieuses.

le mois de Mai, faifon des pluies les plus abondantes, les vents
font inconftants, & fouvent interrompus par des calmes : l'air
eft ftagnant, & la chaleur très confidérable : la terre étant pour-
ainfi-dire en partie couverte d'eau, ou tout au moins imprégnée
d'une extrême humidité, une fermentation pernicieufe agit fur une
quantité innombrable d'infectes & d'œufs de toute efpèce, dont la
décompofition produit des miafmes malfaifants, d'où naiffent quel-

Maladies qui en ré-
fultent.

quefois des maladies ainfi accidentelles, le plus ordinairement des
rhumes épidémiques qui fouvent même dégénerent en pleuréfies.

Les efclaves, les négres, font alors communément les plus
fujets à ces maladies ; & quoique les blancs n'en foient pas
exempts, on ne voit jamais qu'ils en foient auffi maltraités.

Remarque fur les
blancs à cet égard.

On obferve encore qu'en général ces derniers fon plus fréquemment atteints de maladies, dans le cours de la belle faifon ;
& qu'au contraire les négres jouiffent alors d'une meilleure fanté,
que pendant la faifon pluvieufe.

Au refte, ces maladies font peu de ravages, & ne font pas difficiles à guérir : les habitants même ont, les uns plus, les autres
moins, mais ordinairement tous, affez de connoiffances pour les
traiter feuls, fans appeller les gents de l'art.

Le meilleur climat du globe eft fujet à quelques inconvénients ;
quelques vices plus ou moins confidérables, dépendants du local &
de la température, y font attachés : celui de Cayenne, malgré cet
excès de pluies & d'humidité, mérite d'être généralement reconnu
pour être plus fain, que celui de la plufpart des autres Colonies : il y périt moins d'individus, proportionellement à fa population, que dans aucune.

Que fi jufqu'à préfent, on lui a donné une renommée tout à fait oppofée, c'eft que, dans un événement défaftreux, dont l'affligeant fouvenir fe rappelle fans ceffe, confondant les termes, & prenant l'effet pour la caufe, on a préféré d'attribuer cet effet au climat qui n'y avoit tout au plus que bien peu de part, à s'en éclairer par des recherches.

La nature du climat & de la température de la Guiane, indique donc d'elle-même aux habitants deux principales précautions pour la confervation de leur fanté : elles confiftent à fe préferver autant qu'il eft poffible, d'une trop grande humidité, & furtout de l'ardeur du foleil.

Par trop grande humidité, on entend celle que rendent habituelle l'ufage de mauvais logements, & le défaut d'attention à changer de linge lorfqu'on eft mouillé, furtout aux pieds. On ne recommande pas le foin de fe garantir de la pluye, parce qu'elle ne caufe jamais aucun mal, furtout lorfqu'on la reçoit étant en mouvement. S'il eft quelques exceptions à ces obfervations générales, elles font rares, & tiennent à une conftitution particuliere des individus qui les fubiffent.

On fe permettra de répéter ici de quelle importance, de quelle néceffité même, font les maifons à étages : on ne fauroit apporter trop de foins pour ne fe loger que dans les hauts, furtout quand on habite les terres-baffes ; non que l'air qu'on y refpire foit plus à craindre, mais parce que les maifons y confervent une plus grande humidité, que le fol en eft plus bas, & qu'on n'a que ce moyen pour s'élever au deffus de la couche inférieure de l'athmofphere, & s'éloigner de l'humidité, qu'on doit tacher d'éviter dans tous

Précaution indiquée par le climat même pour la fanté.

Néceffité des maifons à étages rappellée ici.

S s

les lieux mêmes, où l'air eft le plus falubre.

Attention impor-
tante à avoir dans
toutes les maifons.

Il faut en général, dans toutes les habitations de la Guiane, avoir un foin particulier de faire placer fous le vent, & loin des maifons les fumiers, ordures, & toutes autres matieres qui par leur corruption peuvent produire des parties putrides & alcalef-centes. (t t)

La confommation journaliere des animaux de toute efpèce, pour la table du maître, des blancs employés à fon fervice, enfin pour l'ufage de tout l'établiffement, produit une confidérable quan-tité de débris, très promptement corrompus fous ce climat, dont la putréfaction peut avoir des fuites d'autant plus dangéreufes, que ces parties font d'une extrême ténuité, & d'une activité prodigieufe.

Il y a telle cuifine, tel lavoir à vaiffelle, dont on ne fauroit approcher, fans reffenrir à l'inftant des naufées : en général, on n'y fait pas affez d'attention ; foit que l'habitude en émouffe le fentiment, foit qu'on n'en devine pas la caufe, ou qu'on n'en apprécie pas l'effet.

Il eft très prudent, même très néceffaire d'établir pour la propre-té des maifons & de leurs alentours, un ordre ftrict auquel on

----

(t t) On eft dans l'ufage à Surinam, d'employer beaucoup de peinture à l'huile dans l'intérieur des maifons ; il n'y a rien de fi mal fain ; auffi voit-on qu'on y eft fort fujet à des coliques affreufes, connues fous le nom de béliac : il faut abfolument exclure l'ufage de toutes ces peintures pour les décorations intérieures, & n'y em-ployer que des tapifferies de papier, qui font même infiniment préférables pour l'agrément.

tienne la main avec inflexibilité : un des points effentiels eft que le lavoir pour la vaiffelle foit inftallé fous le vent, même des cuifines, & de toutes les fervitudes.

Il eft important auffi d'obliger tous les négres à avoir des chiens, & d'en avoir foi-même ; & encore, d'empêcher qu'on ne chaffe & détruife l'efpèce de vautour, l'oifeau appellé *couroumou* : les uns & les autres font des receptacles animés de toutes les immondices qui font fi nuifibles à la falubrité de l'air, à laquelle ces animaux au contraire, font ainfi infiniment utiles, en enlevant à mefure, & confumant auffitôt une infinité de parties animales, qui fans cela, feroient demeurées expofées à la putréfaction, malgré même toute la vigilance qu'on auroit pû y mettre, à laquelle elles auroient échapé.

Chiens entretenus & couroumoux confervés dans les habitations.

Les rizieres ou plantations de riz, lors de leur floraifon, peuvent auffi caufer de facheux accidents, même des épidémies funeftes : il faut avoir grand foin de n'en jamais planter ni auprès des établiffements, ni dans des parties d'où le vent puiffe en apporter les exhalaifons.

Rizieres.

Enfin l'habitant doit s'attacher avec un foin extrème à rendre fon féjour le plus fain qu'il foit poffible : pour fatisfaire entierement à cet objet, il convient d'examiner avec détail comment & à quel point les pofitions peuvent influer fur la falubrité des établiffements.

Celles qui peuvent être les plus favorables, les plus avantageufes pour former dans la Guiane des établiffements de tout genre & de toute importance, depuis celui d'une Colonie à fonder, d'un cheflieu à établir, jufqu'aux fimples habitations de particuliers, font

Des pofitions.

les bords de la mer : elles doivent avoir la préférence fur toutes les autres.

Dans le grand nombre d'avantages que cette pofition réunit, la plufpart font de nature à ne pouvoir être retrouvés dans l'intérieur du pays ou des terres mêmes féparément : ceci doit être développé.

Pendant la plus grande partie de l'année, les vents nous viennent de la mer, d'où ils ne peuvent nous apporter autant de parties hétérogênes, péfantes & viciées, que s'ils avoient traverfé une grande étendue de terres marécageufes. Lorfque dans les fortes pluies, ils font tournés au *Sud-eft*, cette direction étant celle de la côte, ils ne fauroient encore être nuifibles : s'ils changent, en allant pour peu de temps au Sud, ils acquerront en même-temps plus de mouvement fur la Côte, par l'efpace libre que leur préfente l'Océan ; & leur effet, s'il peut être préjudiciable alors, fe réduit à bien peu de chofe. Au lieu que, de quelque côté qu'ils foyent pouffés fur un établiffement fitué dans l'intérieur des terres ; ils doivent y arriver toujours chargés de parties plus ou moins malfaifantes.

Auffi remarque t-on, d'une maniere fenfible jufqu'à l'évidence, qu'il pleut le moins au bord de la mer, & beaucoup, de plus en plus à mefure qu'on s'en éloigne, (au moins à la diftance connue & pratiquée jufqu'à préfent) ; & que l'humidité augmente ainfi d'autant ; qu'au bord de la mer, non-feulement cette humidité eft moins confidérable ; mais que les vents y font auffi plus réglés, plus ordinaires.

L'air en un mot y eft beaucoup plus falubre : auffi l'expérience prouve-t-elle que les hommes y jouiſſent en général d'une meilleure ſanté, & qu'ils s'y rétabliſſent mieux, & plus promptement, lorſqu'ils ont été malades; enfin quils y ſont plus robuſtes, & plus diſpos pour le travail; ce qui eſt l'effet d'un air plus pur & plus vif.

Les animaux domeſtiques s'en reſſentent également : ils s'entretiennent en bien meilleur état au bord de la mer que par tout ailleurs; ils y ſont plus vigoureux, & bien moins ſujets à divers accidents.

D'ailleurs, le voiſinage de la mer rend les établiſſements plus intéreſſants, les navigations plus faciles, & de plus de reſſources, & les hommes plus induſtrieux ſur cet objet. Cette poſition offre encore un grand avantage dans la pêche qu'on eſt à portée de faire, dont on eſt en grande partie privé dans le haut des rivieres.

Quant à la pêche, nous ne pouvons nous diſpenſer d'énoncer ici le déſir que les négres puiſſent être aſſez inſtruits à ne la faire principalement & la pluſpart du temps qu'à la fléche, à la maniere des Indiens; afin de les nourrir plus habituellement s'il étoit poſſible de poiſſon à l'écaille, & de faire beaucoup moins d'uſage de celui à limon, lequel eſt une nourriture mal ſaine, par la grande quantité de parties oléagineuſes qu'il contient; & peut à la longue occaſionner ou devenir au moins une des cauſes qui produiſent différentes maladies de la peau, dont les moindres dans les climats chauds, ſont toujours ſi dangereuſes : ne pourroit-on pas craindre même qu'il ne fût propre, ſinon à enfanter abſolument cette maladie terrible connue ici ſous le nom de *mal rouge*, du moins à en fomenter les diſpoſitions, à en développer les principes, & à

Pêche à la fléche.

en étendre l'accroiſſement : & la ſimple incertitude à ce ſujet, ne dévroit-elle pas être un motif de proſcription de l'uſage ſuſpecté, autant au moins que la néceſſité des circonſtances peut la permettre ?

Digreſſion ſuccinte ſur la nourriture des eſclaves.

L'humanité, l'équité, tous les ſentiments les plus ſolemnellement conſacrés par la nature, ne ſollicitent-ils pas avec une égale vivacité un maître à faire tous ſes efforts pour procurer à ſes eſclaves les aliments les plus ſains. Il eſt auſſi de ſon devoir de diriger leur opinion ſur cet objet important, où leur prévention les égareroit quelquefois : il faut les éclairer au moins, afin qu'ils puiſſent porter la préférence de leur choix ſur ce qui peut leur être le plus ſalutaire, & le mieux réparer & ſoutenir leurs forces dans la fatigue de leurs travaux.

De la caſſave.

On auroit à ce propos, beaucoup à redire à l'opinion généralement adoptée ſur la caſſave : comment peut-on s'abandonner à la confiance que, par la fabrication on en extraye toujours bien exactement tous les principes contenus dans ſa partie aqueuſe, leſquels ſont, comme chacun ſait, un poiſon trés actif ?

En ſuppoſant même qu'on l'eût parfaitement épurée de tous ces principes malfaiſants, on ne pourra diſconvenir que ce ne ſoit une nourriture pauvre, très peu ſubſtantielle & très froide. Jamais l'eſclave nourri de caſſave, n'aura la même vigueur, la même agilité que celui qui le fera de bananes, de riz, & autres productions remplies de ſubſtance nutritive, dont les ſucs ne contiennent aucun principe dangereux. On tient toujours trop fortement aux anciennes habitudes; on reſpecte trop les uſages & les routines des anciens : d'ailleurs ſous ce climat, on a de l'éloignement pour ce qui entraîne à des peines & des foins toujours inféparables des améliorations : du moins on ne devroit pas faire de la caffave la bafe de la uourriture des efclaves; & dans ce cas encore, le couac ou farine de manioc doit être préféré. (u u)

Les avantages que nous venons de parcourir, ne font pas les feuls par lefquels les bords de mer prévalent fur l'intérieur des terres : la différence de ces pofitions préfente encore d'auffi grandes diftinctions à faifir, relativement à toutes les cultures, lefquelles réuffiffent beaucoup mieux dans la premiere. Un athmofphere marin, fi l'on peut s'exprimer ainfi, pénétre le fein de la terre d'une faculté végétative que fon agitation & fa preffion renouvelle fans ceffe : cet agent puiffant fournit aux plantes un véhicule qui leur tranfmet avec une fraicheur fucceffive, une abondance de principes actifs & benins, lefquels en favorifant infiniment la végétation, accélérent la maturité des fruits, & produifent la fécondité fi défirable.

C'eft à cette force, à cette grande action de l'air de la mer, qu'on doit attribuer abfolument l'étendue de fertilité & de durée

Autres avantages de la même pofition.

(u u) Malgré l'énoncé du code noir, on tolére pour la Guiane l'habitude de donner un jour fur quinze, joint aux Fêtes & Dimanches aux efclaves, pour fe faire des plantations de vivres, & fe procurer tous leurs befoins. Tout ce qu'on peut dire de mieux en faveur de cet ufage, c'eft qu'il eft très commode pour les maîtres en général; & que, pour les efclaves qui n'ont qu'un maître inattentif, infouciant ou négligent, il vaut mieux qu'alors dans ce cas leur fubfiftance ne dépende pas de lui.

Les habitants du nouveau quartier d'Aprouague nourriffent leurs négres, on doit efpérer qu'ils ne s'écarteront pas de cette conduite utile à l'avenir; furtout ayant pour cela tant de reffource dans le bananier, &c.

qu'on rencontre en de certaines terres, d'ailleurs médiocres , & qui auroient été sinon tout-à-fait infertiles, du moins d'une durée très passagere , sans le voisinage de la mer : c'est à cette cause qu'on doit attribuer encore la différence des produits de terres qui, à dégré égal de bonnes qualités , offrent dans l'une l'action de cet agent , tandis que l'autre en est privée.

Position sur le bord des rivieres.

Lorsqu'on est dans l'impossibilité absolue de former ses établissements au bord de la mer, on doit chercher autant qu'on le peut, à les placer sur les bords des rivieres les plus larges & & particulierement à la rive qui est sous le vent : cette position au moyen des marées, retrouvera plus ou moins , une partie des avantages qu'on vient de voir.

Une grande ouverture , ou la largeur de riviere procurera aussi sur cette rive , plus de pureté dans l'air , & en général plus de salubrité aux établissements, que sur la rive opposée.

Les deux rives des fleuves & rivieres doivent sans doute être également établis : mais , lorsqu'il s'agit de commencer l'établissement d'un quartier , qu'on peut en avoir le choix, on doit préférer la rive sous le vent; on doit préférer les grandes & larges rivieres à celles qui le sont moins; & enfin celles-ci aux criques , & aux canaux qu'on creuse quelquefois exprès pour pénétrer & placer des établissements derriere ceux qui bordent les rivieres : mais, dans la diversité de toutes les situations où l'on peut élever des établissements , les plus défavorables sont celles qui se trouvent ainsi renfermées dans l'intérieur des terres.

Les desséchements & les écoulements ne peuvent qu'être très imparfaits sur les bords de ces canaux; les plantations privées de tous les avantages indiqués ci devant, y fructifient plus tard, & avec moins d'abondance, à moins que la direction de ces canaux ne les conduife vers le bord de la mer, & que leur extenfion ne laiffe rien à défirer pour l'effet des écoulements; circonftances bien rares à réunir : d'ailleurs l'air y fera plus humide, & infiniment moins falubre.

Auffi ne doit-on jamais creufer des canaux publics pour placer des établiffements daus l'intérieur des terres, qu'aprés que toutes les rives des fleuves & rivieres font établies, & lorfqu'on manque de terrein pour de nouveaux cultivateurs, dont les moyens refteroient fans emploi.

Lors du nouvel établiffement fondé dans le quartier d'Aprouague, on n'auroit pas manqué de le placer au bord de la mer, fi des obftacles invincibles alors ne s'y étoient oppofés.

Sur la pofitions des établiffements d'Aprouague.

Sous le vent de l'embouchure, on n'auroit trouvé que des terres couvertes de palétuviers, & quelques marécages derriere au loin. La partie au vent n'offre que les mêmes terres, d'une qualité un peu fupérieure, derriere lefquelles on trouve des pinotieres, & enfuite des pripris immenfes qui s'étendent au loin dans les tetres.

On pourra faire fur ce bord de mer des établiffements folides & fructueux, lorfque l'intérieur de la riviere fera établi, autant qu'il en eft fufceptible; qu'il fera riche; qu'il pourra fervir de point d'appui, & fournir des reffources aux nouveaux : mais il eût été impraticable d'y jetter les premiers fondements d'un nouveau quartier.

Outre le défavantage que préfentent les palétuviers par euxmêmes, le fol en eft plus bas & plus humide; la marée s'y éléve

T t

davantage ; ce qui eût obligé à plus de précautions & de dépenfes pour s'y loger, en attendant la perfeétion des premiers defféche-ments.

A quelle diftance n'eût-il pas fallu aller chercher les vivres, & les matériaux de toute efpèce, dont on n'auroit pû fe paffer ? Quel travail n'eût-on pas eû à faire pour chaque écoulement, pour lequel il auroit fallu fouiller un large chenal, à travers un banc de vafe molle qui s'agrandit tous les jours devant cette partie de la côte, & qui à quelques endroits, a déja plus d'un quart de lieue de largeur ? Enfin, les obftacles qu'on auroit eûs à furmonter étoient au deffus des moyens dont on pouvoit difpofer.

Les habitants établis à Aprouague ne doivent avoir aucun regret à cet égard ; puifque, fans éprouver aucun des inconvénients dont on vient de parler, ils ont l'avantage de pouvoir dès les premieres années cultiver de bonnes pinotieres, & de jouir d'une grande partie de tout ce que les bords de mer ont de plus favorable. La grande largeur de l'embouchure de la riviere, qui jufqu'à la diftance de deux lieues, lui donne la forme d'une baye, au fond de laquelle font les établiffements, rapproche beaucoup leur fituation de celle dont on peut jouir fur la côte.

De la préférence donnée au quartier d'Aprouague.

Quant au choix d'Aprouague, & à la préférence qu'on lui a donnée fur d'autres quartiers de la Colonie, on ne peut fe refufer à l'évidence des raifons qui l'ont déterminée.

Dans toute la partie de nos poffeffions fous le vent, (x x)

(x x) La Côte de la Guiane Françaife court à peu près du Sud-Eft au Nord-Oueft. Cependant on a toujours dit ci-devant partie du Nord, pour défigner celle du Nord-

depuis Cayenne jufques vers Mana & Marony, la qualité des terres jointe à d'autres circonftances, empêche qu'on ne puiffe y faire aucun établiffement de ce genre.

Toutes les terres-baffes qui avoifinent le chef-lieu, n'étant que des palétuviers, à l'exception de quelques petites étendues éparfes de marécages & de pinotieres, d'une nature plus ou moins tourbeufe, dont les meilleures peuvent être claffées dans la troifieme qualité, elles ne comportent pas d'établiffements contigus pour les grandes cultures.

Les terres-baffes commencent à être d'une autre nature depuis la riviére de Mahury, d'où elles augmentent fucceffivement en bonne qualité, & s'approchent de plus en plus d'une parfaite reffemblance avec celles que cultivent les Hollandois, en remontant jufqu'à la rive droite de l'Oyapoc.

Cette riviere de Mahury n'a elle-même qu'une fi petite quantité de terres-baffes, qu'on ne peut y placer que 7 ou 8 habitations à la rive droite, où il y en a le plus, & où il n'y a, pour les établir qu'une bande étroite de palétuviers, derriere laquelle d'immenfes pripris s'étendent jufqu'à Kaw, & dont les terres pourroient

De la riviere de Mahury.

Oueft, & partie du Sud, pour défigner celle du Sud-Eft: ces expreffions font impropres. On doit dire, partie du Nord-Oueft, ou fous le vent; & partie du Sud-Eft, ou du vent.

Je dois ajouter à cette obfervation, que je me fuis fervi dans cet ouvrage de quelques-uns de ces termes impropres, comme de celui d'hyver, d'hafiers, d'abattis &c, pour me conformer à l'ufage: c'eft une faute fans doute qui ne peut être tolérée, & que je défaprouve moi-même ici.

être mifes au rang des inférieures de la 2e. qualité, fi elles n'étoient pas déboifées ; mais cet accident qui eft toujours une indication défavorable , quelque dégré de bonté qu'on puiffe d'ailleurs fuppofer anx terres , oblige de réduire à la 3e. qualité celles dont il eft queftion.

De plus, cette plage fe trouvant noyée d'une plus grande quantité d'eau que d'autres, eût exigé, pour être cultivée dans fon intérieur, qu'on y eût fait des canaux publics fi confidérables , que la dépenfe en eût fuffit pour établir & faire profpérer un trés grand quartier de cette Colonie.

De la riviere de Kaw.

Dans la riviere de Kaw qui n'eft pas navigable, & qui a fi peu de largeur, on n'eût fait que des établiffements mal fains & de faible produit : elle ne peut être établie avantageufement, qu'après que toute la plage entr'elle & Aprouague fera en pleine culture.

De celle d'A- prouague.

C'eft à Oyapoc, que font les meilleures terres-baffes ; mais leur grand éloignement s'oppofoit à ce qu'on pût raifonnablement leur donner la préférence fur celles d'Aprouague, qui font excellentes & femblables en tout à celles de Surinam, où l'on en cultive affurément une très grande quantité qui leur font même de beaucoup inférieures : il eft vrai que ces terres font un peu froides actuellement, ou elles le paroiffent être; mais cela ne vient que parce que cette plage commence feulement d'être récemment en très petite partie découverte & que les defféchements n'y font pas encore ni affez profondément creufés, ni affez perfectionnés : dès qu'ils le feront fuffifamment, & que la partie découverte fera augmentée par de nouveaux défrichés ; on verra une nouvelle force, une nouvelle activité à la végétation qui y eſt déja ſi prodigieuſe ; toutes les cultures y réuſſiront bien mieux encore ; & les changements de ſaiſon, une excès de pluye ou d'humidité n'opéreront aucun changement quelconque qui puiſſe être défavorable aux plantes. Cependant, ce n'eſt que lorſque les établiſſements ſeront pouſſés à une certaine profondeur dans les pinotieres, qu'on reconnoîtra à ce ſol, toutes les richeſſes qu'il renferme.

La riviere d'Aprouague eſt donc la ſeule de cette Colonie, qui réuniſſe tous les avantages vraiment déſirables : à la richeſſe des terres, à leur étendue, à l'agrément des poſitions les plus heureuſes, & à tout ce qui conſtitue la ſalubrité, ſe joint encore une prérogative bien importante, celle d'y être moins incommodé, & preſque exempt d'une multitude d'inſectes qui vous dévorent plus ou moins dans la plufpart des autres parties de la Colonie : c'étoit donc le quartier le plus propre à l'établiſſement d'une Colonie, & aux progrès des grandes cultures. De celle d'Aprouague.

Bien plus : cette riviere a encore l'avantage particulier d'être la plus navigable de toutes celles de la Guiane Françaiſe ; & aucune même de toutes les autres parties de la Guiane en général n'a un point de reconnoiſſance auſſi remarquable : c'eſt le Connétable, vaſte rocher qui ſe trouve à quelques lieues au Nord de ſon embouchûre.

Les conceſſions y ſont diſtribuées ſelon le ſyſtême le plus ſage : contigues les unes aux autres, ligne à ligne, on ne leur donne que 300 toiſes de face, ſur toute la profondeur que les conceſſionaires peuvent défricher & cultiver. Parmi les divers avantages qui réfultent de cette difpofition, l'émulation qu'elle occafionne eft un grand prix pour la profpérité. (y y)

Il manque à ce nouveau quartier la détermination d'un lieu, la préparation d'un fol, enfin toutes les difpofitions néceffaires à l'établiffement d'un bourg; il y manque, une Paroiffe qu'on devroit établir à ce même endroit, où pourroient fe fixer alors des artifans de diverfe efpèce, des marchands & autres gens d'une utilité journellement ufuelle. Le Gouvernement dont la bienfaifance fe manifefte conftamment, s'en occupe actuellement ainfi que de l'établiffement d'un pofte militaire, & de tous les moyens de police convenable.

Il feroit urgent auffi de faire ouvrir un petit canal de communication d'Aprouague à Kaw, d'une largeur de 12 ou 14 pieds feulement dans les premiers temps. Mais de quelque utilité qu'elle puiffe être, elle eft bien moins inftante toutefois, que l'inftallation d'un pofte, d'une paroiffe, d'un bourg; car fans ces éta-

---

(y y) Cela feul mérite la plus grande attention : il réfulte de ce rapprochement une telle émulation entre les propriétaires, entre tous les géreurs, tous les fous-ordres & même entre les efclaves; l'amour-propre s'exerce, s'aiguillonne au point, & on redoute tellement alors la critique publique fur fes opérations & fa conduite, qu'on ne faura peut-être jamais apprécier combien tout cela peut influer pour la richeffe & le bon ordre des habitations, & que le Gouvernement ne fauroit jamais prendre trop de foins de réunir dans une Colonie tous les établiffements des particuliers en moins d'efpace poffible.

C'eft pour avoir été trop ifolés, que ci-devant ceux que la Compagnie de la Guiane a fait à Oyapoc, n'ont pas eû un plus grand fuccès : quoique fes terres-baffes à Ouanari foyent bien fupérieures à celles d'Aprouague, elle auroit infiniment gagné à y venir joindre fes établiffements à ceux des particuliers.

bliſſements publics on ne pourroit attendre que des ſuccès lents, que des progrès plus tardifs, de la nouvelle culture ; & les établiſſements particuliers, ſans appui, ſans conſiſtance, n'auroient qu'une activité faible & médiocre, auſſi long-temps qu'ils exiſteroient dans cette eſpèce de ſolitude.

Si l'on ne veut pas établir là par la ſuite, le chef-lieu de toute la Colonie, comme on ne doit pas oſer l'eſpérer, il faut au moins un Bourg à Aprouague dans la ſuite. (z z)

Cette remarque eſt d'importance majeure pour la proſpérité de cette Colonie ; & cette proſpérité dépendra déſormais abſolument & uniquement de celle de ce nouveau quartier : on ne ſauroit trop ſentir & apprécier les conſéquences qu'on doit naturellement tirer de ces obſervations.

On reproche depuis long-temps à notre Guiane le peu de ſuccès de ſa culture ; & on l'oppoſe ſans ceſſe à la ſplendeur & à la richeſſe de toutes nos autres Colonies, ainſi que de celles des autres Puiſſances, & particulierement de celle de Surinam, notre voiſine.

Cette riche Colonie a été auſſi pauvre que celle de Cayenne, De Surinam.

(z z) Le grand intérêt qu'a le Gouvernement d'employer tous les moyens qui peuvent accélérer la proſpérité de ce nouveau quartier, devroit lui faire ſentir la néceſſité urgente d'établir une Goëlette pour ſervir de Paquebot delà à Cayenne : mais pour en retirer réellement tout le fruit qu'on a le droit d'en attendre, il faudroit que par un ordre ſtrictement obſervé, ce Paquebot ne pût jamais reſter plus de quatre jours à l'un de ces deux Ports, ſoit pour le charger ou le décharger ; qu'il fût outre ce temps, continuellement en route ; & ſurtout que, ſous quel prétexte que ce pût être on ne lui donnât jamais d'autre deſtination. On ſentira ſans doute toute l'importance de cet eſpèce de ſecours ſans qu'il ſoit beſoin de la démontrer ?

& auffi long-temps que, comme celle-ci, elle a cultivé fes terres hautes : mais elle a eû pour changer de culture, de bien plus grandes difficultés que nous n'en avons.

Sans fecours de la part de fon Gouvernement, dans les mains d'une Compagnie, elle a dû furmonter avant de réuffir une multitude d'obftacles, & fupporter toutes les chances d'effais difpendieux auxquels elle a été obligée pour parvenir à éclairer fa pratique; & combien de fautes encore ont réfulté de cette inexpérience, dans un fol & un climat fi différent, pour les premiers cultivateurs ! on en faifoit à chaque pas, & dont on voit encore des traces profondes qui font juger combien elles ont dû préjudicier à fes premiers fuccès.

Une des grandes fautes qu'a faites entr'autres le Gouvernement Hollandois, c'eft d'avoir dans les premiers temps de la culture, des terres-baffes, diftribué des conceffions éparfes, & d'une grandeur exceffive : ce qui a mis le conceffionaire avide & inconfidéré dans l'impoffibilité de les défricher en entier, & donné furtout une trop grande extenfion à la totalité de la Colonie pratiquée, par rapport à fa population : cet inconvénient nuifible d'ailleurs à l'émulation, comme on l'a déja fait fentir, a encore rendu fa police plus difficile à exercer, & par là même occafionné des défordres, & favorifé le maronnage des négres..

Ce n'eft pas qu'il y manque des terres; les meilleures mêmes font celles qu'on y a concédées le plus récemment, celles du quartier qui a été le dernier établi; & il reftoit encore, il y a quelques années toute la rive gauche de Surinam, au deffous de la Ville, qui n'étoit point occupée.

C'eſt à travers cette foule d'obſtacles qu'il a fallu vaincre & ſous une multitude d'impôts que cette Colonie eſt parvenue aſſez rapidement à une grande proſpérité, qu'elle a acquis 59 à 60 mille eſclaves, avec leſquels elle a fait des revenus immenſes, en ſucre, en café, en coton & en cacao, dont elle enrichiſſoit ſa métropole ; ſans compter les ſirops, le rum & autres objets emportés par le commerce étranger, & un autre négoce immenſe exercé dans la Colonie par un grand nombre d'habitans, qui de tous tempes y ſont uniquement occupés de bois à bâtir pour la conſommation intérieure.

Enfin, l'on peut établir ſans crainte de commettre d'erreur importante, que ces produits ſe ſont élevés en argent, à une valeur d'environ 32 millions de livres tournois.

Revenus de cette colonie Hollandaiſe

Cette proſpérité auroit encore augmenté ſucceſſivement ſans les cauſes fatales qui l'ont arrêtée, qu'on peut attribuer à quelques vices du Gouvernement, & ſurtout à cet eſprit cupide qu'a pris alors leur commerce, comme chez la pluſparts des Nations, de vouloir faire la loi, & une loi dure au cultivateur.

Depuis cette époque, les revenus ont diminués : cependant, dans les années où ils ont été les moindres vers 1775 & 1776, ſans la criſe violente qui a été ſur le point de ruiner la Colonie, elle auroit néantmoins encore été dans un état très floriſſant comparativement à d'autres : le célébre auteur de l'hiſtoire philoſophique & politique a recueilli qu'en 1775, il a été vendu en Hollande des productions de Surinam 24 millions, 320 mille liv. péſant de ſucre brut ; 15 millions, 387 mille livres de café ; 970 mille livres de coton ; 790 mille livres de cacao ; qui ont

Ceux qu'elle a fait en 1775.

V v

produit une fomme de 19 millions 917 mille 747 livres tournois. Mais il faut ajouter à cela, d'abord une fomme d'environ 650 mille livres, que les Américains ont dû payer pour les firops & le rum qu'ils ont emportés; enfuite il faut remarquer qu'à l'époque dont on parle, une certaine quantité affez confidérable de toutes les denrées étoient exportées clandeftinement : fi à tout cela on ajoute le produit du commerce intérieur dont nous avons fait mention, on pourra évaluer le revenu total d'alors à environ 21 millions, 500 mille livres. Depuis ces temps là cette Colonie aura pû reprendre une pente vers un accroiffement de richeffes, fi la confiance s'eft rétablie entierement, & fi l'activité des colons a été mieux fecondée par le commerce.

C'eft par le crédit de la métropole, par cette efpèce d'affociation de fa part avec l'induftrie du cultivateur, qu'une Colonie parvient ainfi au point de fplendeur dont elle eft fufceptible : fans ce moyen puiffant elles languiroient pendant long-temps ; c'eft principalement par le crédit & les encouragements, qu'on peut élever convenablement ces filles fi précieufes à la mere-patrie.

Ce feroit fans doute faute d'avoir réfléchi mûrement fur cet objet, que quelques perfonnes pourroient penfer qu'il feroit utile aux Colonies, furtout à celle-ci, de ne leur faire aucun crédit.

Il eft bien vrai que fi la Colonie de Cayenne, l'une de celles qui fe font le moins obfervées, n'étoit chargée d'aucune hypothéque, ou grévée d'aucune dette, elle auroit plus de valeur réelle; le colon feroit beaucoup plus libre, & infiniment moins afervi au commerce qui ne gagneroit affurément pas à ce changement.

Mais un avantage purement éventuel par les cafualités dont

il dépend, ne doit pas être mis en balance avec un avantage effentiel & invariable. S'il eft inconteftable, que dans toutes les Colonies, fans en excepter même celles qui parvenues au plus haut degré de profpérité, ne peuvent plus prétendre à un accroiffement ultérieur, le crédit a une influence fi puiffante fur l'activité de la culture, qu'on pourroit prefque dire qu'il en détermine la mefure & l'étendue, de quelle utilité, de quelle néceffité même ne doit-il pas être, & quels avantages, quels effets ne doit-on pas en attendre pour la Guiane, où il s'agit de former une Colonie nouvelle dans des terres-baffes, où les défrichements pénibles & difpendieux fufpendent pendant plufieurs années la flateufe récompenfe fi juftement dûe aux travaux des laborieux cultivateurs.

Il faut donc fe rendre à la conviction qu'il n'y a qu'un crédit & des encouragements proportionnés aux entreprifes, qui puiffent faire la fplendeur de cette Colonie, & la rendre également utile à la métropole & au commerce national. On fe plaignoit autrefois de la pauvreté de fon fol; mais on y en reconnoît un aujourd'hui très riche au contraire, en changeant comme l'on fait le régime de fa culture, fi propre déja par fes fuccès à infpirer toute confiance.

Nous devons fuppofer le commerce trop éclairé fur fes vrais intérêts, pour méconnoître toute la valeur de ces vérités; mais on fait qu'il a toujours fenti vivement lui-même combien il lui importe de lier le colon par un crédit fucceffivement permanent, & d'acquérir ainfi des droits continuellement anticipés fur l'activité de fon induftrie, & fur l'éventualité de fes produits.

Que s'il ne fait pas plus d'avance à nos Colonies, il ne faut pas croire que la caufe en foit le défaut de payement de quelques colons, foit que le principe de leur infolvabilité les rendent coupables , foit qu'il ne les démontre qu'inhabiles ou malheureux : on fait que tous ces défordres font inféparables des grandes fociétés, qu'ils font de tous les pays , de tous les lieux où il habite des hommes, & où il exifte par conféquent des rapports refpectifs.

Une des caufes que nous croyons pouvoir en admettre, fans nous étendre ici à en indiquer même aucune autre , eft l'extrême difficulté, qui égale prefque l'impuiffance, de faifir réellement les biens du débiteur. Ce dernier a toujours cru voir en cela un avantage confidérable en fa faveur; tandis que c'eft plutôt un moyen qui fe tourne infenfiblement contre lui , & qui finit par caufer fa ruine, en même-temps qu'il s'oppofe d'autant à la profpérité publique.

Cette Colonie ne méritera jamais, bien loin de là, autant de reproches à cet égard que les autres; les affaires qu'on y fait font plus fûres, moins fujettes à être entraînées dans des révolutions défavorables; & le commerce retire encore un plus grand avantage d'un défaut de concurrence, qui lui fait tenir les marchandifes ordinairement à un prix au deffus de celui des autres Colonies ; les nouvelles publiques le prouvent d'une maniere convaincante, ainfi que le Cabotage continuel avec la Martininique & autres Ifles , d'où l'on nous apporte les mêmes chofes fouvent même les rebuts des Magafins, pour la vente defquelles les prix de Cayenne fe trouvent affez élevés pour payer ce double tranfport, ces doubles frais de navigation, enfin une nouvelle commiffion,

& des profits fatisfaifants pour la feconde main qui les vend.
(a a)

Dira-t-on à cela que Cayenne ne produit pas affez de denrées actuellement, pour attirer une concurrence qui lui feroit plus favorable ? Mais peut-on fuppofer que dans le cas préfent le commerce doive profiter d'une pareille fituation, & qu'il doive chercher lui-même à éloigner cette concurrence ? N'a t-il donc pas un intérêt pofitif à ce que cette Colonie parvienne au point de lui fournir le plus de productions qu'il foit poffible ? Or ce temps où fes plus grands efforts font dirigés vers ce terme fi défirable, étant un moment de crife pour elle, feroit-ce l'aider, feroit-ce la fecourir comme le commerce le devroit, que de la traiter avec toute la rigueur dont les circonftances dépofent le pouvoir dans fes mains.

L'intérêt du commerce étant donc de favorifer cette Colonie,

(a a) Une chofe remarquable, c'eft que depuis un nombre d'années on fait faire toujours fucceffivement de moindre grandeur les vafes & les bouteilles dont on fe fert pour vendre divers objets ; & l'on eft parvenu au point que, des bouteilles d'huile n'en contiennent que 18 onces au lieu de 28 ; c'eft-à-dire, qu'elles contiennent moins que deux tiers de bouteille ou de pinte ; des bouteilles de vin ne contiennent non plus qu'environ cinq fixiemes de pinte &c : vérification réitérée fur plufieurs vafes de divers marchands.

Cette marche ne convient point à un commerce, fait avec cette loyauté & cette franchife qui doivent caractérifer toutes les opérations d'une fi vafte & fublime inftitution, qui embraffe dans fon mouvement toutes les parties du globe. Ce ne peut jamais être une chofe indifférente de changer ainfi les mefures confacrées par l'ufage pour l'échange des marchandifes, & d'ôter à l'acheteur le moyen d'évaluer les quantités.

furtout dans le moment préfent ; on doit efpérer qu'il écartera avec plus de foin de fes fpéculations, tout ce qui pourroit contrarier fa profpérité : à l'exception de la Compagnie du Sénégal, il ne lui fournit prefque point de noirs dans le moment où elle en auroit le plus de befoin : & le peu qu'il en vient eft tenu à un prix exorbitant qui épuiferoit toutes les reffources, en excédant toutes les facultés & l'induftrie du colon.

Et le commerce crie fans ceffe qu'il ne gagne rien ; & que c'eft la raifon qui l'empêche d'en apporter ? Ne doit-on pas plutôt en attribuer la caufe, à ce que le brillant Archipel Américain s'eft attiré toute la vogue, & féduit tous les fpeculateurs ? Mais comment fait la nation Anglaife, qui en faifant un bénéfice raifonnable fournit régulierement au de-là même du befoin, fes Colonies d'efclaves, ordinairement à un prix d'un tiers, ou au moins de plus d'un quart, au deffous de celui qu'on eft forcé de les payer ici ? (b b)

(b b.) Pour prouver que ces faits font cités avec la plus parfaite impartialité, & qu'on ne cherche qu'à éclairer le commerce, on remarquera qu'actuellement, à la fin de 1787, deux Négriers Américains font arrivés à Cayenne chargés de très beaux efclaves qu'ils ont vendus à 880 livres les uns dans les autres. Il eft vrai qu'ils les ont vendus en maffe, les cargaifons entieres.

Le Roi fait payer d'avance 40 livres par tonneau du jaugeage des Bâtiments Français qui fe deftinent pour la traite, & 160 livres de prime par tête d'efclaves introduits dans la Colonie : d'après tous les renfeignemens pris à ce fujet, en général ces Bâtiments peuvent prendre environ autant de négres qu'ils contiennent de tonneaux ; des uns par leur conftruction en pourroient loger beaucoup plus, & il y en a qui en apportent davantage, mais le plus fouvent ils en chargent moins ; de forte que les 40 livres par tonneau, font au moins communément 40 livres par tête

Il faut efpérer qu'enfin le commerce Nationâl portera une réflexion profonde & judicieufe fur ces objets , & qu'il concourra
avec empreffement aux progrès de cette Colonie , & aux vœux
de fes habitants , auxquels doivent s'unir ceux de la nation.

---

d'efclave qui , ajoutées à la prime de 160 livres , fait une gratification de 200 liv.
par tête de négres introduits à Cayenne.

Si notre commerce faifoit fes opérations avec la même économie , & s'il vouloit fe
contenter des mêmes bénéfices que ces étrangers , il pourroit donc donner fes négres
à deux cents livres piéce meilleur marché qu'evx encore ? Auroit-on tort de fuppofer qu'il nous feroit abfolument poffible d'armer des Bâtiments à auffi peu de fraix
qu'eux ? Mais peut-être que les gens auxquels nous confions ces fortes d'expéditions,
ne feront jamais fufceptibles de joindre autant de défintéreffement à une grande exactitude ni d'étendre fur tous les objèts la même ftriƈte économie ; peut-être qu'il eft
impoffible de fe procurer en Afrique les mêmes facilités & toutes les difpofitions avantageufes pour la traite des efclaves qu'ont les autres Nations ; peut être n'a-t-on pas
avant les embarquements & à bord de nos Batiments affez & autant de foins de ces
malheureux , & qu'il en périt un plus grand nombre avant les ventes ?

Mais en fuppofant toutes les difficultés & toutes les contrariétés qu'il eft raifónnable
d'admetre , doivent-elles faire élever fi haut le prix des efclaves ? Obferve t-on bien
les juftes proportions qui doivent exifter entre les profits du cultivateur & ceux des
négocants ? Ce n'eft cependant que fur ces proportions que peut même être fondée la
profperité du commerce ?

Un habitant qui auroit les moyens d'acheter douze efclaves à un prix modéré , ne
peut plus en acquérir que fept ou huit , fi ce prix eft exceffif. Si on péfe bien ceci ,
fi l'on réfléchit férieufement fur la différence des réfultats que donnera la culture dans
l'un & l'autre cas , on trouvera que dans le premier la Colonie prendra un effor , une
progreffion croiffante vers la profpérité dont le commerce retirera tout le fruit ; dans
le fecond, le colon grévé des mêmes charges pendant que fes moyens fe trouveront
réduits de beaucoup , il fe trouvera trop heureux de fe maintenir dans un état perplexe :

Eh ! qui pourroit être plus capable d'exciter à cet égard fon zèle & fon émulation, que les traits de bonté, de protection, de bienfaifance, que S. M. daigne verfer fur cette partie de fes vaftes domaines qui doivent la faire confidérer univerfellement fous l'idée du prix qui attache ces bontés? Outre le facrifice d'une portion quelconque de fes revenus, dans l'exemption des 15 années de capitation totale qu'il accorde à tous les habitants qui forment des établiffements folides en terres-baffes, il leur eft accordé de plus d'autres fecours, & des avantages particuliers, auxquels peuvent participer toutes perfonnes de quelque religion & nation qu'elles foient, qui voudront y venir fonder d'utiles établiffements : l'exemption du droit d'aubaine eft un de ces avantages : ils font tous très précieux, & doivent d'autant plus mériter la reconnoiffance publique, qu'ils font l'effet de la fage prévoyance du miniftere éclairé, qui en encourageant, feme pour recueullir. En effet, jamais les dépenfes ne fauroient être mieux appliquées qu'à hâter les progrès d'un bien public que l'intérêt perfonnel & l'ambition des particuliers n'auroient pû développer que très lentement.

Une telle protection doit néceffairement attirer de toutes les

---

s'il lui furvenoit des mortalités d'efclaves un peu confidérables, il deviendroit infolvable fans qu'il y eût de fa faute ; & ce fecond cas ne peut qu'être infiniment défavorable au commerce.

Encore une fois, qu'on n'imagine pas que je cherche à déprécier le commerce National : loin de moi une pareille idée, mon intention n'eft que de lui préfenter des grands fujêts de réflexions fur fes véritables intérêts, & ce zèle ne fauroit lui déplaire, je ne m'érige ni en juge ni en critique ; c'eft uniquement à l'amour du bien qu'on doit ces obfervations.

Colonies, à la Guiane Françaife des cultivateurs étrangers, qui y apporteront leurs moyens, leurs facultés, leur activité & leur induftrie pour les faire fructifier, & en jouir, à la faveur d'un Gouvernement bienfaifant, ainfi que de toutes les douceurs qui en font les réfultats infaillibles.

Alors, dans quelque temps, cette Colonie pourra foutenir la comparaifon des autres avec elle; peut-être, avec plus d'avantage que Surinam, qui en a elle-même un affez fenfible fur St. Domingue. En effet, à l'époque où nous avons cité la production déja dégradée des revenus de la Colonie Hollandaife, qui s'élevoient encore à 21 millions 500 mille livres, euviron 300 mille efclaves produifoient a celle de St. Domingue 97 à 98 millions de livres tournois: ce qui, fous un climat plus heureux, ave cdes terres bien plus faciles à exploiter, & d'autres avantages, donne néantmoins, comme l'on voit, une différence affez confidérable, au bénéfice de la premiere, en raifon de leur population & de leurs moyens refpectifs. (c c)

La Martinique fait environ 14 millions de revenu, avec 76 mille efclaves; c'eft-à-dire, qu'avec 16 mille agents de plus qu'à Surinam, elle ne fait neantmoins que les deux tiers du produit de cette derniere.

Comparaifon de St. Domingue ávec Surinam.

De la Martinique.

(c c) Les chofes ont fans doute changé de face depuis l'époque dont on parle ici ; mais il eft naturel de penfer que les conféquences ne peuvent en être encore qu'à l'avantage de la Colonie Holandaife ; puifque, dans ce temps là, elle avoit déja une marche de dégradation, fes produits avoient beaucoup diminués : tandis que St. Domingue fe trouvoit au contraire, depuis long-temps, dans un cours progreffif d'accroiffement & de profpérité.

X x

On s'étonne que Cayenne n'ait pas imité plutôt des voifins dont le fuccès était fi féduifant : mais, autrefois, on avoit peu de communication avec eux ; on les croyoit riches, fans en rechercher les caufes, fans les foupçonner peut-être, & furtout, fans fentir que leur exemple pouvoit nous inftruire à le devenir.

Mais, depuis que le Gouvernement a pris foin d'éclairer le colon fur fes vrais intérêts, & fur la maniere de cultiver les terres-baffes, avec des méthodes qui affurent leur réuffite, un grand nombre s'y font portés avec la confiance qu'infpire la certitude ; & ils n'ont eû qu'à s'en applaudir.

Ce nouveau régime de culture a, cependant, rencontré ici plufieurs contradicteurs : cela ne paroîtra pas étonnant à ceux qui favent combien les entreprifes utiles font toujours contrariées, & éprouvent de difficultés dans leur commencement ; ce mal eft de tous les pays : foit envie, foit ignorance, partout il y a des gens qui ont la manie de s'élever contre ce qui paroît s'écarter des anciennes routines, & de rejetter tout ce que l'on propofe pour perfectioner les arts & l'agriculture ; ils femblent craindre que l'on parvienne à faire le bien ; pendant que l'homme fage, au contraire, fufpend fon jugement fur les chofes qu'il ne connoît pas, & fait des vœux ardents pour le fuccès de tout ce qui tend au bonheur public, en y concourant lui-même, autant qu'il le peut.

F I N.

ERRATA.

Pages. Lignes.

7 — 3   efpèces détachés,   *lifez*, de taches.

20 — 7   qu'un feu fi trouvent,   *lifez*, qu'un feu fi fouvent

23 — 23   les premiers foffés, *ajoutez*, en rapprochant les écoulements des habitations les uns des autres, on a l'avantage il eft vrai de jouir en commun d'un chemin qui offre une infinité d'agréments; mais cela n'eft praticable que dans de petits établiffements.

51 — 19   alignées bien droit,   *lifez*, alignés.

61 — 18   fini le travail du moulin, *ajoutez*, qu'on a fini de rouler.

62 — 28   faute d'aliment, *ajoutez*, dès qu'on a brulé ces pailles, on rechauffe les fouches des cannes d'un peu de terres, en même-temps qu'on néttoye, qu'on farcle toute la piéce coupée avec un très grand foin, & qu'on fait aux foffés & aux petites tranches toutes les réparations dont elles ont befoin.

80 — 20   dans les bailles,   *lifez*, dans des bailles.

82 — 18   à la deftination,   *lifez*, à la diftilation.

Pages. Lignes.

87——17   44 pieds ,   *lisez* , 24 pieds.

88——22   3 ou 4 pieds, *lisez* , 3 ou 4 pouces.

119——21   d'environ 2 pouces, *lisez* , d'environ 3 pouces &
            la vase s'affaissera encore un
            peu aussi.

119——24   l'enterrer de 2 pouces au moins, *lisez* , l'enterrer d'en-
            viron 4 pouces au
            moins, mais non au
            de-là de 5 ou 6.

120——10   une partie des racine du plant, *lisez* , la partie des ra-
            cines du plant , la
            motte de terre qui y
            tient.

130——13   dans des terres déterminées, *lisez* , dans des temps
            déterminés,

133——21   chemises ,   *lisez* , chemins,

191——2 & 3 intérieurement,   *lisez* , antérieurement.

226, 16 & 17 en travers les uns les autres, *lisez* , en travers & en-
            tassés les uns sur les
            autres &c.

138——17   retréci le trou d'autant, *lisez* , le trou de 14 pouces
            sur chacune.

338——19   toujours d'un pied, *lisez* , toujours de 14 pouces sur
            chaque pied de profondeur.

244——20   exactes ,   *lisez* , exacts.

149——11   jointes croisés ,   *lisez* , joints croisés.

282——8   ils devronts,   *lisez* , il devra.

338——23   se font le moins observées , *lisez* , obérées.

TABLE DES CHAPITRES.